U0395788

战略前沿新技术
——太赫兹出版工程

丛书总主编／曹俊诚

上海出版资金项目
Shanghai Publishing Funds

马国宏 金钻明／著

太赫兹光谱
在自旋电子学中的应用

The Applications of Terahertz Spectroscopy in Spintronics

华东理工大学出版社
EAST CHINA UNIVERSITY OF SCIENCE AND TECHNOLOGY PRESS
·上海·

图书在版编目(CIP)数据

太赫兹光谱在自旋电子学中的应用 / 马国宏,金钻明著.—上海：华东理工大学出版社,2021.8
战略前沿新技术：太赫兹出版工程 / 曹俊诚总主编
ISBN 978-7-5628-6359-5

Ⅰ.①太… Ⅱ.①马… ②金… Ⅲ.①电磁辐射—光谱—研究 Ⅳ.①O441.4

中国版本图书馆 CIP 数据核字(2021)第 046151 号

内 容 提 要

本书主要介绍了太赫兹光谱在自旋电子学中的应用,包括三个部分,第一部分包括第1~3章,介绍了太赫兹概述和光谱技术;第二部分为本书的重点,包括第4~6章,主要介绍了太赫兹波与磁有序介质的相互作用;第三部分包括第7,8章,介绍了太赫兹强场与电子自旋的非线性相互作用,进而实现自旋波的太赫兹非线性调控。

本书可作为太赫兹光谱、太赫兹自旋电子学等研究领域科研人员和相关学科研究生的参考书和工具书,为将要从事该研究的科研工作者提供一定的参考和借鉴,亦可供有关工程技术人员参考。

项目统筹 / 马夫娇　韩　婷

责任编辑 / 赵子艳

装帧设计 / 陈　楠

出版发行 / 华东理工大学出版社有限公司

　　　　　　 地址：上海市梅陇路 130 号,200237

　　　　　　 电话：021-64250306

　　　　　　 网址：www.ecustpress.cn

　　　　　　 邮箱：zongbianban@ecustpress.cn

印　　刷 / 上海雅昌艺术印刷有限公司

开　　本 / 710mm×1000mm　1/16

印　　张 / 17.75

字　　数 / 278 千字

版　　次 / 2021 年 8 月第 1 版

印　　次 / 2021 年 8 月第 1 次

定　　价 / 278.00 元

战略前沿新技术——太赫兹出版工程

<u>丛书编委会</u>

顾　问　雷啸霖　中国科学院院士

　　　　庄松林　中国工程院院士

　　　　姚建铨　中国科学院院士

总主编　曹俊诚　中国科学院上海微系统与信息技术研究所，研究员

编　委　（按姓氏笔画排序）

　　　　马国宏　王与烨　邓贤进　石艺尉　史生才　冯志红　成彬彬

　　　　朱亦鸣　任　远　庄松林　江　舸　孙建东　李　婧　汪　力

　　　　张　文　张　健　陈　麟　范　飞　范文慧　林长星　金钻明

　　　　钟　凯　施　卫　姚建铨　秦　华　徐新龙　徐德刚　曹俊诚

　　　　常胜江　常　超　雷啸霖　谭智勇　缪　巍

太赫兹是频率在红外光与毫米波之间、尚有待全面深入研究与开发的电磁波段。沿用红外光和毫米波领域已有的技术,太赫兹频段电磁波的研究已获得较快发展。不过,现有的技术大多处于红外光或毫米波区域的末端,实现的过程相当困难。随着半导体、激光和能带工程的发展,人们开始寻找研究太赫兹频段电磁波的独特技术,掀起了太赫兹研究的热潮。美国、日本和欧洲等国家和地区已将太赫兹技术列为重点发展领域,资助了一系列重大研究计划。尽管如此,在太赫兹频段,仍然有许多瓶颈需要突破。

作为信息传输中的一种可用载波,太赫兹是未来超宽带无线通信应用的首选频段,其频带资源具有重要的战略意义。掌握太赫兹的关键核心技术,有利于我国抢占该频段的频带资源,形成自主可控的系统,并在未来 6G 和空-天-地-海一体化体系中发挥重要作用。此外,太赫兹成像的分辨率比毫米波更高,利用其良好的穿透性有望在安检成像和生物医学诊断等方面获得重大突破。总之,太赫兹频段的有效利用,将极大地促进我国信息技术、国防安全和人类健康等领域的发展。

目前,国内外对太赫兹频段的基础研究主要集中在高效辐射的产生、高灵敏度探测方法、功能性材料和器件等方面,应用研究则集中于安检成像、无线通信、生物效应、生物医学成像及光谱数据库建立等。总体说来,太赫兹技术是我国与世界发达国家差距相对较小的一个领域,某些方面我国还处于领先地位。因此,进一步发展太赫兹技术,掌握领先的关键核心技术具有重要的战略意义。

当前太赫兹产业发展还处于创新萌芽期向成熟期的过渡阶段,诸多技术正处于蓄势待发状态,需要国家和资本市场增加投入以加快其产业化进程,并在一些新兴战略性行业形成自主可控的核心技术、得到重要的系统应用。

"战略前沿新技术——太赫兹出版工程"是我国太赫兹领域第一套较为完整

的丛书。这套丛书内容丰富,涉及领域广泛。在理论研究层面,丛书包含太赫兹场与物质相互作用、自旋电子学、表面等离激元现象等基础研究以及太赫兹固态电子器件与电路、光导天线、二维电子气器件、微结构功能器件等核心器件研制;技术应用方面则包括太赫兹雷达技术、超导接收技术、成谱技术、光电测试技术、光纤技术、通信和成像以及天文探测等。丛书较全面地概括了我国在太赫兹领域的发展状况和最新研究成果。通过对这些内容的系统介绍,可以清晰地透视太赫兹领域研究与应用的全貌,把握太赫兹技术发展的来龙去脉,展望太赫兹领域未来的发展趋势。这套丛书的出版将为我国太赫兹领域的研究提供专业的发展视角与技术参考,提升我国在太赫兹领域的研究水平,进而推动太赫兹技术的发展与产业化。

我国在太赫兹领域的研究总体上仍处于发展中阶段。该领域的技术特性决定了其存在诸多的研究难点和发展瓶颈,在发展的过程中难免会遇到各种各样的困难,但只要我们以专业的态度和科学的精神去面对这些难点、突破这些瓶颈,就一定能将太赫兹技术的研究与应用推向新的高度。

中国科学院院士

2020 年 8 月

太赫兹频段介于毫米波与红外光之间,频率覆盖 0.1～10 THz,对应波长 3 mm～30 μm。长期以来,由于缺乏有效的太赫兹辐射源和探测手段,该频段被称为电磁波谱中的"太赫兹空隙"。早期人们对太赫兹辐射的研究主要集中在天文学和材料科学等。自 20 世纪 90 年代开始,随着半导体技术和能带工程的发展,人们对太赫兹频段的研究逐步深入。2004 年,美国将太赫兹技术评为"改变未来世界的十大技术"之一;2005 年,日本更是将太赫兹技术列为"国家支柱十大重点战略方向"之首。由此世界范围内掀起了对太赫兹科学与技术的研究热潮,展现出一片未来发展可期的宏伟图画。中国也较早地制定了太赫兹科学与技术的发展规划,并取得了长足的进步。同时,中国成功主办了国际红外毫米波-太赫兹会议(IRMMW - THz)、超快现象与太赫兹波国际研讨会(ISUPTW)等有重要影响力的国际会议。

太赫兹频段的研究融合了微波技术和光学技术,在公共安全、人类健康和信息技术等诸多领域有重要的应用前景。从时域光谱技术应用于航天飞机泡沫检测到太赫兹通信应用于多路高清实时视频的传输,太赫兹频段在众多非常成熟的技术应用面前不甘示弱。不过,随着研究的不断深入以及应用领域要求的不断提高,研究者发现,太赫兹频段还存在很多难点和瓶颈等待着后来者逐步去突破,尤其是在高效太赫兹辐射源和高灵敏度常温太赫兹探测手段等方面。

当前太赫兹频段的产业发展还处于初期阶段,诸多产业技术还需要不断革新和完善,尤其是在系统应用的核心器件方面,还需要进一步发展,以形成自主可控的关键技术。

这套丛书涉及的内容丰富、全面,覆盖的技术领域广泛,主要内容包括太赫兹半导体物理、固态电子器件与电路、太赫兹核心器件的研制、太赫兹雷达技术、超导接收技术、成谱技术以及光电测试技术等。丛书从理论计算、器件研制、系统研发到实际应用等多方面、全方位地介绍了我国太赫兹领域的研究状况和最新成果，清晰地展现了太赫兹技术和系统应用的全景，并预测了太赫兹技术未来的发展趋势。总之，这套丛书的出版将为我国太赫兹领域的科研工作者和工程技术人员等从专业的技术视角提供知识参考，并推动我国太赫兹领域的蓬勃发展。

太赫兹领域的发展还有很多难点和瓶颈有待突破和解决，希望该领域的研究者们能继续发扬一鼓作气、精益求精的精神，在太赫兹领域展现我国科研工作者的良好风采，通过解决这些难点和瓶颈，实现我国太赫兹技术的跨越式发展。

中国工程院院士

2020 年 8 月

太赫兹领域的发展经历了多个阶段,从最初为人们所知到现在部分技术服务于国民经济和国家战略,逐渐显现出其前沿性和战略性。作为电磁波谱中最后有待深入研究和发展的电磁波段,太赫兹技术给予了人们极大的愿景和期望。作为信息技术中的一种可用载波,太赫兹频段是未来超宽带无线通信应用的首选频段,是世界各国都在抢占的频带资源。未来 6G、空-天-地-海一体化应用、公共安全等重要领域,都将在很大程度上朝着太赫兹频段方向发展。该频段电磁波的有效利用,将极大地促进我国信息技术和国防安全等领域的发展。

与国际上太赫兹技术发展相比,我国在太赫兹领域的研究起步略晚。自2005 年香山科学会议探讨太赫兹技术发展之后,我国的太赫兹科学与技术研究如火如荼,获得了国家、部委和地方政府的大力支持。当前我国的太赫兹基础研究主要集中在太赫兹物理、高性能辐射源、高灵敏探测手段及性能优异的功能器件等领域,应用研究则主要包括太赫兹安检成像、物质的太赫兹"指纹谱"分析、无线通信、生物医学诊断及天文学应用等。近几年,我国在太赫兹辐射与物质相互作用研究、大功率太赫兹激光源、高灵敏探测器、超宽带太赫兹无线通信技术、安检成像应用以及近场光学显微成像技术等方面取得了重要进展,部分技术已达到国际先进水平。

这套太赫兹战略前沿新技术丛书及时响应国家在信息技术领域的中长期规划,从基础理论、关键器件设计与制备、器件模块开发、系统集成与应用等方面,全方位系统地总结了我国在太赫兹源、探测器、功能器件、通信技术、成像技术等领域的研究进展和最新成果,给出了上述领域未来的发展前景和技术发展趋势,将为解决太赫兹领域面临的新问题和新技术提供参考依据,并将对太赫兹技术的产业发展提供有价值的参考。

本人很荣幸应邀主编这套我国太赫兹领域分量极大的战略前沿新技术丛书。丛书的出版离不开各位作者和出版社的辛勤劳动与付出，他们用实际行动表达了对太赫兹领域的热爱和对太赫兹产业蓬勃发展的追求。特别要说的是，三位丛书顾问在丛书架构、设计、编撰和出版等环节中给予了悉心指导和大力支持。

这套丛书的作者团队长期在太赫兹领域教学和科研第一线，他们身体力行、不断探索，将太赫兹领域的概念、理论和技术广泛传播于国内外主流期刊和媒体上；他们对在太赫兹领域遇到的难题和瓶颈大胆假设，提出可行的方案，并逐步实践和突破；他们以太赫兹技术应用为主线，在太赫兹领域默默耕耘、奋力摸索前行，提出了各种颇具新意的发展建议，有效促进了我国太赫兹领域的健康发展。感谢我们的丛书编委，一支非常有责任心且专业的太赫兹研究队伍。

丛书共分 14 册，包括太赫兹场与物质相互作用、自旋电子学、表面等离激元现象等基础研究，太赫兹固态电子器件与电路、光导天线、二维电子气器件、微结构功能器件等核心器件研制，以及太赫兹雷达技术、超导接收技术、成谱技术、光电测试技术、光纤技术及其在通信和成像领域的应用研究等。丛书从理论、器件、技术以及应用等四个方面，系统梳理和概括了太赫兹领域主流技术的发展状况和最新科研成果。通过这套丛书的编撰，我们希望能为太赫兹领域的科研人员提供一套完整的专业技术知识体系，促进太赫兹理论与实践的长足发展，为太赫兹领域的理论研究、技术突破及教学培训等提供参考资料，为进一步解决该领域的理论难点和技术瓶颈提供帮助。

中国太赫兹领域的研究仍然需要后来者加倍努力，围绕国家科技强国的战略，从"需求牵引"和"技术推动"两个方面推动太赫兹领域的创新发展。这套丛书的出版必将对我国太赫兹领域的基础和应用研究产生积极推动作用。

曹俊诚

2020 年 8 月于上海

　　得益于飞秒激光技术的发展与完善,太赫兹(terahertz,THz)光谱学是THz 科学与技术领域中发展最快和最为完善的领域之一。大多数凝聚态物质中,其分子的振动和转动能级、超导能隙、半导体量子阱的子带间跃迁、磁振子等元激发能量均位于 THz 频段,THz 光谱技术为研究这些元激发的形成、弛豫动力学、相变动力学和元激发粒子的量子调控等提供了最为有力的光谱学方法。

　　据作者了解,目前几乎所有的 THz 光谱学专著均讨论基于 THz 辐射脉冲的电场与物质相的电偶极化间的相互作用,极少讨论 THz 波与磁有序介质间的相互作用。从最近几年发表的研究论文和综述论文看,有大量的研究工作基于THz 辐射脉冲与磁有序介质间的相互作用,也即所谓的 THz 自旋电子学。这里其实包括三方面内容:一是基于 THz 辐射脉冲磁场与磁有序介质共振和非共振相互作用。THz 辐射脉冲磁场与磁有序介质的塞曼(Zeeman)转矩,可以诱导自旋波的激发、自旋极化的调控,以及利用 THz 磁光光谱研究磁有序介质的动态磁相变过程。值得一提的是,由于 THz 辐射脉冲磁场持续时间约为 1 ps,这为产生具有亚皮秒的超快磁脉冲提供了新的实现方案。二是基于 THz 电场脉冲驱动磁有序介质的自旋波激发、相干控制和磁相变等。例如,THz 电场脉冲驱动晶体的各向异性场实现对自旋波的激发和调控;THz 电场脉冲驱动介质的声子而产生有效场实现对自旋极化的激发和控制;利用 THz 电场脉冲与磁有序介质的逆法拉第(Faraday)效应,产生瞬态磁场,从而驱动介质的自旋极化及其相变等。三是基于飞秒激光脉冲与磁有序介质的相互作用诱导高效 THz 辐射,其受到 THz 学界的高度关注。这一方面为研制紧凑型、集成化、低价格和高效率的 THz 辐射源提供了新的实现途径,同时也为深入理解和探索超快激光与磁有序相互作用的内在机制提供了一种新的研究方法。

展望未来,作为一种新的光谱学方法,THz 光谱学受到越来越多的学界和工业界人员的广泛关注。由于作者水平有限,不敢也不可能对 THz 研究前景做相关预测。下面就作者个人理解,仅对 THz 光谱学做几点展望,希望能起到抛砖引玉的作用。

强 THz 辐射源:产生单周期或少周期强 THz 相干辐射源一直是 THz 学界追求的目标。除了自由电子激光器等科学仪器装置外,如果能在实验室中获得峰值强度为 1 GV/cm 以上的 THz 辐射源,则可以极大推动 THz 强场物理研究,包括 THz 辐射脉冲驱动高次谐波、THz 辐射脉冲驱动(磁)相变动力学,以及强THz 非线性光学等研究。

THz 高灵敏探测:实现小型化、低价格和高效率的 THz 单光子探测器是各国研究人员追求的目标。THz 单光子探测器在量子信息和天体物理等领域具有极其重要的意义。目前主要基于超导异质结实现 THz 单光子检测,如何实现室温下 THz 单光子检测仍具有极大的挑战。

THz 光子与元激发粒子强耦合:实现 THz 光子与各种元激发粒子间的强耦合,例如,THz 光子与磁振子强耦合实现 THz 极化磁振子。这在 THz 光子的量子纠缠态和 THz 单光子源制备等方面具有十分重要的研究价值。

此外,基于 THz 的低能性,将 THz 光谱学技术应用于拓扑量子材料研究。例如利用 THz 光谱探索拓扑绝缘体表面态费米面附近电子的输运动力学、拓扑半金属(Dirac 和 Weyl 半金属)费米面附近电子的动态输运特性,以及基于 THz时间分辨光谱学研究拓扑态与非拓扑态相变动力学等。

本书重点关注 THz 光谱在自旋电子学中的应用。第一部分为 THz 概述和光谱技术,包括 3 章内容。第 1 章为 THz 辐射与磁有序介质相互作用概述。第2 章简要介绍了基于光子学方法 THz 辐射脉冲的产生和探测原理,重点介绍了强 THz 辐射脉冲的实现原理和实验方案。第 3 章介绍了各种 THz 光谱技术(包括 THz 时域光谱、THz 时间分辨光谱和 THz 磁光光谱),以及基于 THz 光谱的物质参数(如复介电常数、复磁导率和复电导率等)的提取。第二部分为本书的重点,主要介绍了 THz 波与磁有序介质的相互作用,包括 3 章内容。第 4 章重点介绍了利用 THz 时域光谱研究倾角反铁磁($RFeO_3$)中各种自旋模式的激发、自旋重取向相变,以及自旋波的 THz 线性相干控制等。第 5 章介绍了利用 THz 时域光谱技术实现自旋分辨的电子输运。第 6 章主要介绍了基于自旋的 THz 相干辐射源,包括基于超快退磁 THz 辐射、逆法拉第效应的窄带 THz 辐射和基于逆自旋霍尔效应的高效、宽带 THz 辐射。第三部分介绍了 THz 强场与电子自旋的非线性相互作用,进而实现自旋波的 THz 非线性调控,包括 2 章内容。第 7 章为自旋波与磁有序介质强相互作用概述,包括 THz 强磁场诱导非线性塞曼转矩,THz 强场驱动超快退磁及其动力学过程,THz 强场驱动有效场和 THz 强场驱动反铁磁体系的二次谐波等非线性效应。第 8 章介绍了 THz 腔结构中的自旋波与 THz 光子的强相互作用,从经典物理和半量子力学角度介绍 THz 人工微结构腔中,自旋波与腔模式间的耦合效应及其自旋模式的调控。本书的第一部分适用于刚接触 THz 光谱的初学者。第二部分和第三部分适用于本科高年级和研究生阅读,也适用于从事 THz 光谱研究的科技人员阅读。

本书由上海大学马国宏和上海理工大学金钻明编著,在本书编写过程中得到了上海大学林贤、张顺浓、张文杰、国家嘉、李炬赓、金凯龙、傅吉波、宋邦菊、索鹏、阮舜逸、陈家明等老师和同学的支持和帮助,在此表示感谢。本书参考和引用的文献、专著等列入了全书后的参考文献中,在此谨向有关作者表示衷心的感谢。本书的成书过程中,得到了国家自然科学基金项目(批准号:11604202,11674213,61735010,61975110)的资助。

尽管编写人员在编著过程中查阅了大量的文献资料,进行了整理、核对和提炼,但是由于水平所限,本书难免存在疏漏和不足之处,敬请广大读者批评指正。

马国宏、金钻明

2020 年 5 月

Contents

目 录

1

THz辐射特点概述

1.1 THz辐射及其应用简述

人类在探索和认识世界的过程中,电磁辐射起到了关键性的作用。20世纪初期经典物理学上空的"两朵乌云"均因研究电磁辐射而提出,并诱发了现代物理学两大基石——"相对论"和"量子力学"的诞生。长期以来,基于电磁辐射与物质的相互作用,人们发展了多种谱学技术,并借助这些技术,获得了很多物质内部的有用信息,如物质结构,分子的电子能级(能带),振动、转动等能级结构,以及材料的声学、电学和光学等性质。随着这些技术的成熟与发展,电磁波谱一方面被应用到物理、化学、材料、通信、生命科学等多个基础研究学科,另一方面也在医学成像、产品检测、食品安全、空间通信等多个领域有着广泛的探索空间。

在过去很长一段时间里,电磁波谱中一直存在着一段空白区,即所谓的太赫兹波段。该区域指的是频率在 $0.1 \sim 10$ THz(1 THz$=10^{12}$ Hz)的电磁波谱,其对应的波长范围在 $3\,000 \sim 30\ \mu m$,也即图1-1中的蓝色区域。由于太赫兹波位于微波和红外波之间,处于宏观电子学向微观光子学过渡的区域,因此其在电磁波谱中占据非常特殊的位置。它的长波段与亚毫米波、微波相重合,其发展主要依赖于电子学技术,而短波段与远红外光重合,其发展主要依靠光子学技术。在电磁波谱上,红外波和微波波段的技术已经发展得相当成熟,但夹在其中的太赫兹波段的相关技术研究才刚刚起步,很不完善。究其原因主要是此波段既不能完

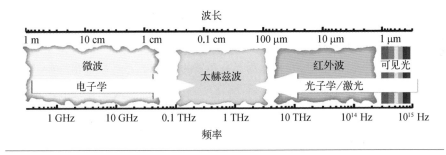

图1-1
太赫兹波段在
电磁波谱中的
位置

全利用光学理论的方法来处理,也不能完全利用微波理论来研究。最为重要的是缺乏高功率 THz 辐射源和高灵敏的 THz 探测器,形成了所谓的"太赫兹空白"。20 世纪 90 年代以来,超快激光技术和半导体材料的迅速发展,为 THz 辐射源的产生提供了稳定和可靠的光子学手段,从而促进了 THz 科学与技术的蓬勃发展。

THz 辐射所处的波谱位置也决定了其所具有的特殊性,与其他波段的电磁波辐射相比,如 X 光、可见光、近红外光和微波辐射,THz 辐射具有如下特点。

(1) 低能性。THz 光子的能量只有几个毫电子伏特 (1 THz 对应于 4.1 meV),比 X 射线光子能量小 5～6 个数量级,对绝大部分生物组织和细胞无害,不会在生物组织中引起光损伤及光致电离,适合于对生物组织进行活体检查。据悉,目前国际上用 THz 技术制成的医疗诊断设备能将这种照射对人体的伤害降低到原来的百万分之一。

(2) 瞬态性。THz 辐射脉冲的典型脉宽在亚皮秒量级,不但可以方便地对各种材料(包括液体、半导体、超导体和生物样品等)进行时间分辨的研究,而且通过相干取样测量技术,能够有效地抑制背景辐射噪声的干扰。目前,辐射强度测量的信噪比可以大于 10^{10},远远高于傅里叶变换红外光谱技术,而且具有更高的稳定性。

(3) 宽带性。THz 辐射脉冲源通常只包含一个乃至半个周期的电磁振荡,单个脉冲的频带可以覆盖从几个吉赫兹到十几太赫兹的范围,包括半导体子带、超导带隙。麻黄碱等违禁药品以及蛋白质等大分子的转动和振动频率,尤其是这些生物大分子在 THz 辐射段表现出很强的吸收和谐振,构成了相应的太赫兹"指纹"特征谱,这些光谱信息对于物质结构的研究很有价值。

(4) 穿透性。THz 辐射对很多非极性物质,如电介质材料及塑料、纸箱、布料等包装材料有很强的穿透力,可用来对包装物品进行质量检查或者用于安全检查。

(5) 相较于微波辐射,THz 辐射具有很宽的带宽(1 THz 的带宽是 1 GHz 的带宽的 1 000 倍),是很好的宽带信息载体,尤其适合局域网或外空卫星间的宽带无线移动通信。

由于 THz 辐射的独特性质,在多个领域中,THz 波都具有非常重要的应用价值。诸如其在生物医学领域成像可部分替代 X 光摄片，以及 THz 层析技术可部分替代 CT 与核磁共振技术，从而可极大地减小对人体的辐射损伤；在无损检测领域，利用 THz 波可以穿透衣物、纸盒、塑料等物质，实现非接触、非破坏性的探测，有效地检查和识别包裹或信件中的毒品、爆炸物和生物化学危险品等；在环境检测领域，THz 技术能够对固体、液体、气体以及火焰和流体等介质的电、声学性质及化学成分进行研究。THz 辐射可以穿透烟雾，检测出有毒或有害分子，因此可用于污染物检测。特别地，安装于气象卫星上的 THz 环境监控设备可以有效地实时监测大气污染状况。在无线通信领域，THz 波是很好的宽带信息载体，它比微波能做到的带宽和讯道数多得多，特别是卫星间、星地间及局域网的宽带移动通信。与可见光和红外线相比它同时具有极高的方向性和较强的云雾穿透能力。此外，THz 通信可以以极高的带宽进行高保密卫星通信。在科学研究领域，对相干 THz 波与物质相互作用时域谱的分析，不但可以得到 THz 波与物质作用的强度的信息，而且还可以得到其相位变化的信息，为揭示物质结构与功能的关系提供新的证据和帮助。在 THz 波段的能量范围，包含了许多决定材料的重要能级，如半导体中受体、施体及光学激子的束缚能，光学声子、超导能隙、表面等离激元和磁振子等，通过 THz 时域光谱和时间分辨 THz 光谱，不仅可以同时得到材料的折射率和吸收系数等参数，还可以研究材料中元激发的弛豫动态特性。THz 波谱还可以用于研究低维纳米结构材料（如半导体量子点、量子线和量子阱等）的子能级间的电子和空穴跃迁以及弛豫过程。因此，THz 辐射在物理学、化学、材料科学、等离子熔融诊断学、电子束诊断学及 THz 波的显微成像学等研究领域有着广泛的用途和研究前景。

尽管目前太赫兹波技术还未达到成熟阶段，但其重要的理论研究价值和应用前景已经引起各界的广泛兴趣和极大关注，对于该波段的研究已成为 21 世纪最前沿的科学研究领域之一。

1.2 THz 波与磁有序介质相互作用概述

自旋是电子的内禀属性，是物质磁性的重要物理起源。自旋的集体（公有化)振荡所对应的元激发被称为自旋极化波或磁振子。电子自旋自由度可以作为信息的载体或量子位而实现信息的存储、传输与放大。与传统的基于荷电属性的电子学器件相比，基于自旋属性的自旋电子学器件在非易失性、数据处理速度、集成密度和功耗方面具有巨大的优势。然而，对自旋极化波或磁振子等元激发的相干操纵是自旋电子学研究领域极为重要且极具挑战的研究课题。传统的自旋电子学器件的工作频率一般在射频和微波波段，也就是说自旋的开关和调制速度一般在纳秒量级，如以磁有序介质为信息载体的信息写入和读取速度、核磁共振的工作频率等，均在兆赫兹(MHz)和吉赫兹(GHz)频段。下一代高速信息传输要求信息的开关和调制速度在太赫兹(THz)范围，也即要求在亚皮秒尺度上实现对信息的处理。因而探索和研究在 THz 波段的自旋极化波的激发、传输和相干控制，是研制各种超高速自旋电子学器件的基础。

　　任何辐射电磁波均携带有磁场分量，尽管电磁波与介质相互作用时电磁波的磁场一般可以忽略，但在电磁波与磁有序介质相互作用时，尤其是当电磁波的频率与磁有序介质的本征频率共振时，电磁波的磁场与磁有序介质发生强烈的耦合，这在人工电磁材料里有非常明显的体现。基于磁共振效应，也就是电磁场的频率与磁有序介质的本征频率共振时，电磁波的磁场可以直接激发磁有序介质中的自旋极化波。对于频率范围在 $0.1 \sim 10$ THz 的太赫兹电磁波辐射，其相应的能量跨度在 $0.4 \sim 40$ meV。具有单(亚)振荡周期的 THz 电磁波的磁场分量与磁有序介质直接相互作用，通过对 THz 波的强度、频谱分布和波形的控制，可以实现对自旋极化波的直接激发和相干调控。这一激发过程是磁偶极跃迁过程，利用太赫兹波的磁场有望有效地实现对磁有序介质中自旋极化波的激发和相干控制。值得一提的是，THz 电磁波的磁场与电场的关系是 $B(\omega) = E(\omega)/c$(c 为光速)，通过对 THz 辐射脉冲电场波前的整形即可获得具有特定波前形状的磁场分布。而磁场是实现磁有序结构中自旋自由度的激发和控制的必要手段，目前产生持续时间短、强度高并且波形可控的脉冲磁场仍然具有相当大的挑战。基于亚皮秒 THz 辐射脉冲的磁场脉冲也具有亚皮秒宽度，其为自旋波的激发和弛豫动力学研究提供了理想的光谱手段，而且 THz 光谱还具有非接触性和非破坏性等优点。结合磁有序介质的磁共振的跃迁定则，通过对 THz 辐射脉冲的波前整形，有望获得对特定频率自旋极化波进行调控的巨磁场脉冲,从而实现有效地控制自旋进动的重新取向,乃至自旋极化反转等;实现具有亚皮秒量级的超快自旋开关和调制效应。此外,也可以利用电磁波的电场分量,通过激发磁有序介质(多铁介质)的电偶极化或复合结构(如人工超结构与磁有序介质的复合结构)从而间接实现自旋极化的磁共振激发。

  THz 光谱因具有较宽的相干带宽(0.1～10 THz)、超快的时间响应(1～2 ps)、低的光子能量(0.4～40 meV)和非接触性等特点,从而被广泛应用于材料中元激发的激励、动力学特性的探测及其相干控制等方面的研究。THz 波与磁有序介质相互作用不但可以给出磁有序介质的磁共振吸收关系,而且可以给出磁导率的色散关系,最为重要的是,磁有序介质的 THz 光谱还可以给出自旋分辨的电子输运特性,这是其他光谱学方法难以实现的。通过时间分辨的 THz 光谱(如光抽运- THz 探测、THz 抽运- THz 探测和 THz 抽运-光探测等光谱),可以获得自旋波色散随时间的演化关系,以及自旋波的非线性动力学行为,如图 1-2 所示。

图 1-2
利用 THz 辐射
脉冲磁场共振
激发 NiO 反铁
磁晶体中的磁
共振模式,并
基于同步光脉
冲的磁光效应
实现对自旋极
化进动的实时
探测

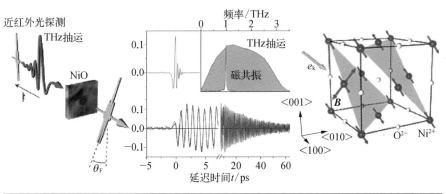

  反铁磁结构由于具有较强的交换作用,其磁共振频率一般在太赫兹和亚太赫兹频段。THz 光谱为研究反铁磁晶体自旋模式的激发、弛豫动力学和相干调控提供了独特的光谱学方法。稀土铁氧体钙钛矿($RFeO_3$)是一类倾角反铁磁晶体,其磁共振频率处于 THz 频段,同时该结构还具有较弱的宏观磁化强度和极其丰富的外场(如温度、磁场和应力场等)依赖的相变行为。尽管 20 世纪 70 年代对该结构有较多的理论研究,THz 光谱的出现为实验上深入研究该结构的多

种自旋波模式的激发、相变和调控提供了理想的光谱学手段。值得一提的是，对于 RFeO$_3$ 晶体，外场（如外加磁场）和内场（如晶体场）可诱导自旋模式与 THz 光子的强耦合效应，形成所谓的"磁振子-极化子"元激发。此外，还可以通过设计合适的 THz 光腔结构，如基于 RFeO$_3$ 晶体的 THz 波导结构、RFeO$_3$ 与人工微结构的复合结构，结合强 THz 的电场和磁场脉冲，亦可获得 RFeO$_3$ 自旋波模式与 THz 腔模式的强耦合效应，探索自旋波的量子行为，为自旋波的 THz 非线性量子调控提供研究基础。

如图 1-3 所示，基于超快激光与磁有序介质相互作用实现高效 THz 相干辐射（THz 辐射源）也受到广泛关注。超快激光诱导铁磁薄膜的超快退磁过程，根据麦克斯韦（Maxwell）方程，超快退磁可诱导宽带 THz 相干辐射，$E_{\mathrm{THz}}(t) \propto \dfrac{\partial J}{\partial t} \propto \dfrac{\partial^2 M(t)}{\partial t^2}$。早在 1996 年，E. Beaurepaire 等发现，飞秒激光可以诱导 4.2 nm-Ni 薄膜的超快退磁诱导宽带 THz 辐射。2004 年，该小组首次报道了飞秒激光

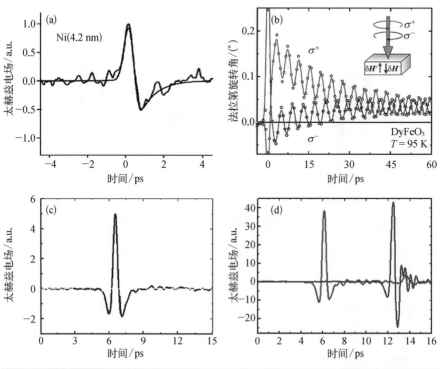

图 1-3
几种基于电子自旋超快动力学的 THz 辐射

辐照 Ni 薄膜诱导 THz 辐射,如图 1-3(a)所示。这种基于退磁效应获得 THz 辐射的效率较低,不具有实际应用价值,但提供了一种新的光谱学方法探索超快退磁的内在机制。图 1-3(b)为基于逆法拉第效应,可实现在 $DyFeO_3$ 晶体中诱导窄带 THz 辐射;图 1-3(c)为在铁磁霍伊斯勒(Heusler)合金(Co_2MnSn)薄膜中诱导的宽带 THz 辐射。

近年来,T. Kampfrath 等在铁磁/非磁金属薄膜异质结构中,通过自旋的非对称光激发,产生非零的扩散自旋电流。利用重金属强的自旋-轨道耦合,自旋电流将转换成横向电荷电流,作为 THz 电磁辐射源。图 1-4 为 $Ta/Co_{20}Fe_{60}B_{20}$(黑色曲线)和 $Ir/Co_{20}Fe_{60}B_{20}$(红色曲线)的复合结构的 THz 发射光谱。入射脉冲宽度为 10 fs,能量为 1 nJ,中心波长为 800 nm,电光取样晶体为 50 μm GaP。这一过程有别于超快退磁发射 THz 波,被称为逆自旋霍尔效应。图 1-3(d)为 W(4 nm)/CoFeB(4 nm)/Pt(4 nm)复合结构中,基于逆自旋霍尔效应的宽带 THz 辐射,图中黑色曲线为 1-mm (110)-ZnTe 中相同泵浦功率下产生的 THz 辐射。基于该机制可以获得高效和宽带的 THz 辐射源。

图 1-4 $Ta/Co_{20}Fe_{60}B_{20}$(黑色曲线)和 $Ir/Co_{20}Fe_{60}B_{20}$(红色曲线)的复合结构的 THz 发射光谱

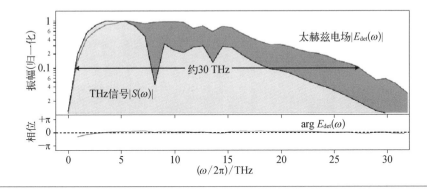

另外,基于冲击拉曼散射效应,飞秒激光脉冲与磁有序介质(如 $RFeO_3$)相互作用,将具有圆偏振特性的飞秒脉冲角动量转移到磁有序介质中,可以获得窄带 THz 辐射,唯象地说,这一过程可以描述成逆法拉第效应。此外,基于超快激光脉冲作用于 YIG 薄膜产生的温度差的磁热效应,也可以实现 THz 相干辐射。通过对 THz 辐射动态过程的研究可以获得材料的磁结构与功能间的内在关系,为设计 THz 波段自旋电子学器件提供理论基础和借鉴。

2

基于光子学方法
THz辐射脉冲的
产生与探测

2.1 THz 辐射脉冲

太赫兹辐射源包括基于电子学和光子学两类产生方法。本节主要讨论由光子学方法产生 THz 辐射脉冲,太赫兹辐射脉冲的产生与探测都是通过快速响应的瞬态"驱动"光脉冲与物质的相互作用来实现的。主要有两种产生机制:光电导天线(PCA)和光整流。光电导天线型 THz 辐射脉冲的产生源于光激发,并诱导了半导体中电导率的变化。这涉及两种相互作用,第一种为共振跃迁相互作用,光子被半导体的带-带跃迁吸收。第二种为非共振跃迁相互作用,起源于非线性的混频或光学整流过程。相比于以往的书籍和 THz 的综述文章,我们更关注这两种 THz 辐射脉冲产生背后的物理机制,以及实验系统的调节。

2.1.1 光电导天线产生 THz 辐射脉冲

图 2-1 是一个简化的光电导天线产生 THz 辐射脉冲的示意图,图 2-1(a)~

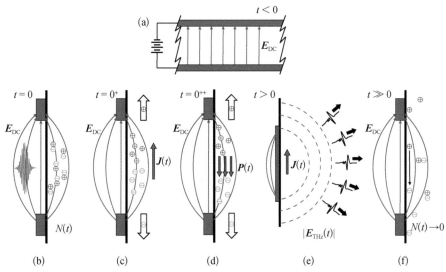

图 2-1
光电导天线产生 THz 辐射脉冲的示意图

(a) 一个施加了直流偏置电场 E_{DC} 的半导体;(b) 在光脉冲的激发下,飞秒时间尺度上产生了电子-空穴对;(c) 电子与空穴的加速及高速分离产生一个瞬态电流;(d) 宏观极化会产生一个反向电场,屏蔽 E_{DC};(e) 电流对时间的导数决定的瞬态电场导致一个辐射脉冲;(f) 几百皮秒后半导体恢复到基态

(f)表示 THz 辐射脉冲产生过程中的六个不同阶段。

在半导体衬底上制备共面的金属天线,所用的半导体具有高的迁移率 μ,通常采用的是 GaAs 或低温生长的 GaAs。迁移率决定载流子在施加电场中的迁移速度,高迁移率材料中载流子迅速得到加速,导致了更短的上升时间。如图 2-1(a)所示,在天线上施加直流偏置电场 $\boldsymbol{E}_{DC}$,产生 10^6 V/m 量级的电场,其强度接近空气的击穿阈值。金属天线间平行的箭头代表靠近半导体表面的电场,能量被存储在这一电容结构中,电容值在几个皮法数量级。所使用的半导体具有高的暗电阻以减小暗电流,从而减小局域热效应,以防止器件发生故障。

产生 THz 辐射脉冲的第一步是光激发高电场的区域,当半导体的能隙 E_g 小于光子能量 $h\nu$ 时,光在半导体中产生电子-空穴对。图 2-1(b)所示为载流子的产生过程。一个聚焦的超短光脉冲入射到金属天线之间,产生导电薄层,其厚度近似为光的趋肤深度 $1/\alpha$,α 为半导体的吸收系数(高于带隙的情况),α 为 $10^3 \sim 10^5$ cm^{-1}。光生电子-空穴对在半导体表面形成一个电中性的等离子体,如图 2-1(b)所示。

电荷密度随时间演化的过程用 $N(t)$ 表示,总的载流子密度包括电子和空穴,即 $N(t) = N_e(t) + N_h(t)$。在低激发功率下,电荷密度正比于光脉冲的强度包络,即

$$N(t) = \int_0^t G(\tau)\delta\tau - N_0 e^{-\frac{t}{\tau_c}} \tag{2-1}$$

式中,$\int_0^t G(\tau)\delta\tau$ 描述的是激光脉冲在时间尺度上的 $N(t)$,$G(\tau)$ 为由光脉冲包络所决定的光生载流子产率;$N_0 e^{-\frac{t}{\tau_c}}$ 描述的是载流子在更长时间上的演化过程,N_0 为产生的载流子总数,时间常数 τ_c 为载流子寿命或者半导体缺陷态的载流子捕获时间。

自由载流子的电导率 $\sigma(t) = N(t)e\mu$,电流密度 $J(t) = \sigma(t)E$,进而得到 $J(t) = N(t)ev(t)$,其中,$v(t)$ 是载流子速度。半导体中光生载流子产生后,受加速电场 $E(t=0^+) = E_{DC}$ 的作用,皮秒时间尺度上的光电导产生的瞬态电流产生了 THz 辐射脉冲。

图 2-1(c)所示为载流子在 $\boldsymbol{E}_{DC}$ 中的加速。载流子的速度随时间的变化由

电子的有效质量 m^*、载流子散射率，以及局域的电场强度 E_{loc} 共同决定。

$$\frac{\delta v(t)}{\delta t} = -\frac{v(t)}{\tau_s} + \frac{eE_{loc}(t)}{m^*} \qquad (2-2)$$

载流子散射用特征时间 τ_s（约 0.1 ps）来描述，它由声子散射、载流子散射、杂质散射，以及光子的能量或者说载流子的能量-动量关系 $E(k)$ 共同决定。

如图 2-1(d)所示，半导体中的光生电子-空穴等离子体在空间上的分离，将产生宏观极化 $P(t)$：

$$P(t) = N(t)er(t) \qquad (2-3)$$

式中，$r(t)$ 描述电荷的空间分离。极化随时间的演化可表示为

$$\frac{\delta P(t)}{\delta t} = -\frac{P(t)}{\tau_R} + N(t)ev(t) \qquad (2-4)$$

式中，$N(t)ev(t)$ 是极化对时间的导数；τ_R 为弛豫时间。如图 2-1(d)所示，产生的极化会诱发一个与施加在金属天线上的静电场相反的电场。因此载流子的运动由外加的直流偏置电场和极化 $P(t)$ 所引起的屏蔽电场共同作用。

$$E_{loc}(t) = E_{DC} + \frac{P(t)}{\varepsilon r} \qquad (2-5)$$

式中，r 为一个依赖于器件结构的数值因子，也称为现象学屏蔽参数；ε 为半导体材料的介电常数。在时域上强度依赖的局域电场 $E_{loc}(t)$ 对 THz 辐射脉冲的形成起决定性作用。

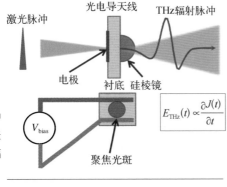

图 2-2
飞秒激光脉冲激发光电导天线产生 THz 辐射示意图

上述四个耦合差分方程 $N(t)$、$v(t)$、$P(t)$ 和载流子受到的局域电场 $E_{loc}(t)$，描述了光激发载流子所产生电流的时间演化。瞬态电流决定了产生的 THz 辐射脉冲的形状，如图 2-1(e) 所示。根据麦克斯韦方程，时间上变化的电流作为辐射源，$E_{THz}(t) \propto \partial J(t)/\partial t$，如图 2-2 所示。

从实验角度看,施加的偏置电场强度会影响产生 THz 辐射脉冲的大小和形状。在一个光导开关中,接近正电极处的偏置电场显著增强。相比光电导天线电极的中间区域,在接近正电极处的紧聚焦激光(相等的激发功率)将诱导一个更强和更短的 THz 辐射脉冲。对于低的光激发功率,偏置电场仅被极化场轻微屏蔽。然而在高的光激发功率下,偏置电场在亚皮秒时间尺度上可能被完全屏蔽。这等价于导致电子迅速减速的过程。这一效应决定了产生 THz 辐射脉冲的强度包络,在高的光激发功率下 THz 辐射脉冲的带宽会增加。我们将影响光电导天线产生 THz 辐射脉冲的主要因素总结如下。

(1) 半导体的带隙。只有当激发光子的能量大于半导体的禁带宽度时,才能激发光生载流子,否则不能产生 THz 辐射脉冲。

(2) 载流子寿命。光电导天线设计中,要求半导体具有更短的载流子寿命,从而产生更短的 THz 辐射脉冲、更宽的 THz 带宽。因此,对于所用的半导体材料,最常用的是低温生长的砷化镓(LT-GaAs)。

(3) 载流子迁移率。高的载流子迁移率意味着能以较小的偏置电压加速载流子,从而提高 THz 发射效率。

(4) 天线之间的距离。对于窄的间距,光电导天线所需的偏置电压更小。然而,由于其损伤阈值低,更容易损坏。此外,窄间隙天线对激光光斑的校准和光斑尺寸要求更为严苛。对于宽的间距,其损伤阈值高,光学校准和聚焦特性要求低,具有更大的有效面积。因此实验中首选宽间距的光电导天线作为 THz 发射器。

(5) 偏置电场。THz 输出功率随着偏置电场的增强而增强。材料被击穿之前可以施加的最大偏置电场取决于天线之间的间隙、激光的功率密度和载流子浓度。当同时存在大的偏置电场、窄的天线间距和高的光激发功率时,很容易损坏光电导天线。因此,在实验过程中建议从小的偏置电场开始缓慢增加,直至增加到系统的工作值。

(6) 激光光斑尺寸。只有当激光的光斑尺寸与天线间距尺寸匹配时,光电导天线才能获得最佳工作效率。如图 2-3(a)所示,当光斑尺寸小于间隙时,未被光辐照的区域不会产生光生载流子,从而降低 THz 的辐射效率。当光斑尺寸大于间隙时,大于间隙的非活性区的光辐照能量被浪费,若要产生相同功率的THz辐射脉冲就需要更高的光激发功率。可以采用如图 2-3(b)所示的方法在实验光路上放置一个聚焦透镜,通过移动透镜的位置,微调天线间距处激光脉冲的有效光斑面积。

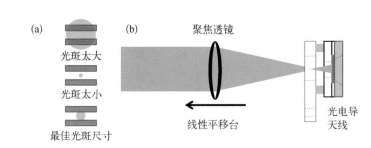

图 2-3
THz 光电导天线的光路调节中光斑尺寸的变化

2.1.2 光整流产生 THz 辐射脉冲

光整流效应是泡克耳斯效应(Pockels effect)的逆过程,是一种非线性光学效应。光整流效应和泡克耳斯效应的讨论始于极化 P。极化 P 与电极化率 $\chi(E)$ 和电场 E 的关系为

$$P = \varepsilon_0 \chi(E) E \tag{2-6}$$

材料的非线性极化表示为

$$P = \varepsilon_0 (\chi_1 + \chi_2 E + \chi_3 E^2 + \cdots) E \tag{2-7}$$

光整流效应和线性电光效应均是二阶非线性光学效应,二阶非线性极化 $P_2^{nl} = \varepsilon_0 \chi_2 E^2$。当考虑光电场是 $E = E_0 \cos \omega t$ 时,二阶非线性极化 P_2^{nl} 由一个直流极化项 $\chi_2 \dfrac{E_0^2}{2}$ 和一个极化项 $\cos 2\omega t$ 构成:

$$P_2^{nl} = \varepsilon_0 \chi_2 E^2 = \varepsilon_0 \chi_2 \frac{E_0^2}{2} (1 + \cos 2\omega t) \tag{2-8}$$

直流极化项来自入射光电场的整流效应,通过材料的二阶非线性极化率,具有 $\cos 2\omega t$ 的这项极化描述了二次谐波的产生。类似地,当考虑两个光电场分别是 $E_1 = E_0 \cos \omega_1 t$ 和 $E_2 = E_0 \cos \omega_2 t$ 时,

$$P_2^{nl} = \varepsilon_0 \chi_2 E_1 E_2 = \varepsilon_0 \chi_2 \frac{E_0^2}{2} \left[\cos(\omega_1 - \omega_2)t + \cos(\omega_1 + \omega_2)t \right] \quad (2-9)$$

此时，二阶非线性极化 P_2^{nl} 由 $P_2^{\omega_1-\omega_2}$ 和 $P_2^{\omega_1+\omega_2}$ 组成。$P_2^{\omega_1-\omega_2}$ 正比于差频 $(\omega_1 - \omega_2)$ 过程，$P_2^{\omega_1+\omega_2}$ 正比于和频 $(\omega_1 + \omega_2)$ 过程。光整流产生 THz 辐射源于差频项 $P_2^{\omega_1-\omega_2}$，而和频项 $P_2^{\omega_1+\omega_2}$ 与 THz 辐射的产生无关。

THz 的产生源于飞秒激光脉冲的光整流效应，其物理本质是飞秒近红外激光脉冲的光学带宽 $\Delta\omega$ 中不同频率分量的混频。若用高斯函数描述一个飞秒激光脉冲，在频域上，$E(\omega) \propto \exp\left[-\frac{(\omega - \omega_0)^2}{4\Gamma} \right]$；在时域上，飞秒激光脉冲为

$$E(t) = E_0 \exp(i\omega_0 t) \exp(-\Gamma t^2) \quad (2-10)$$

THz 辐射脉冲的带宽取决于飞秒激光脉冲带宽内所有频率的差频。飞秒激光脉冲光整流产生 THz 辐射脉冲的时间包络正比于差频项 $P_2^{\omega_1-\omega_2}(t)$ 对时间的二阶导数，即

$$E_{\text{THz}}(\omega) \propto \frac{\mathrm{d}^2 \left[P_2^{\omega_1-\omega_2}(t) \right]}{\mathrm{d}t^2} \quad (2-11)$$

式中，$P_2^{\omega_1-\omega_2}(t)$ 由激光脉冲高斯型的时间包络决定，如图 2-4 所示。

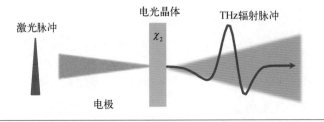

激光脉冲　电极　电光晶体 χ_2　THz辐射脉冲

图 2-4
利用光整流效应产生 THz 辐射脉冲的示意图

为了理解光整流效应和泡克耳斯效应的关系，需要把 P 和 E 写成矢量形式，把 χ_{ijk} 写成三阶张量形式。$P_i^{\omega_1-\omega_2}$ 为二阶非线性极化的第 i 个矢量，它与电场的第 j 个和第 k 个分量 $E_j^{\omega_1}$ 和 $E_k^{\omega_2}$ 通过极化率张量联系在一起：

$$P_i^{\omega_1-\omega_2} = \varepsilon_0 \chi_{ijk}^{\omega_1-\omega_2} E_j^{\omega_1} (E_k^{\omega_2})^* \quad (2-12)$$

直流的光整流效应和线性电光效应来自上式中的两个极限情况：当 $\omega_1 \to \omega_2$ 时，

$\mathbf{P}_i^0 = \varepsilon_0 \boldsymbol{\chi}_{ijk}^0 \mathbf{E}_j^{\omega_1} (\mathbf{E}_k^{\omega_1})^*$，表明一个频率为 ω_1 的强电场可以产生一个直流极化 $\mathbf{P}_i^0$；当 $\omega_2 \to 0$ 时，$\mathbf{P}_i^{\omega_1} = \varepsilon_0 \boldsymbol{\chi}_{ijk}^{\omega_1} \mathbf{E}_j^{\omega_1} \mathbf{E}_k^0$，表明一个直流的电场 $\mathbf{E}_k^0$ 可以改变频率为 ω_1 的极化 $\mathbf{P}_i^{\omega_1}$，这也是自由空间电光取样(EOS)实现 THz 探测的物理本质。理论计算表明光整流效应和线性电光效应具有等价性。因此，可以用材料的线性电光系数来估算光整流效应的大小。

通过光整流效应和泡克耳斯效应产生和探测 THz 辐射脉冲，需要单晶具有高的二阶非线性系数或者大的电光系数、合适的晶体厚度和晶体取向，且晶体表面必须是光学平整的。高质量的晶体意味着杂质浓度低、结构缺陷少和内部应力小。应用最广泛的非线性晶体有 ZnTe、GaP 和 GaSe 等。ZnTe 和 GaP 是闪锌矿结构 $\bar{4}3m$ 点群，GaSe 是六角晶系 $\bar{6}2m$ 点群。ZnTe、GaP、GaSe 都是单轴晶体，只有一个旋转对称轴，称为 c 轴或晶体的光轴。这些非线性晶体产生和探测 THz 辐射脉冲的效率由材料的线性电光系数决定，ZnTe、GaP、GaSe 的电光系数 γ_{41} 分别是 3.9 pm/V、0.97 pm/V 和 14.4 pm/V。

此外，THz 辐射脉冲的产生和探测的带宽由相干长度和材料的光学声子的共振频率决定。红外活性的光学声子共振将导致电场辐射在 THz 频率上有很强的吸收。如果近红外的激光频率和 THz 辐射脉冲在晶体中的折射率相等，那么 THz 辐射脉冲的带宽只由入射的近红外飞秒激光的脉宽决定。然而，晶体材料在近红外频段的折射率通常与 THz 波段的折射率不相等，因此，THz 辐射脉冲和近红外激光脉冲在经过晶体时，以不同的速度传播。当速度失配逐渐增大时，THz 辐射脉冲产生与探测的效率会急剧下降。相干长度

$$l_c(\omega_{\text{THz}}) = \frac{\pi c}{\omega_{\text{THz}} \mid n_{\text{opt-eff}}(\omega_0) - n_{\text{THz}}(\omega_{\text{THz}}) \mid} \tag{2-13}$$

式中，c 为光速；ω_{THz} 为 THz 频率；n_{THz} 为 THz 频率的折射率；ω_0 为近红外激光的中心频率；$n_{\text{opt-eff}} = n_{\text{opt}}(\omega) - \lambda_{\text{opt}} \left(\dfrac{\partial n_{\text{opt}}}{\partial \lambda} \right) \Big|_{\lambda_{\text{opt}}}$ 为飞秒近红外激光脉冲的群速度折射率，n_{opt} 为近红外激光波长 λ_{opt} 处的折射率。

从实验角度看，光整流不需要偏置电压就可以实现 THz 辐射脉冲的产生。对于一个给定的非线性晶体，THz 的辐射效率和带宽受以下因素影响：晶体的

厚度、激光的脉宽、材料的吸收、色散以及相位匹配。

（1）激光的脉宽。激光的脉宽越窄，THz 光谱的带宽就可能更宽。

（2）材料的吸收。材料的吸收通常涉及两类吸收：一是材料对激光脉冲的吸收；二是材料对产生的 THz 波的吸收。无论哪种情况，吸收都会降低 THz 辐射脉冲的产生效率。吸收越强，THz 辐射脉冲的输出功率越弱。

（3）相位匹配。当激光脉冲的群速度等于 THz 辐射脉冲的相速度时，可以获得 THz 辐射脉冲产生的最佳效率。另一方面，激光脉冲的群速度和 THz 辐射脉冲的相速度相差越大，所产生的 THz 辐射脉冲的带宽越窄，功率越低。

（4）色散。激光脉冲包含不同的频率分量，在材料中的传播速度不同。色散会影响晶体的相位匹配特性，主要影响 THz 辐射脉冲的带宽和产生效率。色散越厉害，越难获得相位匹配，导致 THz 辐射脉冲的带宽越窄。

（5）晶体的厚度。晶体的厚度会影响 THz 辐射脉冲的带宽和输出功率。对带宽而言，晶体越薄，THz 辐射脉冲的带宽越宽，这是因为减小了相互作用的长度，可以使不同的匹配条件产生的效应更小。然而，薄的晶体的输出功率低，且引入的二次反射峰很接近 THz 主脉冲，这会降低 THz 光谱应用中的扫描长度，从而降低 THz 光谱的频率分辨率。对输出功率而言，越厚的晶体，输出功率越高。这是因为激光脉冲与物质的相互作用长度变长。然而，晶体越厚，吸收越强，且色散的影响更厉害，这会降低功率和使带宽变窄。

ZnTe 是迄今为止应用最广泛的 THz 波发射源材料，因为它具有高的非线性系数、高的损伤阈值和与钛宝石激光脉冲有最好的相位匹配特性。然而，ZnTe 的声子吸收约在 5 THz，这限制了它的实际带宽。另外，ZnTe 具有高的双光子吸收系数，导致其在高的光激发功率下产生的 THz 辐射脉冲受限。下面，以飞秒激光脉冲激发 ZnTe 晶体为例，详细介绍光整流产生 THz 辐射脉冲。光整流效应的非线性极化为

$$P_i^{(2)}(\omega_{THz}) = \sum_{jk} \varepsilon_0 \chi_{ijk}^{(2)}(\omega_{THz}; \omega + \omega_{THz} - \omega) E_j(\omega + \omega_{THz}) E_k^*(\omega)$$

$$(2-14)$$

式中，i，j，k 是笛卡儿坐标系下场的分量；$\chi_{ijk}^{(2)}$ 是二阶非线性极化率张量元，二阶非线性极化率张量元可以简化成 $d_{il} = 1/2 \chi_{ijk}^{(2)}$，其中

$$
\begin{array}{ccccccc}
i & 1 & 2 & 3 & 4 & 5 & 6 \\
jk & 11 & 22 & 33 & 23,32 & 31,13 & 12,21
\end{array}
$$

式(2-14)可写成如下的矩阵形式。

$$
\begin{pmatrix} P_x \\ P_y \\ P_z \end{pmatrix} = 2\varepsilon_0 \begin{pmatrix} d_{11} & d_{12} & d_{13} & d_{14} & d_{15} & d_{16} \\ d_{21} & d_{22} & d_{23} & d_{24} & d_{25} & d_{26} \\ d_{31} & d_{32} & d_{33} & d_{34} & d_{35} & d_{36} \end{pmatrix} \begin{pmatrix} E_x^2 \\ E_y^2 \\ E_z^2 \\ 2E_yE_z \\ 2E_zE_x \\ 2E_xE_y \end{pmatrix} \tag{2-15}
$$

ZnTe 是立方晶系 $\overline{4}3m$ 点群,非零张量元为 $xyz=xzy=yzx=yxz=zxy=zyx$,二阶非线性极化率张量元简化为

$$
d_{il} = \begin{bmatrix} 0 & 0 & 0 & d_{14} & 0 & 0 \\ 0 & 0 & 0 & 0 & d_{25} & 0 \\ 0 & 0 & 0 & 0 & 0 & d_{36} \end{bmatrix} \tag{2-16}
$$

式中,$d_{14}=d_{25}=d_{36}$。

将飞秒激光脉冲的电场写成 $\boldsymbol{E}_0 = \boldsymbol{E}_0 \begin{pmatrix} \sin\theta\cos\varphi \\ \sin\theta\sin\varphi \\ \cos\theta \end{pmatrix}$,其中,$\theta$ 是极性角,φ 是方位角,如图 2-5 所示。

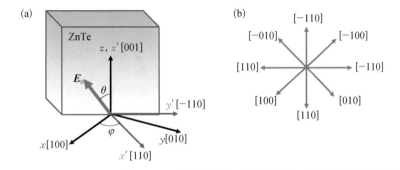

图 2-5 ZnTe 晶体光整流产生 THz 辐射脉冲的示意图

因此,非线性极化方程可改写为

$$
\begin{pmatrix} P_x \\ P_y \\ P_z \end{pmatrix} = 2\varepsilon_0 d_{14} \boldsymbol{E}_0^2 \begin{pmatrix} 0 & 0 & 0 & 1 & 0 & 0 \\ 0 & 0 & 0 & 0 & 1 & 0 \\ 0 & 0 & 0 & 0 & 0 & 1 \end{pmatrix} \begin{pmatrix} \sin^2\theta\cos^2\varphi \\ \sin^2\theta\sin^2\varphi \\ \cos^2\theta \\ 2\sin\theta\cos\theta\sin\varphi \\ 2\sin\theta\cos\theta\cos\varphi \\ 2\sin^2\theta\sin\varphi\cos\varphi \end{pmatrix} \quad (2-17)
$$

$$
= 4\varepsilon_0 d_{14} \boldsymbol{E}_0^2 \sin\theta \begin{pmatrix} \cos\theta\sin\varphi \\ \cos\theta\cos\varphi \\ \sin\theta\sin\varphi\cos\varphi \end{pmatrix}
$$

由此产生的 THz 辐射脉冲的偏振平行于非线性极化,THz 辐射脉冲的强度表示为

$$
I_{\mathrm{THz}}(\theta, \varphi) \propto |\boldsymbol{P}|^2 = 4\varepsilon_0^2 d_{14}^2 \boldsymbol{E}_0^4 \sin^2\theta (4\cos^2\theta + \sin^2\theta\sin^2 2\varphi) \quad (2-18)
$$

从上式可以看出,当 $\sin^2 2\varphi = 1 \left(\text{即 } \varphi = \dfrac{1}{4}\pi \text{ 或 } \varphi = \dfrac{3}{4}\pi\right)$ 时,THz 辐射脉冲的强度有最大值。这意味着当光的偏振方向在 ZnTe[110]面内时,THz 辐射脉冲的强度最大,可以表示为

$$
I_{\mathrm{THz}}(\theta, \varphi) \propto 4\varepsilon_0^2 d_{14}^2 \boldsymbol{E}_0^4 \sin^2\theta (4 - 3\sin^2\theta) \quad (2-19)
$$

由上式可以看出,当 $\theta = \sin^{-1}\sqrt{\dfrac{2}{3}}$ (即 $\theta \approx \pm 55°$) 时,THz 辐射脉冲的强度最大。

此外,从式(2-19)可以看出,$\boldsymbol{E}_{\mathrm{THz}}(\theta) \propto \boldsymbol{P} = 2\varepsilon_0 d_{14} \boldsymbol{E}_0^2 \sin\theta \begin{pmatrix} \sqrt{2}\cos\theta \\ \sqrt{2}\cos\theta \\ \sin\theta \end{pmatrix}$。当 $\boldsymbol{E}_0 \, /\!/$

[001] 时, $\theta = 0°$, $\boldsymbol{E}_{\mathrm{THz}} = 0$;当 $\boldsymbol{E}_0 \, /\!/$

[$\bar{1}$, 1, 0] 时,$\theta = 90°$,$\boldsymbol{E}_{\mathrm{THz}} \propto \begin{pmatrix} 0 \\ 0 \\ 1 \end{pmatrix} \perp \boldsymbol{E}_0$。

实验结果如图 2-6 所示。

表 2-1 总结了非线性晶体 ZnTe、

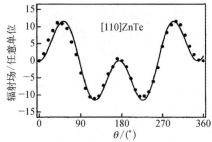

图 2-6
THz 辐射脉冲的强度与 ZnTe 的 θ 角的关系

GaP、$ZnSe$、$GaSe$、$LiNbO_3$ 和 $LiTaO_3$ 的晶体类型和 d 系数。

晶　　体	晶体类型	d　系　数
$ZnTe$、GaP、$ZnSe$	闪锌矿 $\bar{4}3m$	$\begin{bmatrix} 0 & 0 & 0 & d_{14} & 0 & 0 \\ 0 & 0 & 0 & 0 & d_{14} & 0 \\ 0 & 0 & 0 & 0 & 0 & d_{14} \end{bmatrix}$
$GaSe$	六方晶系 $\bar{6}2m$	$\begin{bmatrix} 0 & 0 & 0 & 0 & 0 & -d_{22} \\ -d_{22} & d_{22} & 0 & 0 & 0 & 0 \\ 0 & 0 & 0 & 0 & 0 & 0 \end{bmatrix}$
$LiNbO_3$、$LiTaO_3$	三方晶系 $3m$	$\begin{bmatrix} 0 & 0 & 0 & 0 & d_{15} & -d_{22} \\ -d_{22} & d_{22} & 0 & d_{15} & 0 & 0 \\ d_{15} & d_{15} & d_{33} & 0 & 0 & 0 \end{bmatrix}$

通过类似的方法,可以计算出各种非线性晶体的 THz 辐射特性。

对比这两种光子学方法,光电导天线产生的 THz 辐射脉冲的能量通常大于由光整流产生的 THz 辐射脉冲。光电导天线产生的太赫兹波频率比光整流方法低。光电导天线产生的 THz 辐射脉冲的频谱宽度较窄。

2.2 THz 辐射脉冲探测

THz 辐射脉冲探测包括功率探测和波长探测,由于 THz 光子能量极低(1 THz~48 K),对于非相干弱 THz 辐射源的功率测量,只有在极低温度(一般液氮温度)下才能有效地抑制背景噪声,测量 THz 辐射功率或能量。一般非相干 THz 辐射功率(能量)测量仪器为热辐射仪和压电探测器。测量波长较为普遍的仪器是法布里-珀罗(Fabry-Perot, FP)干涉仪。这里我们主要介绍相干 THz 辐射的探测,以及 THz 辐射脉冲的振幅和相位信息。

由于 THz 辐射脉冲具有几百吉赫兹至十几太赫兹的频谱宽度,已远远超过传统电子学测量技术的能力范围,所以必须采用分辨率更高、带宽更宽和响应速度更快的测量系统。鉴于超短激光技术的发展,超短激光脉冲被用作光学探针实现了对 THz 辐射脉冲的探测。其基本物理原理是使用同一束飞秒激光脉冲作为抽运光和采样光,利用光电导效应、电光效应等实现采样光与被探测信号的位相关联。采样技术是超快光电测量系统中普遍采用的一种数据处理技术,利用采样技术可以把高频或快速变化的信号波形变为低频或慢速信号,以降低探测接收系统的带宽。本节介绍实验室经常采用的 THz 辐射脉冲的探测技术,包括光电导天线探测技术和自由空间电光取样探测技术。

2.2.1　光电导天线探测技术

光电导天线探测技术是最早应用于探测 THz 辐射脉冲的相干探测方法,现在仍然广泛应用于太赫兹时域光谱中。光电导天线的结构如图 2-7 所示,其通过在蓝宝石上沉积注入离子的损伤硅或低温生长的砷化镓(LT-GaAs)制成。共面传输线由两条平行的 5 μm 宽、间距为 10 μm 的金属线组成。聚焦的 THz 辐射电场在直接与锁相放大器相连的光电导天线两极间 5 μm 的空隙处产生瞬时偏压。这个瞬时偏压的强度和时间的相关性可以通过测量集电极电荷(平均电流)获得。此外,通过改变产生脉冲(抽运光脉冲)和门控光脉冲(探测光脉冲)的延迟时间,取样 THz 辐射电场的时域波形,信噪比可超过 $10^3:1$。

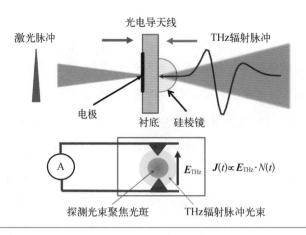

图 2-7
THz 辐射脉冲
的光电导天线
探测示意图

THz 辐射脉冲作为施加于光电导天线上的偏置电场驱动探测光脉冲所激发的自由载流子,从而形成光电流。电流表用来探测这个与 THz 瞬时电场成正比的光电流。

光电导天线取样是光电导 THz 辐射的逆过程。利用光电流与 THz 辐射场场强的线性关系来测量 THz 辐射脉冲的波形。不加偏置电压的光电导天线放在 THz 辐射脉冲光束中,如图 2-7 所示,同时让激光探测脉冲聚焦到光电导天线上。当没有 THz 辐射脉冲时,锁相放大器显示的信号为零。当 THz 辐射脉冲到达光电导天线时,相当于给光电导天线施加一个偏置电压,这时从探测器上探测到的光电流大小与 THz 辐射场成正比。由于探测光脉冲的脉宽远远小于 THz 辐射脉冲的脉宽,可以通过调节 THz 辐射脉冲和探测光脉冲的延迟时间对 THz 辐射脉冲进行取样,如图 2-8 所示。

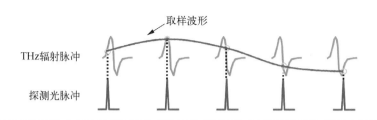

图 2-8
光电导天线取样测量示意图

值得一提的是,光电导天线取样的输出信号不仅由入射场 $E_{THz}(t)$、动量弛豫时间和载流子寿命 τ 决定,也与探测的 THz 电磁辐射波形和所用的光电导天线的共振响应函数有关。探测到的 THz 信号是入射的 THz 辐射脉冲与光电导天线共振响应函数的卷积,也就是说得到的并不是真实的 THz 电磁辐射波形。另外,由于探测光产生的光生载流子寿命较长,其探测的 THz 辐射脉冲带宽较窄。最常用的光电导天线是在 LT-GaAs 上制作的,光电导天线探测器的最大带宽约为 3 THz。近年来,利用 15 fs 的超短脉冲作为门控光脉冲,可使探测的带宽达到 40 THz。

2.2.2 自由空间电光取样探测技术

最近几年,基于电光效应的自由空间电光取样探测技术是 THz 辐射脉冲探测的又一种重要方法,其获得了广泛应用。首先,电光晶体更容易得到,相对而言,光电导天线则依赖于超精密加工。其次,自由空间电光取样可以探测带宽更宽的 THz 辐射脉冲,其探测频谱已超过 50 THz,远远超过光电导天线所能探测的带宽范围。

自由空间电光取样探测技术基于线性电光效应(即在电光晶体上外加电场后,电光晶体的折射率会随着外加电场的变化成比例地改变),实现时域 THz 辐射脉冲的探测。它的基本的想法是 THz 辐射脉冲和探测光脉冲同时聚焦在 ZnTe 晶体上,如图 2-9 所示。根据上节所述的泡克耳斯效应,THz 光束可以瞬态改变 ZnTe 的折射率(产生各向异性)。不同偏振分量的探测光脉冲经历不同的折射率,从而导致入射的线偏振探测光的偏振面发生旋转(偏振态发生变化)。通过改变 THz 辐射脉冲和探测光脉冲之间的延迟时间,利用平衡桥光电差分探测器来记录此偏振方向的改变,从而得到 THz 辐射脉冲电场的时域波形。

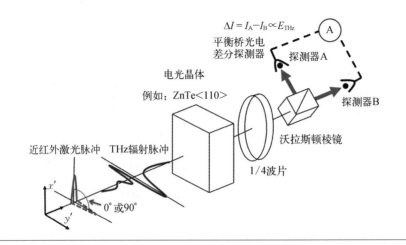

图 2-9
自由空间电光
取样实验光路
示意图

图 2-9 为自由空间电光取样实验光路示意图。THz 辐射脉冲经过离轴抛物镜聚焦到电光晶体上,电光晶体的折射率椭球将会发生变化。当线偏振的探测光脉冲在晶体中与 THz 辐射脉冲共线传播时,相位会被调制,其偏振状态由线偏振转变为椭圆偏振。经过沃拉斯顿棱镜后,探测光脉冲被分为偏振沿着 x 轴和 y 轴方向的两束,利用平衡桥光电差分探测器获得两者的强度差。这一强度差正比于 THz 电场强度,通过扫描时间延迟来探测 THz 辐射脉冲波形。在实验过程中,通过斩波器来调制抽运光(用于产生 THz 辐射脉冲),利用锁相放大技术可以提高灵敏度,从而得到 THz 辐射脉冲的电场振幅和相位信息。

目前常用的电光晶体有 ZnTe、ZnSe、CdTe、$LiNbO_3$、$LiTaO_3$ 和 GaP 等。在自由空间电光取样探测中最常用的是 ZnTe,因为 ZnTe 在远红外与近红外频段中的折射率相当,容易实现 THz 波与探测光的相位匹配(探测光的群速度与 THz 波的相速度相等)。立方结构的 ZnTe 点群为 $\bar{4}3m$,在没有施加外加电场的情况下,$n_x = n_y = n_z = n_0$,即晶体三个方向的折射率相等,其折射率椭球可以写为

$$\frac{x^2}{n_0^2} + \frac{y^2}{n_0^2} + \frac{z^2}{n_0^2} + 2E_{THz,x}\gamma_{41}yz + 2E_{THz,y}\gamma_{41}xz + 2E_{THz,z}\gamma_{41}xy = 1$$

$$(2-20)$$

式中,x,y,z 分别为晶体的 $(1, 0, 0)$、$(0, 1, 0)$、$(0, 0, 1)$ 方向;$E_{THz,x}$、$E_{THz,y}$、$E_{THz,z}$ 分别是 THz 电场沿 x,y,z 方向的分量。假设 E_{THz} 平行于晶体的 z 轴,上式可以简化为

$$\frac{x^2}{n_0^2} + \frac{y^2}{n_0^2} + \frac{z^2}{n_0^2} + 2\gamma_{41}E_{THz}xy = 1 \qquad (2-21)$$

经过一系列坐标变换,(x, y, z) 变换到 (x', y', z')。在 (x, y, z) 坐标系中,x 和 y 都指向晶体的表面向外。现在绕着 z 轴旋转 45°,y' 沿晶体的 $[-110]$ 方向,x' 垂直指向晶体的表面向外,沿 $[110]$ 方向,$z' = z$,如图 2-5 所示。我们可以得到沿着新光轴方向的折射率指数变为

$$n_{y'} = n_0 + \frac{1}{2}n_0^3\gamma_{41}E_{THz}$$

$$n_{z'} = n_0 - \frac{1}{2}n_0^3\gamma_{41}E_{THz} \qquad (2-22)$$

$$n_{x'} = n_0$$

此时,当一个电磁波沿着垂直于晶体表面的方向传播,光的偏振与 $z(z')$ 轴成 45°(图中标记为 $\boldsymbol{E}_0$),即与施加的 THz 电场偏振方向呈 45° 时,由于在 x' 轴上的投影为零,入射的电磁场仅受 y' 和 z' 方向的折射率的影响。因为 $n_{y'} \neq n_{z'}$,所以入射的电磁波在 y' 和 z' 方向上通过晶体的传播速度不相等。因此,THz 电场使通过晶体的探测光束的两个垂直偏振分量产生相位差:

$$\Delta\varphi = \frac{\omega(n_y' - n_z')L}{c} = \frac{\omega n_0^3\gamma_{41}E_{THz}L}{c} \qquad (2-23)$$

式中，ω 是入射电磁波的角频率；L 是晶体的厚度。由式(2-23)可以看出，相位差与 THz 电场强度成正比。当我们考虑更一般的情况时，THz 电场与 z 轴的夹角为 α，探测电场的偏振方向与 z 轴的夹角为 φ，在平衡桥光电差分探测器上得到的光强差为

$$\Delta I(\alpha, \varphi) = I_p \frac{\omega n_0^3 \gamma_{41} E_{THz} L}{2c} (\cos\alpha \sin 2\varphi + 2\sin\alpha \cos 2\varphi) \quad (2-24)$$

式中，I_p 是探测光的强度。从上式可以看出，平衡桥光电差分探测器所探测的 ΔI 正比于 THz 的电场强度。此外，当 $\varphi = \alpha + 90°$ 或 $\varphi = \alpha$ 时，可得到最大的光强差。

自由空间电光取样探测是一个非线性光学的测量过程。它具有以下优点：(1) 克服了光电导天线取样中光生载流子寿命的限制，具有更快的响应速度。(2) 在光电导天线取样中，采样门宽取决于光电导开关的响应时间，对于输入的被测信号，其分辨率是开关响应与被测信号的卷积；而在自由空间电光取样中，飞秒脉冲作为采样门，因此自由空间电光取样的时间分辨率要优于光电导天线取样，从而具有更高的灵敏度和分辨率。(3) 避免了光电导半导体探测器中的各种热噪声，因此具有更小的噪声。(4) 具有更宽的测量带宽。

当然，自由空间电光取样探测作为一种纯光学的测量方法，不可避免地存在色散、群速度失配等问题。另外，实验中用自由空间电光取样时要注意避免抽运光的杂散光进入探测器。THz 时间扫描技术的时间分辨率高、信噪比高，但是需要机械平移台逐点移动进行测量，所以测量速度慢，无法满足某些场合快速实时测量的要求。为了提高采集速率，发展了并行数据采集方法，包括啁啾脉冲光谱探测自由空间电光取样和超快扫描相机 2D 成像等。

2.3　强 THz 辐射脉冲的产生

普通的线性 THz 光谱需要的 THz 辐射脉冲的电场强度约为 100 V/cm（脉冲能量约为 10 fJ），而非线性 THz 光谱需要强 THz 辐射脉冲，其电场强度需要达到 100 kV/cm（脉冲能量约为 10 μJ）。若要以 THz 辐射脉冲实现电荷的加速

和操控,则需要更强的 THz 电场强度(约 100 MV/cm,脉冲能量约为 10 mJ)。尽管用 ZnTe 可以得到高的 THz 能量,但其转换效率仍受限于自由载流子的吸收。在 GaSe 晶体中,通过飞秒激光脉冲的混频可以产生 20~80 THz 波段的强 THz 辐射脉冲,多周期脉冲电场的峰值强度在 40 THz 附近可达 100 MV/cm。在 0.1~10 THz,利用波前倾斜技术,飞秒激光在铌酸锂晶体中的光整流效应可以产生高功率的单周期脉冲,中心频率 1 THz 处可以超过 1 MV/cm。

2.3.1 切连科夫辐射(Cerenkov radiation)产生强 THz 辐射脉冲

当一个高速运动的带电粒子的速度超过其辐射的电磁波在介质中的传播速度时,带电粒子所辐射的光波将在特定方向堆积起来形成一个类似冲击波的波前,这就是著名的切连科夫辐射。高速带电粒子的切连科夫辐射所产生的电磁冲击波的频谱是非常宽的,一般来说可以从微波波段延伸到远红外波段,直至 X 射线波段。这种辐射产生的脉冲也已经拓展到太赫兹波段。

2002 年,Hebling 等提出了用波前倾斜的激光脉冲抽运技术来实现 LiNbO$_3$(简称"LN")晶体中相位匹配的 THz 辐射脉冲的有效产生。从此之后,LN 晶体成为光整流效应产生强 THz 辐射脉冲最常用的材料。它除了具有大的非线性系数($d_{eff}=168$ pm/V),LN 晶体的能隙也远大于其他半导体。使用 800 nm 的抽运光基本不会产生双光子吸收,从而可以使用强的抽运光产生高功率 THz 辐射脉冲。切连科夫辐射构置中,飞秒激光脉冲在 LN 晶体中通过光整流效应产生太赫兹辐射脉冲。如图 2 - 10(a)所示,THz 辐射脉冲沿着角度为 θ_c 的锥角辐射,

$$\theta_c = \cos^{-1}\left(\frac{\upsilon_{THz}}{\upsilon_g}\right) = \cos^{-1}\left(\frac{n_g}{n_{THz}}\right) \tag{2-25}$$

式中,υ_g 和 $\upsilon_{THz} = \upsilon_g \times \cos\theta_c$ 分别是 LN 晶体中近红外抽运光脉冲的群速度和 THz 辐射脉冲的相速度。LN 晶体对于近红外抽运光脉冲的群速度的折射率 n_g 为 2.3,LN 晶体在 1 THz 处的折射率 n_{THz} 为 5.17,因此 θ_c 为 63.6°。而对于 MgO:LN 来说,$n_g=2.2$,$n_{THz}=5.20$,得到 $\theta_c=65°$。如图 2 - 10(b)所示,这种传播特性增加了 THz 辐射脉冲的收集和应用的难度。

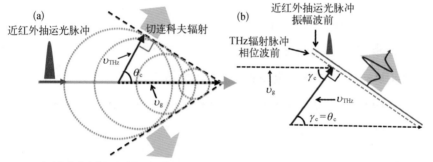

(a) 铌酸锂晶体中的切连科夫构置，THz 辐射脉冲以锥状辐射，近红外抽运光脉冲以群速度 v_g 传播，远大于 THz 辐射脉冲的相速度 v_{THz}；(b) 利用脉冲倾斜技术实现速度匹配，红色实线表示近红外抽运光脉冲的振幅波前，而蓝色虚线表示 THz 辐射脉冲的相位波前

图 2 - 10
近红外飞秒激光脉冲波前倾斜产生 THz 辐射脉冲原理示意图

需要特别注意的是，上节提到光整流过程涉及"相干长度"，必须满足相位匹配条件才能得到最高的转换效率。对于 ZnTe 晶体中的共线构置，抽运光脉冲的群速度必须等于所产生的 THz 辐射脉冲的相速度，即 $v_g = v_{THz}$，相应的折射率匹配条件为 $n_g = n_{THz}$。然而，对于 LN 晶体这样的宽带介电材料，在其中传播的近红外抽运光脉冲和 THz 辐射脉冲的折射率区别很大，不能实现速度匹配。

如图 2 - 10(b)所示，在波前倾斜产生 THz 辐射脉冲的构置中，THz 辐射脉冲的传播方向垂直于激光脉冲的波前，以 THz 辐射脉冲的相速度 v_{THz} 传播。在这种非共线的构置中，THz 辐射脉冲的传播方向和近红外抽运光脉冲的夹角等于 LN 晶体中的倾斜角 γ_c。当抽运光脉冲的群速度在 THz 辐射脉冲传播方向上的投影等于 THz 辐射脉冲的相速度 v_{THz} 时，THz 波以一个相对于抽运光脉冲波前固定的相位传播，晶体中的相位匹配条件由下式描述：

$$v_{THz} = v_g^p = v_g \cos \gamma_c \qquad (2-26)$$

式中，γ_c 为一个脉冲波前的倾斜角。在 LN 晶体中，$v_g > v_{THz}$，即 $n_g < n_{THz}$，只有选择合适的波前倾斜角 γ_c 才能实现匹配条件，在 LN 晶体中，$\gamma_c = \theta_c \approx 60°$。

如图 2 - 11(b)所示，抽运光脉冲的相位面通过光栅和两个柱透镜才能实现大角度的倾斜角 γ_c。考虑到抽运光脉冲的波前以角度 α 入射到光栅后以角度 β 被衍射[图 2 - 11(a)]，脉冲的波前倾斜角 γ 为

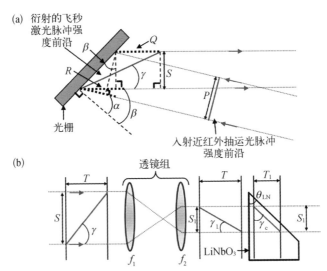

图 2 - 11
典型的使用 LN
晶体产生 THz 辐
射脉冲的实验
装置

(a) 以角度 α 入射到光栅上,抽运光脉冲的某一个单一波长分量的衍射,红色实线表示抽运光脉冲的强度波前;(b) 经过透镜组(放大率为 M_{g1})和在 LN 晶体中的波前倾斜情况

$$\tan\gamma = \frac{\cos\beta}{\sin\alpha + \sin\beta} \qquad (2-27)$$

式中,$\sin\alpha + \sin\beta = mp\lambda_0$,$m$ 和 p 分别为衍射的级数和光栅的线密度,λ_0 为抽运光脉冲的中心波长。当抽运光脉冲通过两个透镜组成的望远镜系统时,倾斜角从 γ 变成 γ_1,即

$$\tan\gamma_1 = M_{g1}\tan\gamma \qquad (2-28)$$

式中,M_{g1} 为放大率,$M_{g1} = \dfrac{S_1}{S} = \dfrac{T_1}{T\tan\gamma_c \tan\gamma}$。脉冲波前在 LN 晶体中会缩短为 $T_1 = \dfrac{T}{n_g}$,可以得到 LN 晶体中的倾斜角 γ_c 为

$$\tan\gamma_c = \frac{m\lambda_0 p}{n_g M_{g1}\cos\beta} \qquad (2-29)$$

THz 极化声子垂直于倾斜的抽运光脉冲波前运动,产生的 THz 波通过切角为 $\theta_{LN} = \gamma_c$ 的晶体表面耦合到自由空间,如图 2 - 11(b)所示。

由于 LiNbO$_3$ 晶体的高电光系数和高损伤阈值,基于光整流效应,利用波前倾斜方法在 LiNbO$_3$ 中产生 THz 辐射脉冲,是目前产生强 THz 辐射脉冲最具潜力的方法之一。典型的波前倾斜方法产生的 THz 在 0.1～2.5 THz 光谱范围内的峰值电场强度大于 200 kV/cm，约为 ZnTe 的 THz 辐射脉冲的 30 倍。通过多个科研小组实验和理论上的发展，这一技术的光-THz 转换效率在室温下约为 0.35%（使用的激光脉冲的中心波长是 800 nm），而使用中心波长为 1.03 μm、脉宽为 0.68 ps 的抽运光脉冲，在 LiNbO$_3$ 晶体冷却到低温时，能量的转换效率达到 3.8%。

日本东京大学 K.Tanaka 课题组的实验结果如图 2-12 所示。实验中，飞秒激光源是掺钛蓝宝石飞秒激光放大器（脉冲能量为 4 mJ、脉冲宽度为 85 fs、中心波长为 780 nm、重复频率为 1 kHz）。抽运光的波前倾斜用的是 1 800 线/毫米的光栅和一对柱透镜（4f 系统）（f_1＝250 mm、f_2＝150 mm）使抽运光斑成像到 LN 晶体上，入射角 α 和衍射角 β 分别取为约 35°和约 56°，LN 晶体的 θ_{LN} 是 62°。

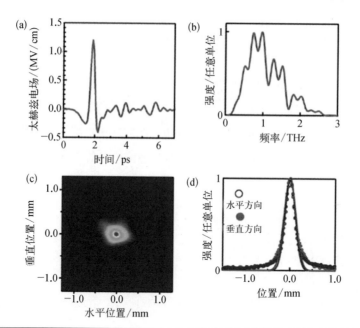

图 2-12 实验测得的 THz 的时域谱（a）、频谱数据（b）、THz 焦点的成像（c）和 THz 电场强度在水平方向和垂直方向上的空间分布（d）

此时，输出的 THz 时域信号和相应的频谱特性如图 2-12（a）（b）所示。在 0.8 THz 处，THz 电场强度达到最大值 1.2 MV/cm，图 2-12（b）中包含有水汽的吸收。图 2-12（c）为 THz 焦点的成像，圆形光斑的半高全宽为 300 μm，接近衍射极限。图 2-12（d）为 THz 电场强度在水平方向和垂直方向上的空间分布。通过时域和空域上的积分，THz 辐射脉冲总能量估计为 2 μJ，能量的转换效率约为 0.1%。

2.3.2 空气等离子体产生太赫兹波

THz 波产生和探测的方法中另一种值得一提的是利用空气等离子体作为非线性光学介质产生和探测太赫兹波。因为空气等离子体没有声子吸收，且色散非常小，空气等离子体产生的 THz 辐射脉冲比光电导天线和光整流方法产生的 THz 辐射脉冲的带宽更宽。THz 辐射脉冲的带宽在 0.2～30 THz 覆盖整个 THz 波段。另一个重要的特性是不需要担心损伤阈值，因此可以产生非常高的电场强度（聚焦下可超过 1 MV/cm）。此外，产生与探测过程中不存在表面或界面反射，因此没有二次反射，可以达到非常长的时域扫描长度，从而获得极高的频谱分辨率。用空气等离子体作为 THz 发射源以及探测手段，开辟了崭新的 THz 气体光子学。

如图 2-13 所示，中心波长为 800 nm 的超短激光脉冲，通过 100 μm 厚的 I 类相位匹配的非线性晶体（BBO）倍频后得到 400 nm 的激光脉冲，800 nm 和 400 nm 的激光脉冲同时聚焦并电离气体，产生空气等离子体拉丝和高强度宽带 THz 辐射脉冲。其产生机制可以利用非线性四波混频过程简单描述为

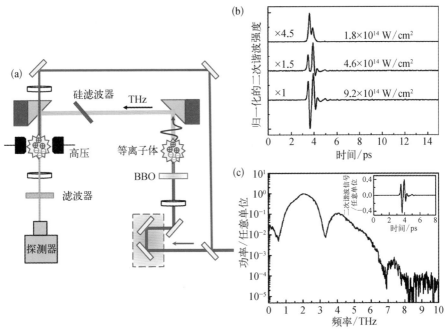

图 2-13
基于空气等离子体产生与探测 THz 辐射脉冲的典型实验

(a) 实验装置示意图；(b) 三个不同探测光强度下典型的时间分辨的二次谐波波形；(c) 探测到的 THz 时域波形（插图）经傅里叶变换得到 THz 频谱

$$E_{\mathrm{THz}} \propto \chi^{(3)} E_\omega E_\omega E_\omega^* + c.c. \tag{2-30}$$

式中，$\chi^{(3)}$ 为气体的三阶非线性极化率系数，$c.c.$ 为 $\chi^{(3)} E_\omega E_\omega E_\omega^*$ 的复共轭形式。四波混频模型中，两个基频光子(ω)与一个倍频光子(2ω)通过空气等离子体的三阶非线性极化率耦合在一起。混频的过程产生一个频率为 $\Omega_{\mathrm{THz}} \approx 2\omega - \omega - \omega$ 的光子。当总的抽运光脉冲能量高于空气等离子体形成的阈值时，所产生的 THz 波的电场强度分别与基频光(ω)的脉冲能量及二次谐波(2ω)的单脉冲能量的平方根成正比。此外，当所有的波 (ω、2ω 和 Ω_{THz}) 具有相同的偏振时，能得到 THz 波产生的最佳转换效率。

然而，空气等离子体产生 THz 波的物理机制研究领域存在不少争议，理论模型包括借助激光诱导的有质动力、三阶非线性光学过程等。无论哪种理论模型，必须首先产生空气等离子体，这意味着必须有一个高功率激光束才能产生 THz 辐射脉冲。

与电光晶体中通过二阶非线性光学效应产生与探测 THz 波过程类似，宽带 THz 辐射脉冲产生的逆过程可用于宽带 THz 辐射脉冲的探测，并可用于复杂天气状态下的远距离 THz 辐射脉冲探测。利用三阶非线性光学过程（四波混频）来描述：两个基频光子(ω)与一个 THz 光子(Ω)耦合产生一个二次谐波，频率为 2ω，

$$E_{2\omega}^{\mathrm{signal}} \propto \chi^{(3)} E_\omega E_\omega E_{\mathrm{THz}} + c.c. \tag{2-31}$$

这种探测方式所探测到的光信号频率不同于探测脉冲本身，避免了背景光干扰；用光电二极管或者光电倍增管探测空气等离子体处 THz 电场所诱导的二次谐波的光强度信号。尽管这种探测方式是宽带的，但探测器仅敏感于二次谐波的强度而不是电场：

$$I_{2\omega} \propto \left[\chi^{(3)}\right]^2 I_\omega^2 E_{\mathrm{THz}}^2 \tag{2-32}$$

不能区分传播方向相反的 THz 波，也就是说丢失了 THz 辐射脉冲的相位信息。因此，THz 电场诱导的二次谐波似乎并不能实现 THz 波的相干测量。

当脉冲的能量足够高时，空气等离子体中会产生 400 nm 频谱成分的本振频

率信号 $E_{2\omega}^{L_0}$，能用来实现 THz 波的准相干探测。这一技术受限于探测光和 THz 波的功率。可以这样理解 THz 波的相干探测原理：光电倍增管探测到光的二次谐波的强度与所有可被探测到的相干的二次谐波电场分量总和的平方成正比。如果把本振频率信号 $E_{2\omega}^{L_0}$ 的影响也考虑进去，总的二次谐波信号的强度 $I_{2\omega}$ 在一个电磁波振荡周期内的时间平均值可以表示为

$$I_{2\omega} \propto (E_{2\omega})^2 = (E_{2\omega}^{\text{signal}} + E_{2\omega}^{L_0})^2 = (E_{2\omega}^{\text{signal}})^2 + (E_{2\omega}^{L_0})^2 + 2E_{2\omega}^{\text{signal}} \cdot E_{2\omega}^{L_0} \cos\varphi$$

$$(2-33)$$

式中，φ 是 $E_{2\omega}^{\text{signal}}$ 和 $E_{2\omega}^{L_0}$ 之间的相位差。由式（2-32）和式（2-33）可得

$$I_{2\omega} \propto [\chi^{(3)} I_\omega]^2 I_{\text{THz}} + (E_{2\omega}^{L_0})^2 + 2\chi^{(3)} I_\omega E_{2\omega}^{L_0} E_{\text{THz}} \cos\varphi \qquad (2-34)$$

从上式可以看出，右边第一项正比于 THz 波的强度。当本振频率信号 $E_{2\omega}^{L_0}$ 等于零或者较小时，右边的第一项处于主导地位，因而 $I_{2\omega} \propto I_{\text{THz}}$，即非相干探测。右边第二项对应于二次谐波本地振荡信号的直流项，可以通过调制 THz 波束并使用锁相放大器将其滤掉。右边第三项与 THz 波的电场 E_{THz} 成正比，是相干项，为 THz 辐射脉冲的相干探测提供可能。当探测光脉冲的峰值功率密度远高于空气等离子体的产生阈值时，可以合理地假设一个固定的非零相位差 φ，且公式右边的第三项将处于主导地位，式（2-34）可以简化为

$$I_{2\omega} \propto 2\chi^{(3)} I_\omega E_{2\omega}^{L_0} E_{\text{THz}} \qquad (2-35)$$

值得注意的是，上式是在平面波近似以及探测光脉冲的峰值功率密度远高于空气等离子体的产生阈值时得到的。当探测光脉冲的峰值功率密度一定时，探测到的二次谐波信号的强度与 THz 波的电场强度成正比。因此，在满足上述条件时，通过测量时间分辨的二次谐波信号的强度 $I_{2\omega}$ 可以实现对 THz 辐射脉冲的相干探测。

为了保证本振频率信号 $E_{2\omega}^{L_0}$ 足够强，探测光脉冲的峰值功率密度必须远高于空气等离子体的产生阈值，此时能探测到 THz 辐射脉冲的振幅与相位信息，实现相干探测。当探测光脉冲的峰值功率密度小于空气等离子体的产生阈值时，只能探测到 THz 辐射脉冲的强度波形，如图 2-13（b）所示。无本振频率信

号存在时,只能实现非相干探测。这种外差技术被称为空气偏置的相干探测,其优势在于:(1) 相干测量可得到 THz 电场的振幅与相位;(2) 本振频率信号提高了 THz 电场探测的灵敏度;(3) 这是一种超宽带的测量技术,带宽的限制因素是激光的脉宽,以及基频和二次谐波的相位匹配,空气(或氮气)在大气压下,几乎不用考虑相位匹配。

2.3.3 飞秒脉冲光学差频产生强 THz 辐射脉冲

差频产生 THz 波,指的是两个频率相近的近红外光 ω_{p1} 和 ω_{p2} 在非线性晶体中混频产生 THz 波输出,即 $\omega_{p1} - \omega_{p2} = \omega_{THz}$。利用非线性差频过程可以产生功率较高的相干宽带可调谐的单频 THz 波。利用非线性差频过程获得 THz 波的优势在于通过选择合适的差频晶体以及所需的不同波长,可以得到宽的 THz 调谐范围。差频产生 THz 波的技术关键是要有功率高、波长比较接近的泵浦光和信号光(两波长相差一般不大于 10 nm),以及具有较大的二阶非线性系数,并在 THz 波范围内吸收系数小的非线性差频晶体。

近年来,利用输出波长为 1 064 nm 的 Nd∶YAG 激光器,采用 GaP 晶体作为差频晶体,并利用非共线相位匹配配置,通过改变两入射光的夹角,实现了 0.5～3 THz 的太赫兹波调谐输出,并在 1.3 THz 处达到 480 mW 的峰值功率输出。Wei Shi 等根据理论计算,发现对于 GaP 晶体,当混频波长在 0.995 8～1.034 μm 范围内时可实现共线相位匹配差频,得到了 0.101～4.22 THz 调谐范围。德国科学家 R. Huber 等通过两个参量放大脉冲串的差频,在 140 μm 厚的 GaSe 晶体中实现了峰值强度为 108 MV/cm、中心频率在 10～72 THz 连续可调的锁相 THz 辐射脉冲。利用自由空间电光取样方法,8 fs 的激光脉冲用来直接在时域上记录瞬态电场,如图 2-14 所示。

选择合适的非线性晶体材料是进一步提高 THz 差频源的输出功率的核心问题之一,除了研究广泛的铌酸锂、碲化镉、磷化镓、硒化镓等无机非线性晶体外,具有大非线性系数的有机晶体也已用于差频产生 THz 波。由姚建铨院士带领的研究团队在利用非线性光学差频方法产生 THz 波辐射领域进行了大量且卓有成效的研究工作。差频产生 THz 波具有调谐范围宽、峰值功率高、单色性

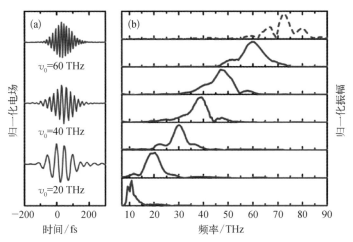

图 2 - 14
典型的使用 GaP 晶体的光学差频产生中心频率大范围调谐的 THz 辐射脉冲

（a）THz 时域波形图；（b）归一化的振幅光谱，实线是 140 μm 厚的 GaP 晶体的 THz 辐射脉冲，虚线是 800 μm 厚的 AgGaS$_2$ 晶体的 THz 辐射脉冲

好等特点，但是其转换效率低，且需要两个泵浦光源，还要求其中一个光源连续可调，所以结构相对复杂，不易于调谐。而使用光参量变换的方法，只需一个固定波长的泵浦源和一块非线性晶体，并且非线性转换效率比差频方法高几个数量级，调谐较为简单。太赫兹光学参量作用是一种与非线性介质二阶非线性极化率有关的三波混频过程。

光学非线性晶体（如 LiNbO$_3$）在被波长为 1.064 μm 的强纳秒激光脉冲激发时，会产生受激散射现象。泵浦光一般是频率为几赫兹、能量范围为 20～50 mJ 的脉冲。频率为 ω_p 的泵浦光激发一个非线性晶体时，产生一个频率为 ω_1 的闲频光。根据光子能量守恒条件：$\omega_p = \omega_1 + \omega_{THz}$，闲频光与泵浦光通过差频产生 THz 波。THz 波可以通过一块硅棱镜输出。因为极化声子在 THz 低频范围的行为与光子相似，所以这种参量过程是可行的。整个过程要求相位匹配（动量守恒）：$K_p = K_l + K_{THz}$，抽运光的能量将通过有效非线性极化率不断地耦合到闲频光和 THz 波中，形成参量放大。当然，通过改变泵浦光的入射角可以得到不同频率的 THz 波。为了改善 THz 波输出的方向性，可以在晶体输出端加硅棱镜作为 THz 波的输出耦合器。使用棱镜阵列时耦合效率较单个棱镜提高 6 倍，远场光束直径减少了 40%，调谐范围为 1～3 THz。THz 辐射脉冲能否窄线宽、高光束质量运转是衡量 TPO/TPG 性能的一个重要标志。较窄的谱线宽度可以提高信噪比和光谱系统的分辨率。TPO 和 TPG 的主要区别是 TPO 有一个闲频光谐振腔,而 TPG 没有这个选频机制。日本科学家 Ito 和 Kawase 等在这一研究领域取得了一系列成果,使 THz 波参量振荡器实现了高效率、高功率、小型化和实用化。

3

THz光谱技术

3.1 THz时域光谱

3.1.1 抽运-探测技术

时间分辨的抽运-探测技术被广泛地用于测量纳秒(10^{-9} s)至飞秒(10^{-15} s)时间尺度上的物理、化学、生物过程。利用抽运-探测技术实现 THz 辐射脉冲的产生与探测的先驱工作始于 20 世纪 70 年代末。20 世纪 80 年代第一个脉冲 THz 系统(光电导天线)与后来发展起来的电光晶体的光整流效应,都使用抽运-探测技术产生和探测 THz 波,并应用于 THz 光谱和 THz 成像中。

如图 3-1 所示,THz 时域光谱系统中,激光脉冲被分为两束,一束用作抽运光束,另一束为探测光束。由于来自同一束飞秒激光脉冲,它们是具有相同脉宽的同步脉冲。根据所用激光器的不同,激光脉冲脉宽在 20～120 fs。抽运光脉冲的能量远大于探测光脉冲的能量,抽运光用于产生 THz 辐射脉冲,探测光则用于取样 THz 辐射脉冲。

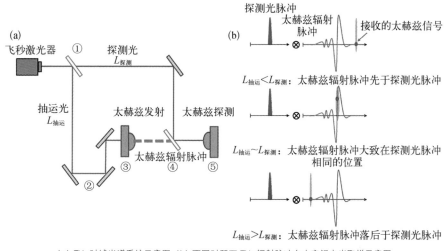

图 3-1
典型的太赫兹辐射脉冲的产生与探测系统示意图

(a) THz 时域光谱系统示意图; (b) 不同时延下 THz 辐射脉冲自由空间电光取样示意图
①—分束;②—延迟;③—THz 辐射脉冲产生;④—THz 辐射脉冲和探测光脉冲汇合;⑤—THz 探测系统

如第2章所述,大多数情况下,通过激发半导体或电光晶体,抽运光束产生THz电磁脉冲。THz辐射脉冲的脉宽为皮秒量级,大于抽运光脉冲的脉宽。通过THz辐射脉冲产生的逆过程,探测光被用来探测THz辐射脉冲,最终得到以抽运-探测脉冲延迟时间为函数的THz辐射脉冲(电场)时域波形。在抽运光脉冲光路上设置机械延迟线,通过改变抽运光脉冲的路径长度,从而改变抽运光脉冲与探测光脉冲之间的相对时延。其他控制时延的方案包括通过液晶材料,改变一路光束光学路径的折射率。然而,液晶材料只能提供有限范围的时延而且响应较慢。对于常用的THz时域光谱系统,时延在 $10\sim100$ ps。

从实验系统角度,我们将THz辐射脉冲的产生与探测分为5个部分。

(1) 分束。常用的激光分束方法是使用一个半波片和偏振分束器进行分束。假设激光是线偏振的,偏振分束器将光的偏振分成正交的两部分,一部分作为抽运光,而正交的另一部分作为探测光。通过半波片改变入射激光的偏振即可控制每一路偏振分量的能量大小,从而调节抽运光和探测光的能量比。

(2) 延迟。用线性平移台控制抽运光束和探测光束的相对路径,从而控制抽运光脉冲和探测光脉冲之间的延迟时间。通常将延迟线放置于抽运光路上。相对而言,THz发射光路引入的微小偏差对实际信号影响较小。

(3) THz辐射脉冲产生。抽运光激发THz发射器,将产生脉宽大于抽运光自身的电磁脉冲。THz辐射脉冲的典型持续时间是几个皮秒。光电导天线和电光晶体的光整流效应是THz辐射脉冲产生的两个主要机制。通过后续光路收集THz辐射脉冲,并将其引导传输到样品上进行光谱测量。

(4) THz辐射脉冲和探测光脉冲汇合。探测光脉冲和THz辐射脉冲经过薄膜分束镜,交汇在一起。分束镜可以是高阻硅,它能反射探测光脉冲而透过THz辐射脉冲,也可以是在玻璃上镀一层ITO覆盖层,这样则对探测光脉冲透明而反射THz辐射脉冲。探测光脉冲和THz辐射脉冲必须重合在一起入射到探测器上,在探测器内THz辐射脉冲和探测光脉冲实现相互作用。

(5) THz探测系统。如第2章所述,光电导天线和自由空间电光取样是两个最常见的实现THz波的探测的方法。在特定的延迟时间上测量THz辐射脉冲的振幅,探测器输出的信号正比于THz辐射脉冲和探测光脉冲的卷积,如图

3-1(b)所示。由于探测光脉冲的脉宽远小于 THz 辐射脉冲,探测光脉冲可以认为是一个 delta(δ)函数。这样,探测器上输出的信号正比于 THz 辐射脉冲的振幅。

对脉冲激光光源而言,激光脉冲以固定频率周期性重复(重复频率)。依赖于不同的激光系统,重复频率范围在几个千赫兹到 100 MHz。对每一个光脉冲而言,通过改变延迟时间,可以在不同时刻记录 THz 辐射脉冲的振幅,即 THz 辐射脉冲的形状。在抽运-探测实验中,我们假设相继的抽运光脉冲和探测光脉冲的形状和强度不发生变化。事实上,脉冲与脉冲之间总存在很小的抖动,这一变化是系统噪声的主要来源。因此,使用稳定性高、重复性好的激光系统,对于抽运-探测技术至关重要。此外,探测光脉冲真实的波形也不可能是完美的 δ 函数,因此,探测器所测量的波形并不能精确地反映 THz 辐射脉冲的真实波形。如果我们可以测量探测光脉冲的时域形状,并且模拟探测器的响应函数,就可以利用退卷积技术来提取出真实的 THz 辐射脉冲波形。当然,对大多数实验系统而言,我们可以假设探测光脉冲为一个 δ 函数,从而有效简化分析过程。

3.1.2　THz 时域光谱数据采集

THz 时域光谱系统利用时间分辨的抽运-探测技术测量 THz 辐射脉冲波形(包括振幅和相位)。由于数据采集都在时域谱上进行,因此取名为 THz 时域光谱(THz-TDS)。

THz-TDS 技术具有宽带宽、高探测灵敏度、能在室温下稳定工作等优点,可以有效探测材料在 THz 波段的物理和化学信息,能以无损探测方式进行材料的鉴别工作。此外,时间分辨的 THz 光谱技术在导电材料的载流子动力学研究中起了重要作用,见 3.2 节。常见的透射式和反射式 THz-TDS 系统如图 3-2 所示。在 THz-TDS 系统中最常用的飞秒激光器是钛宝石锁模激光器。其产生的波长为 800 nm 的飞秒激光脉冲经过分光镜,一路作为抽运光脉冲,经过时间延迟装置后入射到 THz 辐射源上产生 THz 辐射脉冲;另一路作为探测光脉冲,与经过样品的 THz 辐射脉冲共线入射到 THz 探测装置。通过扫描抽运光脉冲和探测光脉冲之间的时间延迟,可以得到 THz 辐射脉冲的时域波形。

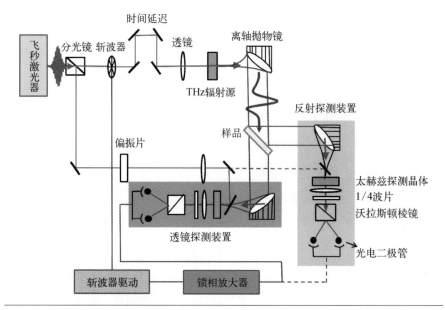

图 3-2
常见的透射式
和反射式 THz-
TDS 系统

对材料的表征和光谱数据的分析是在频谱上进行的。THz 时域光谱数据分析的核心就是将数据从"时域"转换到"频域"上。根据已获得的 THz 时域波形，通过傅里叶变换将时域上的数据变换到频域上。通常傅里叶变换的结果是一个复函数，包含 THz 波的振幅和相位信息，因此，THz 辐射脉冲的探测被认为是相干探测，可以同时直接得到材料在 THz 波段的复介电常数（实部和虚部），无须利用 Kramers-Kronig 模型这一间接的测量方式。复介电常数直接对应于材料在 THz 波段的折射率和吸收系数等光学参数。

数学上，傅里叶变换（FT）和逆傅里叶变换分别定义为

$$\begin{cases} Y(f) = \int_{-\infty}^{+\infty} x(t) \mathrm{e}^{-2\pi i f t} \mathrm{d}t \\ x(t) = \int_{-\infty}^{+\infty} Y(f) \mathrm{e}^{-2\pi i f t} \mathrm{d}f \end{cases} \qquad (3-1)$$

这里需要指出的是，实验中并不存在时间上无限持续的波。此外，实验记录的波形并不是连续获得的，而是以离散的方式获得的波形，因此，实际计算中使用的是离散的傅里叶变换。根据卷积理论，在进行傅里叶变换之前，THz 波形需要乘以一个取样时间窗口。波形 $x(t)$ 和取样时间窗口 $w(t)$ 的乘积等价于频谱上

波形的傅里叶变换和取样时间窗口的傅里叶变换两者的卷积,即

$$\mathcal{F}[x(t) \cdot w(t)] = \mathcal{F}[x(t)] * \mathcal{F}[w(t)] = X(f) * W(f) \quad (3-2)$$

需要注意的是,傅里叶变换中的频率分辨率(Δf)和取样时间窗口的长度(T)相关,而带宽(B)和时间取样步长(Δt)相关,即

$$\Delta f = \frac{1}{T} \quad (3-3)$$

$$f_s = \frac{1}{\Delta t} > 2B \quad (3-4)$$

取样频率 f_s 反比于取样时间步长。上述参量的关系如图 3-3 所示。

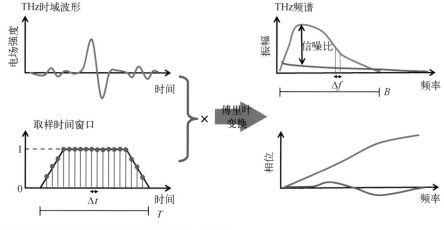

图 3-3
THz 时域波形与频域光谱的相互转换

对 THz 时域光谱的数据采集和分析而言,我们重点讨论以下三个主要的对应关系。

(1)光谱频率分辨率与取样时间窗口的长度。频率分辨率 Δf 反比于取样时间窗口长度 T[式(3-3)],因此,用更长的取样时间窗口,就能获得更高的频率分辨率。由于气体或水汽等有非常窄的吸收峰,因此需要高的频率分辨率(100 MHz~1 GHz),这意味着扫描时间必须大于 100 ps 或者甚至在 1 ns 以上。相对而言,固体材料中的吸收峰相对较宽,可以用相对低的频率分辨率(约100 GHz)辨别这些共振峰。

(2)带宽与取样频率。根据 Nyquist-Shannon 取样理论,当取样频率 f_s 至

少是带宽 B 的 2 倍以上时，模拟信号可以被完美重构。假设 THz‐TDS 系统的带宽为 5 THz，这就需要取样频率至少为 10 THz，也就是说时间取样步长为 100 fs。

（3）数据采集速度与信噪比。取平均是一种降低噪声、提高信噪比的方法，然而"取平均"增加了完成测试所需的时间。高信噪比意味着更长的测量时间。

THz‐TDS 的信噪比（SNR）和动态范围（DR）的定义是

$$SNR(\omega) = \frac{S(\omega)}{\varepsilon(\omega)}, \ DR(\omega) = 10\lg\left[\frac{S(\omega)}{S_{\min}(\omega)}\right] \tag{3-5}$$

式中，$S(\omega)$ 为频谱上的 THz 波振幅；$\varepsilon(\omega)$ 是标准差，源自 THz 时域光谱的系统噪声；$S_{\min}(\omega)$ 是频谱上最小的测量信号值。

此外，数据采集和处理过程中不可避免会人为地引入数值失真，因此我们必须小心区分哪些信息是真实的，哪些是在数据处理过程中产生的假象。知道数据失真的产生原因和它的特性有助于我们降低失真效应带来的影响。在 THz 时域光谱系统中，从时域转向频域的过程中，需要考虑的数据失真主要来自以下三个方面。

（1）信号混淆。当取样频率小于奈奎斯特频率（$f_s < f_N = 2B$）时，即当取样频率小于带宽 B 的 2 倍时，不能有效地分辨光谱的高频分量，或者说高频分量的信息将丢失，如图 3‐4 所示，因此在设置系统的取样频率时要对信号的带宽有一定的认识。在 THz 时域光谱中，只有当取样频率超过这一限制（$f_s > 2B$）时才能获得真实信号。"混淆"导致了不能反映真实的信号。

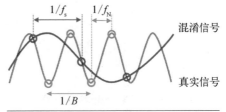

图 3‐4
取样频率不当
得到混淆信号
示意图

（2）信号泄漏。使用一些特殊的取样窗口，会使得某一特定频率分量的能量传播到邻近的频率分量上，也就是说，使用不同的取样窗口会有不同的频率分辨率。这一效应会降低频率分辨率。不同的取样窗口有不同的傅里叶包络，当其与 THz 波形的傅里叶变换做卷积时，光谱=FT［波形］⊗FT［取样窗口］，会改变最终的光谱形状，因此，不同的取样窗口会有不同的频率分辨率。常用的取样窗口是矩形窗口,其会提供较高的频率分辨率。

（3）标准具效应。大多数 THz 时域光谱系统都会存在初始 THz 辐射脉冲的二次或多次反射脉冲,这是由于 THz 辐射脉冲在光学元件如分束器和透镜的界面上发生了反射。这种反射也称为 THz 回波信号。当扫描时间足够长时,这些回波信号会以强度更小、THz 主脉冲复制品的形式出现。如果将这些回波信号包括在傅里叶变换中,结果将产生具有干涉特征的光谱,这就是标准具效应。图 3-5(a)为 THz 主峰后包括回波信号。当选取合适的取样时间窗口[图 3-5(b)],可以避免产生标准具效应。由于标准具效应,经傅里叶变换在光谱上产生干涉特征,如图 3-5(c)所示。这些干涉特征会使光谱的分析十分困难,而且会淹没真实的光谱特征,因此,实验中常用的方案是将扫描长度停留在第一个 THz 回波信号之前。由于扫描长度在一定程度上受到限制,进而限制了最高的频率分辨率。另一种方案是通过数值处理方法,实现回波信号退卷积,然而退卷积需要非常精确的模型来描述回波的形状和振幅,当振幅信号较小时,这种方法的效果并不理想。

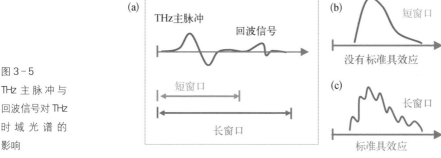

图 3-5
THz 主脉冲与回波信号对 THz 时域光谱的影响

3.1.3 块体材料 THz 光学参数的提取

（1）透射式 THz-TDS 测量

首先考虑一个线偏振的 THz 电磁波透过一个厚度为 d、两面平行的均匀块体介电材料,通过参数提取,得到其复折射率 $\tilde{n}$,包括折射率 $n(\omega)$ 和吸收系数 $\alpha(\omega)$。如图 3-6 所示,自由空间传播的 THz 信号 E_r 在传播过程中不发生改变,称之为参考信号。样品信号 E_s 则经历了在样品界面的反射损耗以及样品的吸收,甚至在样品内发生啁啾。为了得到样品的介电特性(折射率或吸收系数,或者说介电常数的实部与虚部),必须把时域谱上的实测数据经过傅里叶变换转换到频谱上。以下的公式推导都是在频谱上进行处理的。

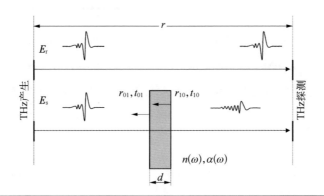

图 3-6
块体材料 THz
光学参数提取
示意图

参考信号表示为 $E_r = E_0 \exp(\mathrm{i}kr) = E_0 \exp(\mathrm{i}\varphi_{\text{free}})$,样品信号表示为 $E_s = E_0 t_{01} t_{10} \exp[\mathrm{i}k(r-d)]\exp(\mathrm{i}\tilde{n}kd) = E_s \exp(\mathrm{i}\varphi_{\text{sample}})$,其中,$E_0$ 是参考信号的电场强度,$k = \omega/c$ 是自由空间的波矢,r 是光学传播路径的长度,d 是样品的厚度,$\tilde{n} = n + \mathrm{i}\kappa$ 是样品的复折射率,吸收系数 $\alpha = 2k\kappa$,t_{01} 和 t_{10} 分别是样品的前后表面的振幅透射系数。当将样品置于空气中时,正入射情况下样品前后表面的振幅反射系数分别为 $r_{01} = \dfrac{1-\tilde{n}}{1+\tilde{n}}$ 和 $r_{10} = \dfrac{\tilde{n}-1}{\tilde{n}+1}$,透射系数分别为 $t_{01} = 1 + r_{01}$ 和 $t_{10} = 1 + r_{10}$。E_s 与 E_r 的比值为

$$\frac{E_s(\omega)}{E_r(\omega)} = \frac{4\tilde{n}(\omega)}{[\tilde{n}(\omega)+1]^2} \frac{\exp\{-\mathrm{i}[\tilde{n}(\omega)-1]kd\}}{1 - \dfrac{[\tilde{n}(\omega)-1]^2}{[\tilde{n}(\omega)+1]^2}\exp\{-\mathrm{i}2\tilde{n}(\omega)kd\}} = \frac{E_s}{E_0}\exp[\mathrm{i}(\varphi_{\text{sample}} - \varphi_{\text{free}})]$$

$$(3-6)$$

式中,角频率 $\omega = 2\pi f$(f 是频率)。通过实验测得的样品信号和参考信号之间的相位差,可以得到材料频率依赖的折射率:

$$n = \frac{(\varphi_{\text{sample}} - \varphi_{\text{free}})}{\dfrac{2\pi f}{c}d} + 1 \qquad (3-7)$$

塑料在 THz 波段典型的折射率在 1.3～2,陶瓷在 THz 波段的折射率为 2～3,而半导体在 THz 波段的折射率通常超过 3。得到折射率后,通过实验测得的透过率,进一步可以得到样品的吸收系数:

$$\alpha = -\frac{2}{d} \ln \left[\frac{E_s}{E_0} \frac{(1+n)^2}{4n} \right] \tag{3-8}$$

由于实验测量的是 THz 时域波形,所以记录的是 THz 波的电场,吸收系数反应的是电场的衰减。在塑料和陶瓷材料中,晶粒和空气隙的典型尺寸在 $100 \mu m$ 左右,这与 THz 波段的高频分量的波长相匹配,从而导致频率增加,吸收系数也随之增加。

常用材料在 1 THz 处的折射率和吸收系数如表 3-1 所示。

表 3-1 常用材料在 1 THz 处的折射率和吸收系数

材　料	折　射　率	吸收系数/cm^{-1}
蓝宝石	3.096	1.9
LaAlO$_3$	4.98	5
高密度聚乙烯(HDPE)	1.534	0.45
LiNbO$_3$	5.156	16
聚四氟乙烯(PTFE)	1.431	0.2
SiO$_2$	1.957	3.3
石英	2.109	0.15
BK7 玻璃	2.593	50
GaAs	3.55	$<$1
Si	3.416	0.3
高阻硅	3.413	0.3
ZnSe	3.021	3
GeBi	4.042	5.9

复折射率可以转换成复介电常数或复电导率,详见 3.2 节。

(2) 反射式 THz-TDS 测量

当被测样品是重掺杂的半导体时,需要使用反射式 THz-TDS 进行测量。样品的复反射系数通过测量两个时域信号获得,一个是样品上 THz 的反射信号

$E_r(t)$，另一个是在样品处放一个 THz 频率的高反镜获得的反射信号 $E_{ref}(t)$，通常用的是平面金属镜。值得注意的是，由于实验上很难将样品和金属镜放在同一位置来避免相位延迟导致的误差，这将很大程度上影响反射系数的相位，并导致错误的光学参数提取。正入射情况下的复反射系数为

$$R(\omega) = r\exp(\mathrm{i}\varphi_r) = \frac{\tilde{n}-1}{\tilde{n}+1} \times \frac{1-\exp\left(-2\mathrm{i}\frac{\omega}{c}\tilde{n}d\right)}{1-\left(\frac{\tilde{n}-1}{\tilde{n}+1}\right)^2\exp\left(-2\mathrm{i}\frac{\omega}{c}\tilde{n}d\right)} \qquad (3-9)$$

一般而言，反射式 Thz - TDS 测量中所使用的样品要么很厚，要么是强吸收的，上式可简化为

$$R(\omega) = r\exp(\mathrm{i}\varphi_r) = \frac{\tilde{n}-1}{\tilde{n}+1} \qquad (3-10)$$

从而，样品的折射率 n 和消光系数 κ 分别为

$$n = \frac{1-r^2}{1-2r\cos\varphi_r+r^2} \qquad (3-11)$$

$$\kappa = \frac{2r\sin\varphi_r}{1-2r\cos\varphi_r+r^2} \qquad (3-12)$$

3.1.4 导电薄膜的 THz 复电导率的提取

对于百纳米量级的导电薄膜的光学参数提取常采用等效传输线电路处理。实验中，为保证参考样品的厚度与导电薄膜的衬底厚度相同，通常的做法是在同一块衬底上一半覆盖导电薄膜，将另一半没有导电薄膜的部分作为参考样品。

我们知道，光在折射率为 n_1 和 n_2 的两种不同介质的界面会发生反射。类似地，当电信号从一个阻抗为 Z_1 的传输线传播到阻抗为 Z_2 的传输线时，也会发生反射。因此，描述波在非均匀光学介质中传播的简便方法是利用带有特征阻抗的等效传输线电路。电磁波在介质中传播时，所对应的阻抗由电场和磁场的切向分量比给出，即

$$Z = \mathbf{E}_t/\mathbf{H}_t = Z_0/n \qquad (3-13)$$

式中，n 是复折射率系数；$Z_0 = \sqrt{\dfrac{\mu_0}{\varepsilon_0}} = 377\,\Omega$ 是自由空间阻抗。

对于一个导电薄膜，其复电导率为 σ，入射的横向电场 $\boldsymbol{E}$ 将诱导电流密度 $\boldsymbol{J}$，$\boldsymbol{J} = \boldsymbol{E}\sigma$。当导电层的厚度远远小于趋肤深度 δ 时，可认为薄膜内的电流密度 $\boldsymbol{J}$ 是均一的，相应的表面电流为 $\boldsymbol{J}d$。当薄膜介于两媒质的中间时，连续性边界条件决定 $\boldsymbol{E}$ 的切向分量在跨越薄膜时必须是连续的，然而磁场分量 $\boldsymbol{H}$ 是不连续的。因此，导电薄膜的等效阻抗为

$$Z_{\mathrm{F}} = \frac{\boldsymbol{E}}{\boldsymbol{H}_1 - \boldsymbol{H}_2} \approx \frac{\boldsymbol{E}}{\boldsymbol{E}\sigma d} = \frac{1}{\sigma d} \tag{3-14}$$

式中，$\boldsymbol{H}_1$ 和 $\boldsymbol{H}_2$ 是薄膜两边的磁场分量。

如图 3-7(a)所示，对于介于空气和厚衬底之间的导电薄膜，其等效电路如图 3-7(b)所示。在等效电路中，导电薄层介于两介质中的表面电流对应于一个分流阻抗 Z_{F} 与 Z_2 并联，因此负载阻抗可表示为

$$\frac{1}{Z_{\mathrm{L}}} = \frac{1}{Z_2} + \frac{1}{Z_{\mathrm{F}}} \tag{3-15}$$

在源和负载之间的界面上，振幅的反射系数和透射系数分别为

$$r = \frac{Z_{\mathrm{L}} - Z_1}{Z_{\mathrm{L}} + Z_1} \tag{3-16}$$

$$t = \frac{2Z_{\mathrm{L}}}{Z_{\mathrm{L}} + Z_1} \tag{3-17}$$

把式(3-14)和式(3-15)代入式(3-16)和式(3-17)得

$$r = \frac{n_1 - n_2 - Z_0 \sigma d}{n_1 + n_2 + Z_0 \sigma d} \tag{3-18}$$

$$t = \frac{2n_1}{n_1 + n_2 + Z_0 \sigma d} \tag{3-19}$$

注意当厚度 d 趋近于 0 或 σ 趋近于 0 时，反射系数和透射系数简化为

$$r_0 = \frac{\boldsymbol{E}_{0\mathrm{r}}}{\boldsymbol{E}_{0\mathrm{i}}} = \frac{n_1 - n_2}{n_1 + n_2}, \quad t_0 = \frac{\boldsymbol{E}_{0\mathrm{t}}}{\boldsymbol{E}_{0\mathrm{i}}} = \frac{2n_1}{n_1 + n_2} \tag{3-20}$$

这就是著名的菲涅尔方程。当参考信号和样品信号两侧的媒质相同时,样品信号与参考信号的复振幅透射比为

$$T = \frac{t}{t_0} = \frac{\dfrac{2n_1}{n_1 + n_2 + Z_0 \sigma d}}{\dfrac{2n_1}{n_1 + n_2}} = \frac{n_1 + n_2}{n_1 + n_2 + Z_0 \sigma d} \qquad (3-21)$$

考虑到实际情况,$n_1 = 1$(空气),上式可进一步改写为

$$T(\omega) = A e^{i\varphi} = \frac{\boldsymbol{E}_{\text{sample}}(\omega)}{\boldsymbol{E}_{\text{ref}}(\omega)} = \frac{1 + n_{\text{sub}}}{1 + n_{\text{sub}} + Z_0 \sigma d} \qquad (3-22)$$

式中,n_{sub} 为衬底的折射率。将复电导率定义为 $\tilde{\sigma} = \sigma_1 + i\sigma_2$,由此可得导电薄膜的复电导率实部($\sigma_1$)和虚部($\sigma_2$):

$$\sigma_1 = \frac{1 + n_{\text{sub}}}{Z_0 d}\left(\frac{\cos\varphi}{A} - 1\right) \qquad (3-23)$$

$$\sigma_2 = \frac{-(1 + n_{\text{sub}})\sin\varphi}{A Z_0 d} \qquad (3-24)$$

根据式(3-16)或式(3-18)可知,减小界面处的阻抗失配可以有效减小反射率。为了完全消除返回到发射源端的反射信号,负载阻抗必须严格与源阻抗匹配。阻抗匹配条件为 $r = \dfrac{Z_L - Z_1}{Z_L + Z_1} = 0 \Rightarrow Z_1 = Z_L$,或者等价于 $n_1 - n_2 - Z_0 \sigma d = 0$。

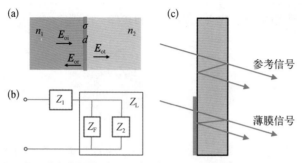

(a) 折射率为 n_1 和 n_2 的介质界面间置入一复电导率为 σ、厚度为 d 的导电薄膜层,$\boldsymbol{E}_{\text{oi}}$、$\boldsymbol{E}_{\text{or}}$ 和 $\boldsymbol{E}_{\text{ot}}$ 分别为入射电场、反射电场和透射电场;(b) 等效电路图;(c) THz 辐射脉冲透过衬底和透过衬底上的导电薄膜示意图

图 3-7
薄层样品电导率的提取示意图

如图 3 - 7(c)所示,可以通过选择合适的导电薄膜阻抗 Z_F 获得有效的负载阻抗 Z_L,当 $Z_L = Z_1$ 时达到阻抗匹配条件。值得注意的是,并联电路的 Z_L 总是小于每个分阻抗 Z_F 和 Z_2,因此,只有当 $Z_2 > Z_1$ 时才能实现阻抗匹配。对于 THz 波的传输而言,阻抗匹配只能发生于从光密介质到光疏介质的情况,反之不能实现阻抗匹配。当 $\sigma = \sigma_0 = \dfrac{n_{sub} - n_{air}}{Z_0 d}$ 时,THz 反射脉冲消失;当 $\sigma > \sigma_0$ 时,反射的 THz 波相位相对于入射 THz 波有 π 相位的改变;当 $\sigma < \sigma_0$ 时,反射的 THz 波与入射的 THz 辐射脉冲的相位一致。由此可以看出,通过改变导电薄膜的导电性可以改变宽带 THz 波的反射特性。

3.1.5　THz 光谱分析

材料的光学常数描述了材料对电磁波的响应,是表征材料宏观光学性质的物理量。光学参数一般包括复折射率、吸收系数、复介电常数、复电导率等。

复折射率可以写成

$$\tilde{n} = n + i\kappa = \sqrt{\tilde{\varepsilon}\mu} \tag{3-25}$$

式中,复介电常数 $\tilde{\varepsilon}(\omega) = \varepsilon_1(\omega) + i\varepsilon_2(\omega)$ 描述了电场穿透材料介质的能力,而磁导率 μ 描述了材料的磁响应,对于非磁性材料 $\mu = 1$。通常 $\tilde{\varepsilon}$ 是复数,虚部 $\varepsilon_2(\omega)$ 代表吸收,$\varepsilon_1(\omega)$ 代表折射率。吸收系数 $\alpha(\omega) = \dfrac{2\kappa(\omega)\omega}{c} = \dfrac{4\pi\kappa(\omega)}{\lambda}$。结合介电常数模型,通常很容易区分晶格振动和自由电荷各自对 $\tilde{\varepsilon}$ 的贡献。在 THz 和中红外波段,晶格振动通过光学声子吸收,然而在光学波段,则通过带间跃迁对 $\tilde{\varepsilon}$ 起作用。可以将 $\tilde{\varepsilon}(\omega)$ 描述为

$$\tilde{\varepsilon}(\omega) = \varepsilon_{BG}(\omega) + \frac{i\tilde{\sigma}(\omega)}{\omega\varepsilon_0} \tag{3-26}$$

式中,等式右边的第一项背景贡献 $\varepsilon_{BG}(\omega)$ 可以源自晶格贡献;ω 是电磁波的角频率;$\varepsilon_0 = 8.854 \times 10^{12}$ F/m 是自由空间介电常数。等式右边第二项代表自由电子贡献,$\tilde{\sigma}(\omega)$ 为自由电子的复电导率,也是复数。

$$\tilde{\sigma}(\omega) = \sigma_1(\omega) + i\sigma_2(\omega) \tag{3-27}$$

根据式(3-25)、式(3-26),可知

$$\tilde{\varepsilon}(\omega) = (n + i\kappa)^2 = \left(n + i\frac{\alpha c}{2\omega}\right)^2 = n^2 - \left(\frac{\alpha c}{2\omega}\right)^2 + i\frac{\alpha c n}{\omega}$$

$$\tilde{\varepsilon}(\omega) = \varepsilon_{BG} + \frac{i\tilde{\sigma}}{\omega\varepsilon_0} = \varepsilon_{BG} + \frac{i\sigma_1}{\omega\varepsilon_0} - \frac{\sigma_2}{\omega\varepsilon_0}$$

对比以上两式,我们可以得到

$$\alpha = \frac{\sigma_1}{nc\varepsilon_0} \tag{3-28}$$

当 $\alpha > 0$ 时,$\sigma_1 > 0$,样品表现为吸收;当 $\alpha < 0$ 时,$\sigma_1 < 0$,对应于光学增益;当 $\alpha = 0$ 时,$\sigma_1 = 0$,对应于透明。

只要能够得到复折射率、复介电常数、复电导率中的任意一组,就可以得到其他所有的光学参数,如表3-2所示。

表3-2
复折射率、复介电常数、复电导率的相互转换关系

	复介电常数	复电导率	复折射率
复介电常数	$\tilde{\varepsilon}(\omega) = \varepsilon_1 + i\varepsilon_2$	$\tilde{\varepsilon}(\omega) = \varepsilon_{BG}(\omega) + \dfrac{i\tilde{\sigma}(\omega)}{\omega\varepsilon_0}$ $\varepsilon_1 = \varepsilon_{BG} - \dfrac{\sigma_2}{\omega\varepsilon_0}$ $\varepsilon_2 = \dfrac{\sigma_1}{\omega\varepsilon_0}$	$\tilde{\varepsilon} = \tilde{n}^2$ $\varepsilon_1 = n^2 - \kappa^2$ $\varepsilon_2 = 2n\kappa$
复电导率	$\sigma_1 = \omega\varepsilon_0\varepsilon_2$ $\sigma_2 = (\varepsilon_{DC} - \varepsilon_1)\omega\varepsilon_0$	$\tilde{\sigma} = \sigma_1 + i\sigma_2$	$\sigma_1 = 2n\kappa\omega\varepsilon_0$ $\sigma_2 = (\varepsilon_{DC} - n^2 + \kappa^2)\omega\varepsilon_0$
复折射率	$n = \left[\dfrac{1}{2}(\varepsilon_1^2 + \varepsilon_2^2)^{0.5} + \dfrac{\varepsilon_1}{2}\right]^{0.5}$ $\kappa = \left[\dfrac{1}{2}(\varepsilon_1^2 + \varepsilon_2^2)^{0.5} - \dfrac{\varepsilon_1}{2}\right]^{0.5}$		$\tilde{n} = n + i\kappa$

3.1.6 几种常见的介电函数模型

下面,我们介绍洛伦兹(Lorentz)模型、德鲁德(Drude)模型、德鲁德-洛伦兹(Drude-Lorentz)模型、德鲁德-史密斯(Drude-Smith)模型等几种常用的光学参数拟合模型和有效介质理论。

（1）洛伦兹模型

洛伦兹色散理论基于阻尼谐振子近似,适用于绝缘体和半导体。一般来说,

绝缘体和半导体在 THz 波段的光学吸收是由晶格振动引起的。辐射场与晶格振荡相互作用,创造或湮灭了晶格振动,从而引起了 THz 波的吸收。声子是晶格振动的量子化。考虑到声子对介电函数的贡献,洛伦兹模型为

$$\widetilde{\varepsilon}(\omega) = \varepsilon_\infty + \sum_j \frac{\varepsilon_{stj}\omega_{TOj}^2}{\omega_{TOj}^2 - \omega^2 - \mathrm{i}\Gamma_j\omega} \tag{3-29}$$

式中,ε_∞ 为高频介电常数;求和项中是所有的声子振荡;ω_{TOj} 表示 j 阶横向光学(transverse optical,TO)声子的频率;ε_{stj} 为振荡强度;Γ_j 为第 j 个声子的阻尼系数。一般情况下,我们只取主导地位的一阶项,即

$$\widetilde{\varepsilon}(\omega) = \varepsilon_\infty + \frac{(\varepsilon_0 - \varepsilon_\infty)\omega_{TO}^2}{\omega_{TO}^2 - \omega^2 - \mathrm{i}\Gamma\omega} \tag{3-30}$$

式中,ε_0 为低频介电常数;ω_{TO} 为 TO 声子的最低振荡频率;Γ 为阻尼系数。

(2) 德鲁德模型

德鲁德模型也称自由电子气模型,其描述自由电子在物质(特别是金属)中的输运性质。德鲁德模型的基本假设有:① 独立电子近似:电子与电子无相互作用;② 自由电子近似:除碰撞的瞬间外,电子与离子无相互作用;③ 碰撞假设:电子和离子的碰撞是瞬时的,电子的速度被突然改变,碰撞后的电子速度只与温度有关,而与碰撞前的速度无关;④ 弛豫时间近似:一个给定电子在单位时间内受一次碰撞的概率为 $1/\tau$。德鲁德模型主要考虑来自自由电子、空穴或等离子体的贡献,适用于金属、半金属以及掺杂后的半导体,这里和光学参数提取中的导电膜是对应的。其复介电常数表达式为

$$\widetilde{\varepsilon}(\omega) = \varepsilon_\infty - \frac{\omega_p^2}{\omega^2 + \mathrm{i}\gamma\omega} \tag{3-31}$$

式中,$\omega_p = \sqrt{\dfrac{Ne^2}{m^*\varepsilon_0}}$ 为物质等离子体振荡频率;$\gamma = \dfrac{1}{\tau} = \dfrac{e}{m^*\mu}$ 是衰减系数,m^* 为载流子的有效质量,μ 为载流子的迁移率。因此,复介电常数的实部和虚部分别为

$$\varepsilon_1(\omega) = 1 - \frac{\omega_p^2}{\omega^2 + \gamma^2} = 1 - \frac{\omega_p^2\tau^2}{1 + \omega^2\tau^2} \tag{3-32}$$

$$\varepsilon_2(\omega) = \frac{\omega_p^2 \gamma}{\omega(\omega^2 + \gamma^2)} = \frac{\omega_p^2 \tau}{\omega(1 + \omega^2 \tau^2)} \qquad (3-33)$$

根据复电导率和复介电常数之间的关系,很容易得到德鲁德模型复电导率的表达式:

$$\tilde{\sigma}(\omega) = \frac{\mathrm{i}\varepsilon_0 \omega_p^2}{\omega + \mathrm{i}\gamma} \qquad (3-34)$$

(3) 德鲁德-洛伦兹模型

德鲁德-洛伦兹模型是德鲁德模型与洛伦兹模型的结合,其表达式为

$$\tilde{\varepsilon}(\omega) = \varepsilon_\infty - \frac{\omega_p^2}{\omega^2 + \mathrm{i}\gamma\omega} + \sum_j \frac{\varepsilon_{\mathrm{s}tj}\omega_{\mathrm{TO}j}^2}{\omega_{\mathrm{TO}j}^2 - \omega^2 - \mathrm{i}\Gamma_j\omega} \qquad (3-35)$$

显然,德鲁德-洛伦兹模型既包含了自由载流子的贡献,也包含了晶格振动的贡献,所以具有普适性。前面介绍的德鲁德模型(自由载流子的贡献占主导地位)与洛伦兹模型(晶格振动的贡献)都可以看成德鲁德-洛伦兹模型的一种特殊情形。对于自由载流子和晶格振动都有贡献且不可忽略时,必须用德鲁德-洛伦兹模型。

(4) 德鲁德-史密斯模型

尽管德鲁德-洛伦兹模型具有普适性,但是它参数众多,给拟合结果带来更大的误差。2001 年,史密斯提出了德鲁德-史密斯模型,引入一个速度参数持续因子 c 来描述微观系统的回复力或者背向散射现象,对经典德鲁德模型进行修正。德鲁德-史密斯模型的表达式为

$$\tilde{\sigma}(\omega) = \frac{\varepsilon_0 \omega_p^2 \tau}{1 - \mathrm{i}\omega\tau}\left[1 + \sum_{n=1}^{\infty} \frac{c_n}{(1 - \mathrm{i}\omega\tau)^n}\right] \qquad (3-36)$$

式中,c_n 是电子的初速度在 n 次碰撞后所保留部分的分数;τ 是平均碰撞时间,也就是两次散射之间的时间间隔。对于式(3-36)中的求和项,通常用单散射近似,只取 $n=1$ 这一项,因此,表达式简化为

$$\tilde{\sigma}(\omega) = \frac{\varepsilon_0 \omega_p^2 \tau}{1 - \mathrm{i}\omega\tau}\left(1 + \frac{c}{1 - \mathrm{i}\omega\tau}\right) \qquad (3-37)$$

式中，c 的变化范围为$-1\sim0$，$c=0$ 表示自由载流子的电导率状态（即德鲁德模型），$c=-1$ 表示自由载流子处于完全逆向散射状态。

（5）有效介质理论

有效介质理论是研究复合媒介整体介电常数的一种主要理论，它把整个混合介质看成一种介质，具有一个有效介电常数，并通过每种组分的介电常数来研究复合媒介的有效介电常数。常用的有效介质理论有 Maxwell-Garnett 理论（简称"MG 理论"）和 Bruggeman 理论（简称"BG 理论"）。这两种理论都起源于克劳修斯-莫索提（Clausius-Mossotti）公式，并采取一定的近似条件得到。其中 MG 理论适用于相 1 和相 2 的体积因子相对悬殊的情况，而 BG 理论适用于相 1 和相 2 的体积因子可以比拟的情况。

假设介电常数分别为 ε_m 和 ε_n 的两种材料组成的混合物的有效质量为 ε_{eff}，其中 ε_m 的填充因子（所占的体积比）为 f，一种最简单的混合模型为

$$\varepsilon_{eff}(\omega) = f\varepsilon_m(\omega) + (1-f)\varepsilon_n(\omega) \tag{3-38}$$

根据 MG 理论，混合模型为

$$\frac{\varepsilon_{eff} - \varepsilon_n}{\varepsilon_{eff} + 2\varepsilon_n} = f\frac{\varepsilon_m - \varepsilon_n}{\varepsilon_m + \varepsilon_n} \tag{3-39}$$

而 BG 理论下的混合模型为

$$f\left(\frac{\varepsilon_m - \varepsilon_{eff}}{\varepsilon_m + 2\varepsilon_{eff}}\right) + (1-f)\left(\frac{\varepsilon_n - \varepsilon_{eff}}{\varepsilon_n + 2\varepsilon_{eff}}\right) = 0 \tag{3-40}$$

3.2 THz 时间分辨光谱

3.2.1 光抽运-THz 探测光谱及应用

光抽运-THz 探测（optical-pump THz-probe，OPTP）光谱技术用以研究样品在强的超短激光脉冲激发下的响应，通常可以直接得到皮秒量级光生载流子电导率的动力学过程。随着 THz 辐射脉冲的产生和探测研究热潮，各国学者展开了利用 THz 辐射脉冲研究半导体的载流子动力学的研究。近年来，OPTP 光

谱技术成功揭示了半导体、超导材料,甚至液体中的载流子动力学行为,尤其在研究半导体纳米材料和新型二维材料的光电特性中起到了重要作用。

典型的 OPTP 系统实验装置如图 3-8 所示,实验过程中需要注意以下几个方面:① 聚焦于样品上的 THz 光斑应小于抽运光束的光斑,这样才能保证所探测的光生载流子密度分布均匀;② 薄膜样品的厚度小于其趋肤深度。通常在分析块体材料时,将激光激发区域当作厚度,为 $1/\alpha$,α 是材料在光致激发波长处的吸收系数。利用图 3-8 所示的 OPTP 系统实验装置可以开展两类实验:① 首先调节 THz 探测光路上的机械延迟线,使之固定在 THz 辐射脉冲电场的峰值处。然后通过改变入射到样品上的抽运光束与 THz 辐射脉冲之间的延迟时间,得到光诱导 THz 峰值透过率的改变量。这一改变量正比于 THz 频谱范围内的平均电导率(实部)随抽运-探测延迟时间的动力学变化。② 固定抽运光路上的机械时延,通过扫描 THz 自由空间电光取样光路上的时间延迟线,记录光诱导的 THz 透过率变化,从而提取出样品此刻的电导率光谱。通过改变抽运光脉冲的延迟时间,再进行上述测量,就可以提取光诱导不同延迟时间下的载流子电导率光谱,$\Delta\sigma(w,t)=\Delta\sigma_1+i\Delta\sigma_2$。将 $\Delta\sigma(\omega)$ 和现有的载流子输运模型进行对比

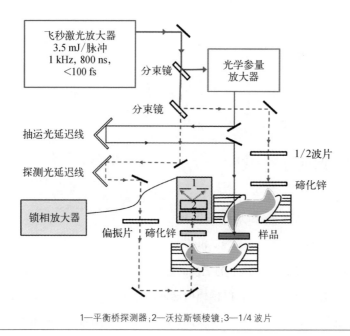

1—平衡桥探测器;2—沃拉斯顿棱镜;3—1/4 波片

图 3-8
典型的 OPTP
系统实验装置

和分析,可以提取不同材料中光激发的载流子输运的宝贵信息。

只有当 THz 辐射脉冲的持续时间远远短于材料的光响应动力学过程时,以下的数据分析才有效。值得注意的是在以下几种情况下,数据分析过程更为复杂。① 材料吸收十分微弱;② THz 辐射脉冲和激光脉冲以不同速度传播;③ 相较于 THz 辐射脉冲持续时间,材料的光诱导瞬态电导率变化更快。

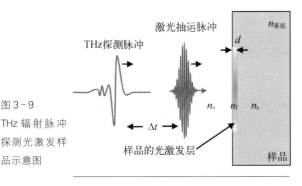

图 3-9
THz 辐射脉冲探测光激发样品示意图

如图 3-9 所示,入射的 THz 电场用 $\boldsymbol{E}_i$ 表示,当抽运光束关闭和打开时,透过样品的 THz 电场分别用 $\boldsymbol{E}_{off}$ 和 $\boldsymbol{E}_{on}$ 表示。图中的 v、s 和 f 分别代表空气、未被激发的样品和光激发电导薄膜。$\boldsymbol{E}_{off}$、$\boldsymbol{E}_{on}$ 可以表示为

$$\boldsymbol{E}_{off} = t_{vs}t_{sv}\exp(in_s\omega d/c)FP_{vsv}\boldsymbol{E}_i \tag{3-41}$$

$$\boldsymbol{E}_{on} = t_{vf}t_{fs}t_{sv}\exp(in_f\omega\delta/c)\exp[in_s\omega(d-\delta)/c]FP_{vfs}FP_{fsv}\boldsymbol{E}_i \tag{3-42}$$

式中, $t_{ij} = \dfrac{2n_i}{n_i+n_j}$ (i 和 j 代表媒介 v, s 或 f)。法布里-珀罗项 FP_{ijk} 描述了 THz 辐射脉冲在媒质 j 中多次反射,可以在数据采集时只保留 THz 主透射脉冲而忽略二次反射,即 $FP_{vsv} = FP_{fsv} = 1$。 对于 FP_{vfs},利用有限薄膜近似,即

$$\frac{n_f\delta\omega}{c} \ll 1 \rightarrow \exp(in_f\delta\omega/c) = 1 + i\frac{n_f\delta\omega}{c} \tag{3-43}$$

这相当于假设薄膜内部所有的反射在时域重叠,即

$$FP_{vfs} = \sum_{P=0}^{\infty}\left[r_{fs}r_{fv}\exp\left(\frac{2in_f\omega\delta}{c}\right)\right]^P = \frac{1}{1-r_{fs}r_{fv}\exp(2in_f\omega\delta/c)} \tag{3-44}$$

定义时延为 t 的光诱导 THz 透过率为 $T(\omega, t) = \dfrac{\boldsymbol{E}_{on}(\omega, t)}{\boldsymbol{E}_{off}(\omega, t)}$,并利用薄膜电导率 σ 和介电常数的关系:$\varepsilon_f = \varepsilon_{DC} + i\dfrac{\sigma(\omega)}{\varepsilon_0\omega}$,可得

$$\Delta\sigma(\omega, t) = \frac{1+n_s}{Z_0\delta}\left(\frac{1}{T}-1\right) \qquad (3-45)$$

式中，$Z_0 = 377\ \Omega$ 为真空阻抗。实验中，我们测量的是抽运光开关状态间透过的电场幅值变化量，即 $\Delta\boldsymbol{E} = |\boldsymbol{E}_{on} - \boldsymbol{E}_{off}|$（$\boldsymbol{E}_{on} < \boldsymbol{E}_{off}$），因此 $\dfrac{1}{T} - 1 = \dfrac{\Delta\boldsymbol{E}}{\boldsymbol{E}_{on}}$。

3.2.2　THz 抽运-光探测光谱及应用

利用强 THz 辐射脉冲实现 THz 非线性光谱，是目前 THz 光谱研究的重要发展方向。THz 抽运-光探测（THz‐pump optical‐probe，TPOP）光谱和 THz 抽运‐THz 探测（THz‐pump THz‐probe，TPTP）光谱，是用强 THz 辐射脉冲诱导样品的光电性质（甚至磁学性质）发生改变，并通过光学脉冲或者 THz 辐射脉冲探测这一变化。在讨论 TPOP 光谱和 TPTP 光谱之前，我们先来讨论 THz 强度依赖的透过率。THz 非线性透过率实验装置如图 3‐10 所示。

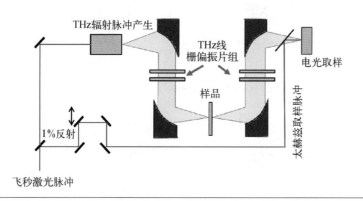

图 3‐10
THz 非线性透过率实验装置示意图

入射到样品上的 THz 辐射脉冲强度可以通过激光脉冲能量来控制。然而，由于 THz 辐射脉冲产生过程中的非线性，不同能量的飞秒激光脉冲产生的 THz 辐射脉冲形状可能会发生变化，因此常用的方法是通过一组硅片或者一对 THz 线栅偏振片来衰减 THz 波（第一个偏振片可旋转，第二个偏振片固定）。THz 电场的电光取样通常使用 ZnTe 晶体或 Gap 晶体，然而当 THz 电场强度较高时，会发生严重的 THz 辐射脉冲失真。比如在高的 THz 场强下，GaP 中的剩余载流子发生吸收漂白效应，导致电光探测数据失真。为了使电光取样探测到的 THz 电场保持不变,可以在样品后、电光取样晶体前加入硅片组或线栅偏振片组,如图 3-11 所示。第一对线栅偏振片用以衰减入射到样品上的 THz 电场,第二个线栅偏振片用来保证探测晶体上的 THz 场保持常数,以防电光探测中的非线性效应。此外,可以利用类似"z-扫描"的方法来研究 THz 波段半导体的非线性光学系数。

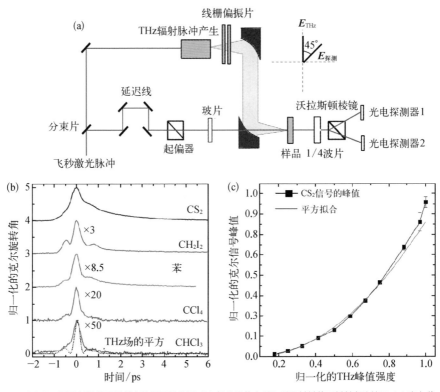

图 3-11
强场 THz 辐射
脉冲诱导克尔
(Kerr)效应实验

(a) THz 诱导材料的双折射实验装置示意图;(b) 极化液体中 THz 诱导材料的双折射实验结果;(c) 克尔信号的峰值与 THz 峰值强度的关系

图 3-11(a)为 THz 诱导材料的双折射实验装置,探测由 THz 辐射脉冲通过线性、二阶电光效应、磁光效应或三阶非线性效应在样品中产生的瞬态双折射。通过光学参量放大或白光产生等非线性光学方法产生宽带的探测脉冲。用 1/4 波片或沃拉斯顿棱镜以及两个光电探测器组成的平衡桥探测系统来检测微小的双折射变化,通常折射率的改变量 $\Delta n/n$ 在 10^{-5} 量级。图 3-11(b)为极化液体中 THz 诱导材料的双折射实验结果,从图中可以看出时域信号与 THz 辐射脉冲的平方形状一致。图 3-11(c)为克尔信号的峰值与 THz 峰值强度的关系。

克尔信号的峰值随THz峰值强度的增加呈二次方增加,表现出三阶非线性的性质。此外,还可以通过分析样品的反射或透射的探测光脉冲的偏振状态得出材料磁化特性的改变,详见第4章。

3.2.3　THz抽运-THz探测光谱及应用

下面我们讨论THz抽运-THz探测光谱,TPTP中需要两个THz辐射脉冲,可以通过两个不同THz辐射脉冲源的脉冲在样品上重叠,或者利用两个相继的激光脉冲在相同的源上产生两个THz辐射脉冲。对于两个独立的THz辐射脉冲源脉冲,可以利用波前倾斜产生强抽运THz辐射脉冲,而用ZnTe或空气等离子体方案产生宽带低强度的THz探测脉冲。

图3-12所示为典型的共线构置的TPTP实验,利用同一个非线性晶体产生THz抽运脉冲和THz探测脉冲。图3-12(a)为共线构置的TPTP实验装置

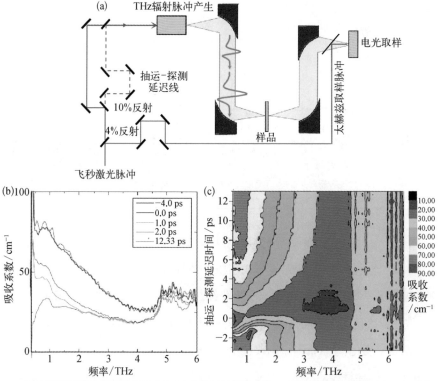

(a) TPTP实验装置及光路示意图;(b) 几个特定延迟时间下的GaAs吸收系数的色散曲线;(c) GaAs吸收系数与延迟时间和频率的依赖关系

图3-12 典型的共线构置的TPTP实验

及光路示意图。值得注意的是，当两个飞秒脉冲在时间和空间上重叠时，由于晶体的非线性相互作用导致 THz 辐射脉冲发生严重的形变，然而这并不反映样品的 THz 非线性响应。图 3-12(b)(c)描述了 GaAs 在 THz 激发前和激发后，不同延迟时间上的 THz 波段的吸收系数。从数据分析看，THz 激发的热电子气的特征光谱严重偏离德鲁德自由电子行为。研究发现，强 THz 辐射脉冲的电场分量实现了 GaAs 晶体中的 Fröhlich 极化子进入高度的非线性区域。THz 非线性光谱还广泛应用于半导体量子阱材料中的激子调控。

最近的研究工作通过 THz 光与强关联体系振动自由度的直接耦合，打开了控制这些材料奇异特性的大门。关于 THz 辐射脉冲与磁有序材料的非线性耦合，将在第 7 章中叙述。

3.3　THz 磁光效应及应用

介质对外电场的响应可以用介电常数来描述，即 $D = \varepsilon_0 \boldsymbol{\varepsilon}(\omega) \cdot \boldsymbol{E}$，其中 D 是电位移矢量，ε_0 是真空介电常数，E 为入射光的电场。为简单起见，设入射光沿 z 方向传播，并且与外加磁场方向平行（对于磁有序介质，假设其磁化方向 M 沿着 z 方向），则上式中的 $\boldsymbol{\varepsilon}(\omega)$ 可以写为

$$\boldsymbol{\varepsilon}(H, \omega) = \begin{pmatrix} \varepsilon_{xx} & \varepsilon_{xy} & 0 \\ -\varepsilon_{xy} & \varepsilon_{xx} & 0 \\ 0 & 0 & \varepsilon_{zz} \end{pmatrix} \tag{3-46}$$

式中，所有张量元均为复数，$\varepsilon_{ij} = \varepsilon'_{ij} + i\varepsilon''_{ij}$，根据 Onsager 关系，有

$$\varepsilon_{ij}(H, \omega) = \varepsilon_{ji}(-H, \omega) \tag{3-47}$$

也即，对角矩阵元是外加磁场 H 的偶函数，非对角矩阵元是磁场 H 的奇函数。由此可见，外加磁场可以诱导介质的光学各向异性。根据麦克斯韦方程，有

$$\nabla \times \boldsymbol{E} = -\mu_0 \frac{\partial \boldsymbol{H}}{\partial t} \tag{3-48}$$

$$\nabla \times \boldsymbol{H} = \varepsilon_0 \varepsilon \frac{\partial \boldsymbol{E}}{\partial t} \tag{3-49}$$

设电场和磁场具有平面波形式：

$$\boldsymbol{E} = \boldsymbol{E}_0 \exp[-\mathrm{i}(\omega t - k \cdot r)] \tag{3-50}$$

$$\boldsymbol{H} = \boldsymbol{H}_0 \exp[-\mathrm{i}(\omega t - k \cdot r)] \tag{3-51}$$

代入麦克斯韦方程，有

$$k \times \boldsymbol{E} = \omega \mu_0 \boldsymbol{H} \tag{3-52}$$

$$k \times \boldsymbol{H} = -\omega \varepsilon_0 \varepsilon \boldsymbol{E} \tag{3-53}$$

$$k(k \cdot \boldsymbol{E}) - k^2 \boldsymbol{E} + \varepsilon_0 \mu_0 \omega^2 \varepsilon \cdot \boldsymbol{E} = 0 \tag{3-54}$$

$$\begin{vmatrix} N^2 - \varepsilon_{xx} & -\varepsilon_{xy} & 0 \\ \varepsilon_{xy} & N^2 - \varepsilon_{xx} & 0 \\ 0 & 0 & N^2 - \varepsilon_{zz} \end{vmatrix} \begin{vmatrix} E_x \\ E_y \\ E_z \end{vmatrix} = 0 \tag{3-55}$$

式中，$N = k/k_0$（$k_0^2 = \varepsilon_0 \mu_0 \omega^2$），这里我们考虑光沿着 z 方向传播，也即 $E_z = 0$，上述矩阵简化为下面两个方程式：

$$(N^2 - \varepsilon_{xx})\boldsymbol{E}_x - \varepsilon_{xy}\boldsymbol{E}_y = 0 \tag{3-56}$$

$$(N^2 - \varepsilon_{xx})\boldsymbol{E}_y + \varepsilon_{xy}\boldsymbol{E}_x = 0 \tag{3-57}$$

式（3-56）和式（3-57）的解为

$$N_{\pm}^2 = \varepsilon_{xx} \pm \mathrm{i}\varepsilon_{xy} \tag{3-58}$$

$$\pm \mathrm{i}\boldsymbol{E}_x = \boldsymbol{E}_y \tag{3-59}$$

式中，N_+ 和 N_- 分别表示左旋光和右旋光的复折射率，并且有

$$D_+ = \varepsilon_0 N_+^2 (\boldsymbol{E}_x + \mathrm{i}\boldsymbol{E}_y) \tag{3-60}$$

$$D_- = \varepsilon_0 N_-^2 (\boldsymbol{E}_x - \mathrm{i}\boldsymbol{E}_y) \tag{3-61}$$

3.3.1　法拉第效应——透射测量

考虑到入射光透过样品与外加磁场平行，样品厚度为 l，则透过样品后，光线的偏振面旋转角度，即法拉第旋转角 $\theta_\mathrm{F}(\omega)$ 为

$$\theta_\mathrm{F}(\omega) = \frac{\omega l}{c} \mathrm{Re}(N_+ - N_-) \tag{3-62}$$

透射光线的法拉第椭圆率 $\eta_{\mathrm{F}}(\omega)$ 为

$$\eta_{\mathrm{F}}(\omega) = \frac{\omega l}{c} \mathrm{Im}(N_+ - N_-) \tag{3-63}$$

由于折射率 N 和介电常数均为复数，设 $N_{\pm} = n_{\pm} + ik_{\pm}$，$\Delta n = \mathrm{Re}(N_+ - N_-) = n_+ - n_-$，$\Delta k = \mathrm{Im}(N_+ - N_-) = k_+ - k_-$，$n = \dfrac{n_+ + n_-}{2}$，$k = \dfrac{k_+ + k_-}{2}$，则有

$$\begin{aligned}
\varepsilon'_{xx} &= n^2 - k^2 \\
\varepsilon''_{xx} &= 2nk \\
\varepsilon'_{xy} &= n\Delta k + k\Delta n \\
\varepsilon''_{xy} &= k\Delta k - n\Delta n
\end{aligned} \tag{3-64}$$

综上，法拉第旋转角 (θ_{F}) 和椭圆率 (η_{F}) 可分别表示为

$$\theta_{\mathrm{F}}(\omega) = \frac{\omega}{2c} \times \frac{k\varepsilon'_{xy} - n\varepsilon''_{xy}}{n^2 + k^2} \tag{3-65}$$

$$\eta_{\mathrm{F}}(\omega) = \frac{\omega}{2c} \times \frac{k\varepsilon'_{xy} + n\varepsilon''_{xy}}{n^2 + k^2} \tag{3-66}$$

对于透明介质，$k \approx 0$，则式(3-65)、式(3-66)可简化为

$$\theta_{\mathrm{F}}(\omega) = -\frac{\omega}{2c} \times \frac{\varepsilon''_{xy}}{n} \tag{3-67}$$

$$\eta_{\mathrm{F}}(\omega) = \frac{\omega}{2c} \times \frac{\varepsilon''_{xy}}{n} \tag{3-68}$$

可见，法拉第旋转角和椭圆率分别正比于折射率的虚部和实部。此外，θ_{F} 和 η_{F} 还与沿光传播方向的样品的磁化强度 $\boldsymbol{M}$ 成正比，如图3-13所示。

图3-13
法拉第效应示
意图

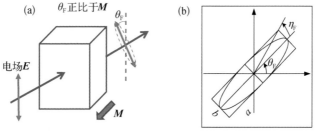

(a) 实验光路示意图；(b) 光的偏振态，包括旋转角 θ_{F} 和椭圆率 η_{F} 示意图

3.3.2 克尔效应——反射测量

除了偏振面发生旋转，材料的不同特性使得磁场会诱导其他效应。若样品表现有吸收，则会产生磁诱导的椭圆率改变，即材料对左右旋圆偏振光的吸收取决于不同的磁化，也称为磁诱导圆二向色性。

设入射光沿着 z 方向入射到样品表面，光传播方向与外加磁场平行，利用菲涅尔公式，样品表面对光的反射率为

$$r_+ = \frac{N_+ - 1}{N_+ + 1}, \; r_- = \frac{N_- - 1}{N_- + 1} \tag{3-69}$$

式中，N_+ 和 N_- 分别为样品中右旋光和左旋光的复折射率。

$$r_+ = r_x + \mathrm{i}r_y, \; r_- = r_x - \mathrm{i}r_y \tag{3-70}$$

$$r_x = \frac{r_+ + r_-}{2}, \; r_y = \mathrm{i}\frac{r_+ - r_-}{2} \tag{3-71}$$

考虑到线偏振光入射，$\boldsymbol{E}_{\mathrm{in}} = (E_x, 0, 0)$，反射光电场 $\boldsymbol{E}_{\mathrm{ref}} = (r_x E_x, r_y E_x, 0)$，复旋转角 $\boldsymbol{\Phi}_{\mathrm{K}}$ 为

$$\boldsymbol{\Phi}_{\mathrm{K}} = \theta_{\mathrm{K}} + \mathrm{i}\eta_{\mathrm{K}} = -\frac{r_y E_x}{r_x E_x} \tag{3-72}$$

$$\boldsymbol{\Phi}_{\mathrm{K}} = \frac{\mathrm{i}(r_+ - r_-)}{r_+ + r_-} = \frac{\mathrm{i}(N_+ - N_-)}{N_+ N_- - 1} \tag{3-73}$$

入射的线偏振光经过样品表面反射后转变为椭圆偏振光，θ_{K} 表示椭圆主轴转过的角度，η_{K} 表示椭圆的长半轴与短半轴的比值。考虑到 $N_+ N_- - 1 = (n_+ + \mathrm{i}k_+)(n_- - \mathrm{i}k_-) - 1 = n^2 - k^2 - 1 + \mathrm{i}(2nk)$，得到克尔旋转角与椭圆率的表达式：

$$\theta_{\mathrm{K}} = -\frac{\Delta n(-2nk) + \Delta k(n^2 - k^2 - 1)}{(n^2 - k^2 - 1)^2 + (2nk)^2}$$

$$= \frac{n(3k^2 - n^2 + 1)\varepsilon'_{xy} + k(-3n^2 + k^2 + 1)\varepsilon''_{xy}}{\left[(n^2 - k^2 - 1)^2 + (2nk)^2\right](n^2 + k^2)} \tag{3-74}$$

$$\eta_{\mathrm{K}} = -\frac{\Delta k(2nk) + \Delta n(n^2 - k^2 - 1)}{(n^2 - k^2 - 1)^2 + (2nk)^2}$$

$$= \frac{k(3n^2 - k^2 - 1)\varepsilon'_{xy} + n(3k^2 - n^2 + 1)\varepsilon''_{xy}}{\left[(n^2 - k^2 - 1)^2 + (2nk)^2\right](n^2 + k^2)} \tag{3-75}$$

一般对于透明介质，$n \gg k$，则克尔旋转角和椭圆率可以简化为

$$\theta_K = -\frac{\varepsilon'_{xy}}{n(n^2-1)} \qquad (3-76)$$

$$\eta_K = -\frac{\varepsilon''_{xy}}{n(n^2-1)} \qquad (3-77)$$

可见，对于透明介质，克尔旋转角 θ_K 和椭圆率 η_K 分别对应法拉第椭圆率 η_F 和旋转角 θ_F。

以上仅考虑各向同性介质，各向异性介质的情况更为复杂，还需要考虑诸如温度或入射光脉冲的强度等因素，可能影响材料的磁化强度 $\pmb{M}$ 和介电张量。表 3-3 总结了不同的磁光效应。

表 3-3
不同的磁光
效应

效 应 名 称		光 路	入 射 光		出 射 光
法拉第效应		透射	平行于 $\pmb{M}$	线偏振	偏振面旋转
科顿-穆顿（Cotton - Mouton）效应[沃伊特（Voigt）效应]			垂直于 $\pmb{M}$	线偏振	椭圆偏振
磁圆振	二向色性	吸收	平行于 $\pmb{M}$		
磁线振			垂直于 $\pmb{M}$		
横向			$\pmb{M}$ 垂直于表面	线偏振	椭圆偏振
纵向	克尔效应	反射	$\pmb{M}$ 平行于表面及入射面		
极向			$\pmb{M}$ 平行于表面，垂直于入射面		
塞曼效应		发光	磁场中光源反射的光谱发生劈裂		
磁致激发光散射		拉曼（Raman）散射	磁振子-光子散射（布里渊散射）		

3.3.3　THz 波段法拉第旋转角和椭圆率的测量

如图 3-14 所示，在标准 THz-TDS 系统的基础上，光路中置有三个 THz 线栅偏振片（P_1、P_2、P_3），用来探测透射 THz 辐射脉冲的水平偏振分量和垂直偏振分量。P_1 和 P_3 分别放于发射器之后和探测器之前，用来精确定义 THz 波的水平分量（即 $0°$）。P_2 放于样品之后，旋转其线栅的方向，置于 $+45°$ 和 $-45°$，并

分别记录 THz 透射脉冲的时域波形 $E_{+45°}(t)$ 和 $E_{-45°}(t)$。 透射的 THz 辐射脉冲的竖直分量 $E_y = E_{+45°} - E_{-45°}$，而水平分量 $E_x = E_{+45°} + E_{-45°}$。 实验中，还需要保证的是通过叠加法得到的 THz 辐射脉冲的水平分量 (E_{THz}) 要与直接测到的 $0°$ 时的 THz 辐射脉冲的水平分量一致。

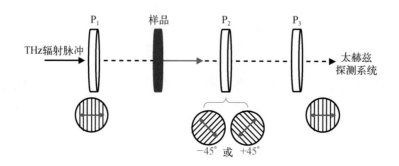

图 3 - 14
THz 磁光效应
的光路图

如图 3 - 15(a)所示，根据实验测得的 THz 辐射脉冲偏振的水平分量 (E_x) 和垂直分量 (E_y)，可以进一步计算得到 E_{THz} 的旋转角和椭圆率。首先对时域上采集到的数据做傅里叶变换，得到 x 和 y 方向上的频谱振幅和相位：

$$\begin{cases} E_x(t) = \int a_x(\omega) \cos[\omega t + \delta_x(\omega)] d\omega \\ E_y(t) = \int a_y(\omega) \cos[\omega t + \delta_y(\omega)] d\omega \end{cases} \quad (3-78)$$

因此，旋转角 $\theta(\omega)$ 和椭圆率 $\eta(\omega)$ 可以由下式得到：

$$\theta(\omega) = \frac{1}{2} \tan^{-1} \left[\frac{2a_x(\omega)a_y(\omega)}{a_x^2(\omega) - a_y^2(\omega)} \cos\delta(\omega) \right] \quad (3-79)$$

$$\eta(\omega) = \tan \left\{ \frac{1}{2} \sin^{-1} \left[\frac{2a_x(\omega)a_y(\omega)}{a_x^2(\omega) + a_y^2(\omega)} \sin\delta(\omega) \right] \right\} \quad (3-80)$$

式中，$\delta(\omega) = \delta_x(\omega) - \delta_y(\omega)$ 是两个正交分量的相位差。

传统的法拉第效应是基于可见光或近红外区域的电偶极跃迁的，而最近的实验表明，亚 THz 波段的磁偶极跃迁可以实现 THz 磁光效应，如图 3 - 15(b)所示。从实验角度看，能开展的静态或瞬态实验设计包括：① 测量光偏振态的旋转角和椭圆率；② 测量透过率；③ 改变入射光的偏振；④ 改变入射光的波长（能量）；

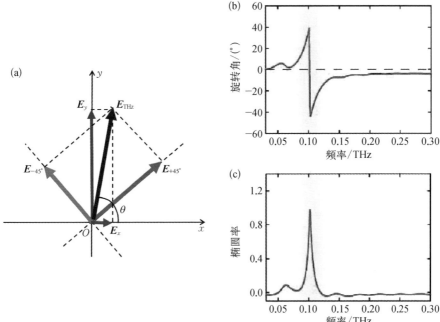

图 3 - 15
典型的 THz 辐
射脉冲的旋转
角和椭圆率获
取示意图

(a) THz 辐射脉冲的偏振方向在坐标轴上的投影;(b)(c) 1.9 mm 厚的 ε - $Ga_{0.23}Fe_{1.77}O_3$ 晶体的旋转角和椭圆率光谱

⑤ 改变外加磁场;⑥ 改变样品的温度;⑦ 旋转样品;等等。

　　从微观机制上理解磁化强度依赖的介电常数需要考虑施加在电子上的洛伦兹力,这类似于霍尔(Hall)效应。霍尔效应是金属和半导体材料中最基本的一种输运现象。当磁场平行于 z 轴时,洛伦兹力使自由电子在 xy 平面内做圆周运动。法拉第效应和霍尔效应都起源于电导率的非对角张量元 (σ_{xy}),法拉第效应可以认为是光学版的霍尔效应。

　　光学波段的法拉第效应通常与材料的带间跃迁相关,其起源并不是直接地联系到常见的直流霍尔效应。直流霍尔效应指的是导电的载流子在外加磁场作用下发生运动。值得注意的是,THz 波段的法拉第效应直接与直流霍尔效应相关,这是因为导电金属在 THz 波段的响应主要源自自由载流子。因此,THz 波段的法拉第效应(更常用的说法是 THz 磁光效应)提供了研究动态霍尔效应的机会,这将在第 5 章第 3 节中详细叙述。

　　利用结合偏振测量的 THz - TDS,可以研究一系列新材料在低能区的磁光现象。比如用 THz 法拉第效应研究了高温超导体中的准粒子动力学，定量地表征了掺杂半导体中的载流子浓度和迁移率。THz 磁光效应被用来揭示铁磁体 $SrRuO_3$ 中的直流反常霍尔效应。近年来，THz 磁光效应已经在石墨烯、拓扑绝缘体、量子霍尔材料系统等研究中得到应用。

4

太赫兹自旋波
及其相干控制

太赫兹光谱(包括 THz 时域光谱和 THz 时间分辨光谱)技术是一种相干的瞬态光谱技术,被广泛地用来探究物质在远红外波段的介电响应和多种元激发动态特性。在 THz 波与物质相互作用的研究中,人们比较多地关注 THz 波的电场与材料的相互作用,进而获得材料的介电常数或电导率的色散关系。实际上,电磁波不仅携带有电场分量,还携带有磁场分量,在研究 THz 波与非磁性介质相互作用时,一般只考虑电磁场的极化分量 E 的影响,而近似地认为材料的磁导率系数为 1(即 $\mu_r = 1$)。对于 THz 波与磁有序介质的相互作用,尤其当磁有序介质的磁共振频率与 THz 波的频率接近时,THz 波的磁场效应起着支配作用。对于一些反铁磁与亚铁磁介质,由于存在强的自旋交换作用,其磁共振频率一般位于 THz 频段,因而 THz 光谱为研究这类材料的自旋极化波元激发的产生、输运和相干控制提供了新的研究方法和实验手段。另外,值得一提的是,基于飞秒脉冲技术(如光电导、光整流和空气等离子体等方法)所产生的 THz 辐射脉冲,其脉冲宽度一般约为 1 ps,也即一个 THz 辐射脉冲只包含一个乃至半个电磁波振荡周期。一个高强度的 THz 辐射脉冲,不但包含了很强的电场分量,同时也提供了一个高强度的亚皮秒超快磁场脉冲。这为研究超快磁场与物质的相互作用,以及亚周期磁场脉冲在磁有序介质中的传播特性和磁脉冲的非线性效应提供了理想的实验手段。

另外,从应用角度看,基于铁磁材料的传统自旋电子学器件,其工作频率的上限,即铁磁材料的磁共振频率,一般在 GHz 量级,严重制约了高频自旋电子学器件的发展。而反铁磁介质中,其磁共振频率在 THz 波段,利用 THz 光谱研究反铁磁介质中自旋波的激发、输运和相干控制,为设计和开发 THz 自旋电子学器件提供了理论基础和可行性方案。

本章以 THz 时域光谱为主要研究手段,介绍近几年 THz 自旋电子学的最新进展,主要论述反铁磁性的稀土铁氧化物中 THz 自旋波模式的激发和探测、自旋重取向相变 THz 光谱探测、自旋波的 THz 相干控制、晶体场诱导稀土离子能级退简并和选择跃迁,以及电子自旋共振 THz 时域光谱等。

4.1 反铁磁模式 THz 波共振激发及探测

4.1.1 反铁磁晶体磁结构及磁相变

在绝对零度和无外加磁场条件下,根据反铁磁介质的微观磁结构可以将其划分为三种类型:① 严格反铁磁,如 NiO、MnO 等。每个氧离子周围与其相邻的金属离子 Ni(Mn)的磁矩反平行排列,因而其宏观磁化强度为零,对外不显示磁性。② 倾角反铁磁。稀土铁氧化物($RFeO_3$)是典型代表,该类反铁磁微观结构中,由于稀土离子和铁离子间的 Dzyaloshinskii - Moriya(简称"DM")作用,近邻 Fe 离子磁矩并非严格反平行排列,铁离子磁矩偏离反平行位置约 1 mrad(如 $NdFeO_3$,其铁离子磁矩约偏离 0.5 mrad)。因而,该类反铁磁中存在弱的宏观磁化强度。③ 螺旋磁结构,如 $BiFeO_3$。此类晶体中,Fe 离子的磁矩在空间呈螺旋排列,故而,此类晶体的宏观磁化强度随晶体厚度呈周期性变化。本章中,我们只讨论①和②中的反铁磁单晶中的自旋波特性,并重点讨论稀土铁氧化物中自旋波模式的激发、自旋重取向相变和自旋波的 THz 相干控制。

严格反铁磁介质中,具有代表性的材料是 NiO 和 MnO,尤其是前者,其奈尔(Néel)温度 $T_N = 515$ K,远高于室温(MnO 的奈尔温度为 122 K),是研制室温下 THz 自旋电子学器件的理想候选材料之一。图 4-1 给出了 NiO 晶体中 S 畴沿(111)取向(e_k 方向)的磁结构。黄色小球为 O^{2-},其邻近(上下、左右或前后)的 Ni^{2+} 的磁矩(带箭头的蓝色小球)都反平行排列。由图 4-1 可知,每一个非磁性的氧离子的两侧(前后、左右或上下)的两个 Ni^{2+} 的磁矩都是反平行的。显然,从一个正向磁矩到下一个正向磁矩的周期是晶格常数的 2 倍,因此,磁单胞是化学单胞体积的 8 倍。

稀土铁氧化物是典型的倾角反铁磁,其化学式为 $RFeO_3$,其中 R 为稀土离子或钇(Y)离子和镨(Pr)离子。20 世纪上半叶,科学家基本上研究的是这类材料的晶体

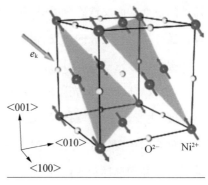

图 4-1
NiO 晶体中 S 畴沿(111)取向(e_k 方向)的磁结构

结构及相关性质,直到 1950 年,Forestier 和 Guiot - Guillian 等研究并报道了这类稀土铁氧化物的磁结构和磁相变等性质,发现这类材料具有非常特殊的磁学性质。稀土铁氧化物具有弱铁磁性,不仅包含着丰富的磁性元素之间的反铁磁耦合,还具有温度依赖的不同的磁相结构。

RFeO$_3$ 的晶格结构是畸变的钙钛矿(CaTiO$_3$,ABO$_3$)结构,理想的 ABO$_3$ 钙钛矿晶格结构如图 4 - 2 所示,A 位离子和 B 位离子形成相互贯穿的简单立方子晶格,而 O 离子位于立方体的面和边上,具有空间群 Pm3m 的立方对称性。以 A 位离子为立方晶体的顶点,则 O 离子和 B 位离子分别处于面心和体心的位

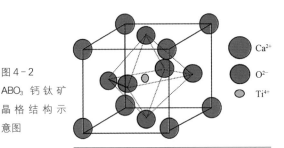

图 4 - 2 ABO$_3$ 钙钛矿晶格结构示意图

置,而 B 位离子位于六个 O 离子形成的八面体中心。稀土离子所在的镧系元素中,原子序数越大离子半径就越小,所构成的 RFeO$_3$ 的晶格畸变程度也就越大。

以 NdFeO$_3$ 为例,稀土铁氧化物一般具有正交晶体结构,属于 Pbnm 空间群,如图 4 - 3 所示,Nd 离子在(4c)的位置,Fe 离子在(4b)的位置,O 离子在(4c)和(8d)的位置,FeO$_6$ 正八面体的取向沿 c 轴方向的倾斜可以用倾斜 Glazer 系统 $a^+a^-a^-$ 来表示。在稀土铁氧化物中,正交钙钛矿的畸变程度随着稀土原子序数的增大而增大。以 b/a 来表示晶格畸变度,从 PrFeO$_3$ 到 LuFeO$_3$,b/a 从 1.017 增大到 1.064。

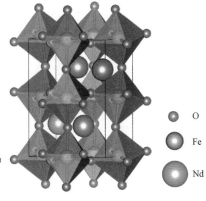

图 4 - 3 NdFeO$_3$ 的晶格结构示意图

稀土铁氧化物每个原胞中包含 4 个 Fe 离子,它们的磁化强度分别为 $\boldsymbol{M}_1$、$\boldsymbol{M}_2$、$\boldsymbol{M}_3$ 和 $\boldsymbol{M}_4$。近似地,$\boldsymbol{M}_1=\boldsymbol{M}_3=\boldsymbol{S}_1$,$\boldsymbol{M}_2=\boldsymbol{M}_4=\boldsymbol{S}_2$。因而,一般情况下双自旋模型(即 $\boldsymbol{S}_1$ 和 $\boldsymbol{S}_2$)可以很好地描述 RFeO$_3$ 单晶中的磁结构。这里,$\boldsymbol{S}_1$ 和 $\boldsymbol{S}_2$ 表示相邻两个 Fe^{3+} 的自旋磁矩。在室温下,$\boldsymbol{S}_1$ 和 $\boldsymbol{S}_2$ 在反向排列的同时,都沿着

晶体的 c 轴方向倾斜约 1 mrad，S_1 和 S_2 的大小均为 M。定义 $F=S_1+S_2$，$G=S_1-S_2$，矢量 F 对应 $RFeO_3$ 单晶中 Fe^{3+} 自旋体系的铁磁分量，矢量 G 为相应的反铁磁分量。图 4-4(a)(b) 给出了 $NdFeO_3$ 单晶的磁结构和双自旋模型的唯象图。

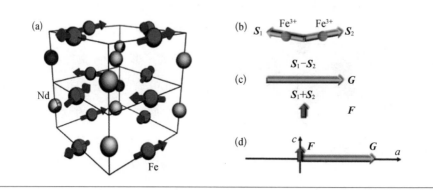

图 4-4
室温下 $NdFeO_3$
单晶的磁结构
(a)，以及双自
旋模型唯象图
(b) 及其铁磁
F(c) 和反铁磁
G(d) 分量的
示意图

在稀土铁氧化物单晶材料中，当温度低于奈尔温度时，这些材料随着温度的变化呈现出三种不同的相态，分别为图 4-5 中的三种磁矩排列状态，这三种磁相分别记为 Γ_1 相、Γ_2 相和 Γ_4 相。

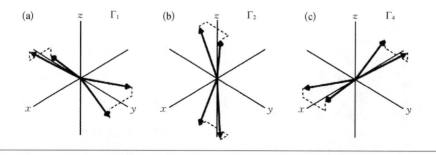

图 4-5
三种磁相[分
别定义为 Γ_1
(a)、Γ_2(b) 和
Γ_4(c) 相]状态
下的 Fe^{3+} 自旋
排列结构

Fe^{3+} 和 R^{3+} 之间存在相互作用，此相互作用力受到晶体外界温度或磁场的影响会发生剧烈变化，继而导致晶体的磁各向异性发生变化。这种变化使得 Fe^{3+} 的自旋方向发生重新取向，即自旋重取向。自旋重取向从本质上看是一种磁相变。唯象地看，在自旋重取向的过程中，铁磁分量 F 和反铁磁分量 G 呈 $90°$ 夹角，并且维持着这一刚性结构，换言之，尽管在自旋重取向的过程中，F 和 G 将发生偏转，但 F 和 G 之间的夹角是保持不变的。再者，由于 R^{3+} 的不同，Fe^{3+}

和 R^{3+} 之间的相互作用能也是不同的，这就导致了不同的稀土铁氧化物在发生相变时，其相变结果不尽相同。在温度诱导的自旋重取向中，有的只会发生二阶磁相变（$\Gamma_4 \leftrightarrow \Gamma_2$），这种磁相变使得 $\boldsymbol{F}$ 和 $\boldsymbol{G}$ 只在晶体的 $a-c$ 面上发生旋转，例如 $NdFeO_3$、$ErFeO_3$、$SmFeO_3$、$YbFeO_3$、$TmFeO_3$、$TbFeO_3$ 等；有的还能发生一阶磁相变（$\Gamma_4 \leftrightarrow \Gamma_{24} \leftrightarrow \Gamma_{12} \leftrightarrow \Gamma_1$），例如 $HoFeO_3$、$DyFeO_3$ 等。

4.1.2　THz 磁场对反铁磁模式的共振激发

当 THz 辐射脉冲入射到晶体表面时，THz 辐射脉冲的磁场分量类似于一个亚皮秒尺度的磁脉冲，宏观上，瞬态 THz 磁场（$\boldsymbol{H}_{THz}$）的方向正交于材料的宏观磁化矢量 $\boldsymbol{M}$，必将产生一个作用于 $\boldsymbol{M}$ 的瞬态塞曼转矩 $\boldsymbol{T}$，$\boldsymbol{T} \propto \boldsymbol{M} \times \boldsymbol{H}_{THz}$，这一瞬态转矩 $\boldsymbol{T}$ 使得反铁磁介质中的 $\boldsymbol{M}$ 偏离平衡位置。当瞬态 THz 磁场 $\boldsymbol{H}_{THz}$ 消失后，$\boldsymbol{M}$ 将围绕材料的有效磁场以 Larmor 频率进动，并最终弛豫到平衡位置。$\boldsymbol{M}$ 的进动过程中，旋转的磁偶极子会辐射圆偏振的电磁波，$\boldsymbol{E}_{THz} \propto \partial \boldsymbol{M}^2 / \partial t^2$，此电磁波的频率等于磁化矢量的进动频率，这一过程称为自由感应衰减（FID）。如果 $\boldsymbol{H}_{THz}$ 垂直于 $\boldsymbol{M}(\boldsymbol{F})$，则 THz 波激发 $RFeO_3$ 的铁磁（ferromagnetic，FM）模式；如果 $\boldsymbol{H}_{THz}$ 平行于 $\boldsymbol{M}(\boldsymbol{F})$，则 THz 波激发 $RFeO_3$ 的反铁磁（antiferromagnetic，AFM）模式。图 4-6 给出了 THz 波磁场共振激发 $RFeO_3$ 晶体的 FM 模式和 AFM 模式示意图。

图 4-6
THz 波磁场共振激发 $RFeO_3$ 晶体的 FM 模式和 AFM 模式示意图

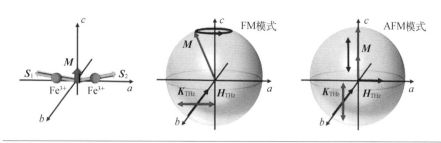

THz 辐射脉冲磁场作用于反铁磁晶体时，考虑到每个晶胞中包含两个反平行排列的自旋磁矩 $\boldsymbol{S}_{1,2}$，则反铁磁晶体中磁共振模式（FM 模式和 AFM 模式）的激发可以用朗道-利夫希兹-吉尔伯特（Landau - Lifshitz - Gilbert，LLG）方程描述。THz 辐射脉冲场 $[\boldsymbol{H}_{THz}(t)]$ 与自旋磁矩 $\boldsymbol{S}_i$ 相互作用的哈密顿量为

$$\hat{H} = -J\boldsymbol{S}_1 \cdot \boldsymbol{S}_2 + \sum_{i=1}^{2}\left[D_x \boldsymbol{S}_{ix}^2 + D_y \boldsymbol{S}_{iy}^2\right] + \gamma \boldsymbol{H}_{\mathrm{THz}}(t) \cdot \sum_{i=1}^{2}\boldsymbol{S}_i \qquad (4-1)$$

自旋磁矩 $\boldsymbol{S}_i$ 随时间演化的动力学 LLG 方程为

$$\frac{\partial}{\partial t}\boldsymbol{S}_i = -\frac{\gamma}{1+\alpha^2}\left[\boldsymbol{S}_i \times \boldsymbol{H}_i^{\mathrm{total}} + \sigma \boldsymbol{S}_i \times (\boldsymbol{S}_i \times \boldsymbol{H}_i^{\mathrm{total}})\right] \qquad (4-2)$$

式中,γ 为旋磁比;σ 为自旋波的阻尼系数;$\boldsymbol{H}^{\mathrm{total}}$ 为总磁场,$\boldsymbol{H}^{\mathrm{total}} = \boldsymbol{H}_{\mathrm{THz}}(t) + \boldsymbol{H}_i^{\mathrm{eff}}$,$\boldsymbol{H}_{\mathrm{THz}}(t)$ 为 THz 辐射脉冲磁场,$\boldsymbol{H}_i^{\mathrm{eff}}$ 为作用于单个自旋磁矩子上的有效磁场,

$$\boldsymbol{H}_i^{\mathrm{eff}} = \left[-J\boldsymbol{S}_{3-i} - D \times \boldsymbol{S}_{3-i} + K_x \boldsymbol{S}_{x,3-i} + K_z \boldsymbol{S}_{z,3-i}\right]/g\mu_B \qquad (4-3)$$

式中,$i=1$ 或 2;$|\boldsymbol{S}|=5/2$;$g \approx 2$;J、D 和 $K(K_x, K_z)$ 分别为交换能、DM 作用能和磁各向异性能,它们数值的大小与具体的稀土铁氧化物有关。利用 LLG 方程,可以唯象地描述低频自旋波($k=0$ 的自旋波)的激发和弛豫过程。

(1) NiO 晶体中的自旋波模式

NiO 是电荷转移绝缘体,其能隙带宽为 4 eV,其中红外到可见波段的光吸收源自 Ni^{2+} 的 d 电子带内跃迁。奈尔温度 T_N 为 525 K 以上时,NiO 具有 NaCl 型立方结构(m$\bar{3}$m 点群),T_N(奈尔温度)以下时,Ni^{2+} 的自旋磁矩沿着 $\langle 11\bar{2}\rangle$ 取向排列,并位于(111)面内。相邻(111)面的 Ni 离子自旋反向排列。交换伸缩作用导致晶胞沿着 $\langle 111\rangle$ 轴向收缩,从而导致晶体退化为 $\bar{3}$m 对称性。这种形变伴随着(111)面与 $\langle 111\rangle$ 晶向间的磁致双折射效应。2006 年,基于圆偏振的超快激光脉冲所携带的角动量与 NiO 晶体间相互作用的逆法拉第效应(inverse Faraday effect,IFE),东京大学的 T.Satoh 等观测到频率在 1.07 THz 和 0.14 THz 的 THz 辐射脉冲。他们将高频模式指认为面外磁模式,低频模式指认为面内磁模式。2012 年,日本名古屋大学的 J. Nishitani 等利用时间间隔可调谐双脉冲,实现了面外磁模式的光学相干控制。

IFE 实际上是冲击受激拉曼散射效应,是一种三阶非线性光学效应。也可以利用 THz 辐射脉冲的磁场分量直接激发和控制反铁磁的自旋极化波。2011 年,T. Kampfrath 等利用强 THz 辐射脉冲磁场扰动 NiO 的面外磁模式,并利用同步飞秒脉冲的磁光克尔效应探测该磁模式的进动过程。同时,利用时间延迟

的双 THz 辐射脉冲,实现了 NiO 晶体中面外磁模式相干控制。通过数值求解式(4-2)中的 LLG 方程,理论模拟结果与实验结果非常吻合,如图 4-7 所示。

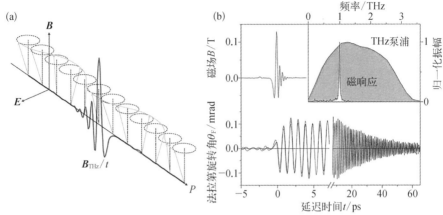

(a) 实验示意图,自旋波周期约为 1 ps(自旋箭头的连线);(b) 辐射 THz 辐射脉冲的磁场和法拉第旋转角随延迟时间的变化,插图为法拉第旋转角和 THz 驱动电场的振幅谱

(2) RFeO$_3$ 晶体中的自旋波模式

双自旋模型很好地再现了 RFeO$_3$ 晶体中的磁共振模式。根据双自旋模型,RFeO$_3$ 晶体中存在两个磁共振模式,分别为准铁磁(q-FM)模式和准反铁磁(q-AFM)模式。当 THz 辐射脉冲磁场 H_{THz} 与 $F(M)$ 垂直时,可以最有效地激发 q-FM 模式,而当 H_{THz} 与 $F(M)$ 平行时,可以最有效地激发 q-AFM 模式。此外,利用 THz 时域光谱,并辅以 THz 偏振探测设备,可以得到自由感应衰减的偏振特性。图 4-8 给出了测量 THz 偏振特性的光路图。将垂直 $[E_V^{THz}(t)]$ 及水平 $[E_H^{THz}(t)]$ 方向的计算结果结合起来,并扣除晶体由于双折射导致的折射率差,就可以得到透射 THz 波的偏振特性。下面关于 q-FM 模式和 q-AFM 模式磁共振诱导的自由感应衰减信号的动态偏振特性,就是依据这种方法获得的。

图中 THz 发射器和 THz 探测器由低温生长的 GaAs 光电导天线构成。THz 偏振器 P$_1$ 和 P$_3$ 分别放置在样品前面和后面,其保证入射和探测的 THz 偏振沿水平方向。偏振器 P$_2$ 置于样品和 P$_3$ 之间,并分别调整 P$_2$ 使其与水平方向呈 ±45°,这样,探测器获得的两个 THz 时域信号之差为透过 THz 的垂直偏振

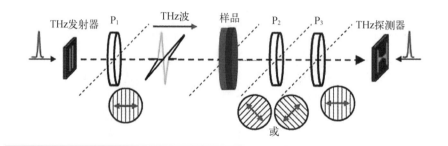

图 4 - 8

测量 THz 偏振

特性的光路图

信息 $[\boldsymbol{E}_{\mathrm{V}}^{\mathrm{THz}}(t) = \boldsymbol{E}_{+45°}^{\mathrm{THz}} - \boldsymbol{E}_{-45°}^{\mathrm{THz}}]$，两个 THz 时域信号之和为透过 THz 的水平偏振信息 $[\boldsymbol{E}_{\mathrm{H}}^{\mathrm{THz}}(t) = \boldsymbol{E}_{+45°}^{\mathrm{THz}} + \boldsymbol{E}_{-45°}^{\mathrm{THz}}]$。

下面以 $TmFeO_3$ 单晶为例，系统介绍 $RFeO_3$ 晶体中两种自旋模式的激发及其弛豫动力学。

对于 c -切向（晶体切面法线方向与晶体的 c 轴平行，下面的 a -切向和 b -切向同理） $TmFeO_3$ 单晶，室温下晶体处于 Γ_4 相，宏观磁化强度 $\boldsymbol{M}$ 或者 $\boldsymbol{F}$ 矢量沿晶体 c 轴方向。因此，入射的 THz 辐射脉冲磁场始终与 $\boldsymbol{F}(\boldsymbol{M})$ 垂直，故只能激发 q-FM 模式（图 4 - 9）。为了避免晶体的双折射现象，入射的 THz 电场和磁场分量分别沿着晶体的 a 轴和 b 轴方向。对于 b -切向的晶体，如果入射的 THz 磁场沿着晶体 c 轴方向（此时，THz 的磁场脉冲垂直于 $\boldsymbol{G}$ 矢量），则可以有效地激发 q-AFM 模式。c -切向 $TmFeO_3$ 晶体的 THz 透射谱如图 4 - 9(a) 所示，其中入射 THz 的磁场分量（H_{THz}）与晶体 b 轴平行（$H_{\mathrm{THz}} // b$ 轴），THz 电场分量（E_{THz}）与晶体 a 轴平行（$E_{\mathrm{THz}} // a$ 轴）。插图为 THz 时域光谱，除了位于 0 ps 附近的 THz 主透射峰外，在 5～30 ps 处还出现振荡周期约为 0.4 THz 的 FID 信号，此信号来源于晶体 q-FM 模式的共振激发。图中黑色曲线给出－10～30 ps 的傅里叶变换光谱，其中 0.4 THz 的吸收谷对应 q-FM 模式磁共振吸收，红色曲线对应 5～30 ps FID 信号的傅里叶变换，其峰值对应 0.4 THz 的 THz 辐射。b -切向 $TmFeO_3$ 晶体的 THz 透射谱如图 4 - 9(b) 所示，其中 $H_{\mathrm{THz}} // c$ 轴，$E_{\mathrm{THz}} // a$ 轴。0.7 THz 的共振模式对应于 q-AFM 模式的激发（黑色曲线）和 FID 信号（红色曲线）。室温下，$TmFeO_3$ 的 FID 信号的弛豫时间在 30 ps 左右。一般地，FID 信号的弛豫时间随着温度降低而增加。

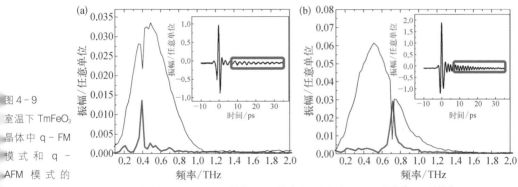

图 4-9
室温下 TmFeO₃
晶体中 q-FM
模式和 q-
AFM 模式的
THz 激发

（a）c-切向 TmFeO₃ 晶体的 THz 透射谱；（b）b-切向 TmFeO₃ 晶体的 THz 透射谱

当 THz 辐射脉冲作用于 TmFeO₃ 后，瞬态塞曼转矩（$T \propto \boldsymbol{H}_{\mathrm{THz}} \times \boldsymbol{M}$）导致宏观自发磁化离开平衡位置，随后 $\boldsymbol{M}$ 绕有效磁场的进动诱导具有圆偏振特性的 FID 信号，其辐射频率对应 q-FM 模式的磁共振频率，而 $\boldsymbol{M}$ 的伸缩振动诱导具有线偏振特性的 FID 信号，其辐射频率对应 q-AFM 模式的磁共振频率。利用

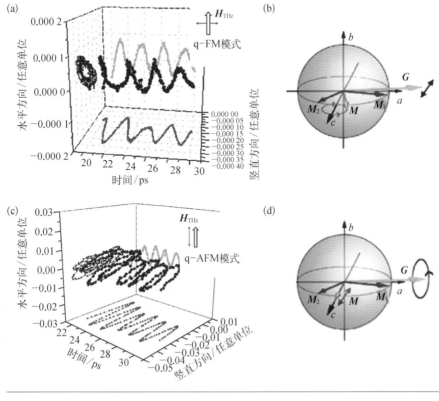

图 4-10
TmFeO₃ 晶体
中的 q-FM 模
式 [（a）和（b）]
和 q-AFM 模
式 [（c）和（d）]
的 FID 信号的
偏振特性及其
辐射示意图

图 4-8 所示的光路,可以测量 q-FM 模式和 q-AFM 模式的 FID 辐射的偏振特性,图 4-10 给出了 TmFeO$_3$ 晶体中的 q-FM 模式和 q-AFM 模式的 FID 信号的偏振特性[图 4-10(a)(c)]及其辐射示意图[图 4-10(b)(d)]。图 4-10(a)表明 q-FM 模式的 FID 信号来源于 **M** 绕平衡位置的进动,辐射具有圆偏振特性的 THz 辐射;图 4-10(c)表明 q-AFM 模式的 FID 信号来源于 **M** 的伸缩振动,辐射具有线偏振特性的 THz 辐射。

为了进一步说明图 4-9 和图 4-10 中的振荡信号来源于 THz 波与 TmFeO$_3$ 晶体的磁耦合而非电耦合,图 4-11(a)(b)分别给出了 THz 波从 c-切向 TmFeO$_3$ 晶体的 N 极面和 S 极面入射后所诱导的 FID 信号。室温下,c-切向 TmFeO$_3$ 晶体的宏观磁化矢量 **M** 沿晶体的 c 轴方向。此外,由图 4-11(a)可以看到,THz 波入射到 c-切向 TmFeO$_3$ 晶体可诱导具有圆偏振特性的 FID 信号。图 4-11(a)表明当 THz 波的传播方向与晶体内的磁化方向平行时,FID 信号的垂直分量和水平分量相位始终保持一致,而当 THz 波的传播方向与晶体内的磁化方向反平行时[图 4-11(b)],FID 信号的垂直分量与水平分量则保持反相。图 4-11 表明 FID 信号与样品的磁取向有关,这进一步证明了 FID 信号来源于磁耦合。

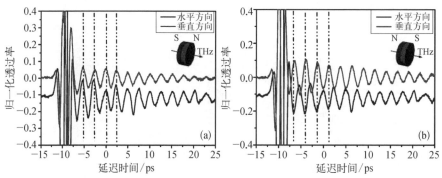

(a) THz 波从 S 极面入射;(b) THz 波从 N 极面入射,红色曲线和黑色曲线分别对应于 FID 信号的垂直分量和水平分量

图 4-11
FID 信号与 c-切向 TmFeO$_3$ 晶体磁取向的关系

4.1.3 RFeO$_3$ 中 THz 波段复磁导率和折射率计算

太赫兹时域光谱是一种相干光学探测手段。通过分析透射样品的 THz 波振幅和相位,可以同时获得样品的光学参数,比如折射率 n、吸收系数 α、介电常

数 ε、磁导率 μ 等。样品的复折射率 $\tilde{n}$ 描述材料的宏观光学性质：

$$\tilde{n}(\omega) = n(\omega) + \mathrm{i}\kappa(\omega) \tag{4-4}$$

$$\kappa(\omega) = \frac{\alpha(\omega)c}{2\omega} \tag{4-5}$$

式中，i 为虚数单位；n 为折射率实部，反映材料的色散性质；κ 为折射率虚部，称为消光系数，表示材料的损耗；α 为吸收系数；c 为光速。

复折射率与材料的介电性质和磁性质都有关，即 $\tilde{n} = \sqrt{\tilde{\varepsilon} \cdot \tilde{\mu}}$。引入材料的复波阻抗 $\tilde{z} = \sqrt{\tilde{\mu}/\tilde{\varepsilon}}$，要获得材料的复折射率 $\tilde{n}$ 和复波阻抗 $\tilde{z}$ 需要分别测量电磁波的透射谱 $T(\omega)$ 和反射谱 $R(\omega)$。但是大多数情况下，常用的 THz 时域光谱是透射式光谱，因为反射式 THz 光谱很难精确确定样品的厚度和相位变化。因此仅利用透射式 THz 光谱计算材料的磁导率和介电常数时必须采取一些特殊的方法，下面重点介绍磁共振材料中光学参数的计算方法。

对于磁有序材料，特别是在太赫兹波段表现出磁共振特性的材料，$\mu \neq 1$，因此复折射率 $\tilde{n}$ 和复波阻抗 $\tilde{z}$ 就是两个独立的参数。一般常用透射光谱和反射光谱分别测得材料的透射谱 $T(\omega)$ 和反射谱 $R(\omega)$，

$$R(\omega) = \left(\sqrt{\mu/\varepsilon} - 1\right)\Big/\left(\sqrt{\mu/\varepsilon} + 1\right) \tag{4-6}$$

$$T(\omega) = \frac{4z}{(z+1)^2}\exp\left[-\mathrm{i}\omega d\sqrt{\varepsilon_0\mu_0\varepsilon\mu} - 1\right] \tag{4-7}$$

再根据式（4-6）和式（4-7）可以计算材料的介电常数 ε 和磁导率 μ。式（4-7）中，d 为样品厚度；ε_0 为真空介电常数；μ_0 为真空磁导率。

近年来，超构材料是一个十分热门的研究课题，由于它特殊的介电特性和磁特性，μ 也不能认为是 1。许多报道提出了计算这些材料的 ε 和 μ 的方法，其中有一种称为"时间窗口法"的方法，可应用于稀土铁氧化物

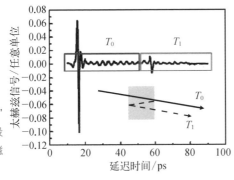

图 4-12 "时间窗口法"计算 THz 波段介电常数和磁导率示意图

在 THz 波段的光学参数计算。

图 4-12 表示的是一张典型的透过 RFeO$_3$ 晶体的 THz 时域光谱。THz 波在样品的前后表面之间会出现二次反射，在大约 58 ps 处出现了一个与主脉冲形状相似，但振幅很小的次级脉冲。将包含主脉冲及其随后的振荡部分（10～55 ps）定义为时间窗口 T_0，将包含次级脉冲及其随后的振荡部分（55～92 ps）定义为时间窗口 T_1。需要注意的是时间窗口 T_0 和 T_1 截取的时间长度必须是相同的。根据 H. Němec 等的文献报道，T_0 和 T_1 包含了复折射率 $\tilde{n}$ 和复波阻抗 $\tilde{z}$ 的信息，用"时间窗口法"可以简单地计算出材料的复折射率和磁导率，并给出了计算公式：

$$T_0(\tilde{n},\tilde{z})=\frac{4\tilde{z}}{(\tilde{z}+1)^2}\exp[2\pi i(n-1)fd/c] \qquad (4-8)$$

$$T_1(\tilde{n},\tilde{z})=T_0(\tilde{n},\tilde{z})\left(\frac{\tilde{z}-1}{\tilde{z}+1}\right)^2\exp(4\pi infd/c) \qquad (4-9)$$

$$\tilde{n}=\tilde{\mu}/\tilde{z} \qquad (4-10)$$

经过化简整理后，可得

$$\tilde{n}=1+\frac{c}{2\pi fd}\left[\arg T_0+\arg\frac{(\tilde{z}+1)^2}{4\tilde{z}}+2s\pi\right] \qquad (4-11)$$

$$\frac{T_0^3\exp(4\pi ifd/c)}{T_1}=\left[\frac{4\tilde{z}}{(\tilde{z}^2-1)}\right]^2 \qquad (4-12)$$

由式（4-11）和式（4-12），可以求出材料的复折射率 $\tilde{n}$ 和复波阻抗 $\tilde{z}$，进一步结合式（4-8）、式（4-9）和（4-10）可以计算出材料的磁导率。

图 4-13 表示的是用"时间窗口法"计算得到的稀土铁氧化物 TmFeO$_3$ 的复折射率、磁导率和复波阻抗的结果。从图中可以看到在 0.7 THz 附近磁导率出现了色散特性，并导致复折射率在同一频率附近的色散。"时间窗口法"巧妙地利用 T_1 数据所包含的反射谱信息，使我们只需要测量太赫兹透射谱即可进行计算，这种方法需要注意两点：第一是测量的时间要足够长，并且保证两个时间窗口截取的时间长度一样；第二是选取的样品厚度要厚一些，如果样品太薄的话，T_0 就很短，影响计算的精度。

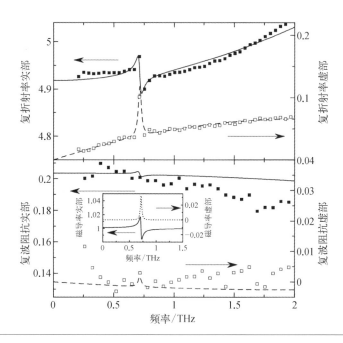

图 4 - 13 TmFeO$_3$ 单晶的复折射率、磁导率和复波阻抗的计算结果数据(点线为实验数据计算结果,实线为拟合结果)

4.2 RFeO$_3$ 自旋重取向相变 THz 探测

RFeO$_3$ 是一种倾角反铁磁,在奈尔温度以下,当晶体处于 Γ_4 相时,其弱宏观磁化取向沿着 c 轴方向,因而,其铁磁分量 **F** 和反铁磁分量 **G** 分别沿着晶体的 c 轴和 a 轴方向。在过去的几十年,凭借杨氏模量、磁化率测量、超声波、非弹性中子散射测量等一系列技术,可以直接或间接地观测到一些稀土铁氧化物中的自旋重取向过程。由于温度、外加磁场或稀土离子掺杂等能改变晶体中的磁各向异性能,从而晶体的易磁化轴会发生 90°旋转,也即晶体由 Γ_4 相转变为 Γ_2 相。多数稀土铁氧化物的自旋重取向是一种连续的二阶磁相变过程,铁磁分量 **F**(或反铁磁分量 **G**)随着样品温度的降低,将从晶体的 c(或 a)轴旋转至晶体的 a(或 c)轴。通常,发生相变的高温点被记为 T_2,完成相变的低温点被记为 T_1,且 $T_1 < T_2 < T_N$,T_N 是晶体的奈尔温度。本节讨论 RFeO$_3$ 外场(温度、磁场和掺杂等)诱导的自旋重取向的 THz 探测。首先以 NdFeO$_3$ 和 TmFeO$_3$ 为例讨论温度诱导的自旋重取向,其次讨论以 YFeO$_3$ 和 NdFeO$_3$ 为例的外加磁场诱导的

自旋重取向,最后简述稀土离子掺杂的 $Sm_xDy_{1-x}FeO_3$($Sm_xEr_{1-x}FeO_3$、$Sm_xPr_{1-x}FeO_3$ 等)对自旋重取向的调控。

4.2.1 温度诱导自旋重取向

下面分别以 b-切向 $NdFeO_3$ 和 $a(b)$-切向 $TmFeO_3$ 为例,系统讨论温度诱导自旋重取向的 THz 时域光谱探测。

(1) $NdFeO_3$

首先将 THz 辐射脉冲的磁场方向调整为与 $NdFeO_3$ 晶体的 c 轴方向平行。图 4-14(a)(b)是典型的太赫兹时域光谱,图 4-14(c)(d)分别是图 4-14(a)(b)对应的太赫兹时域光谱的傅里叶变换。

当晶体温度为 290 K 时,此时的 $NdFeO_3$ 单晶处于 Γ_4 相,反铁磁矢量 G 沿着晶体的 a 轴方向,而铁磁矢量 F 指向晶体的 c 轴方向,并与入射 THz 辐射脉

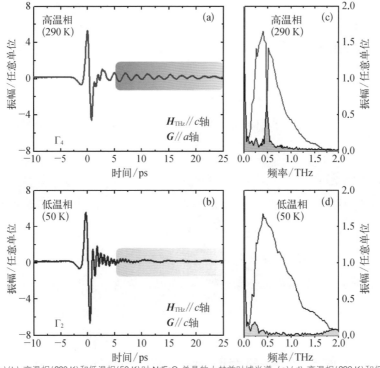

(a)(b) 高温相(290 K)和低温相(50 K)时 $NdFeO_3$ 单晶的太赫兹时域光谱;(c)(d) 高温相(290 K)和低温相(50 K)时太赫兹时域光谱的傅里叶变换。入射 THz 辐射脉冲磁场分量与晶体 c 轴平行

图 4-14
不同温度下 b-切向 $NdFeO_3$ 单晶的太赫兹时域光谱及傅里叶变换

冲的磁场分量平行。如前所述,当 THz 辐射脉冲的磁场方向与 F 垂直(即 $H_{THz} \perp F$)时,可以激发 q-FM 模式,而当 THz 辐射脉冲的磁场方向与 F 平行(即 $H_{THz} /\!/ F$)时,q-AFM 模式被激发。在图 4-14(a)的 THz 时域光谱中,除 THz 主脉冲波形外,还有一个周期为 2.06 ps 的振荡信号(位于红色区域内),该振荡信号实为 q-AFM 模式受到激发后的 FID 信号,对 5 ps 至 25 ps 内的振荡信号进行傅里叶变换,可得到图 4-14(c)中的 FID 信号频谱(红色填充部分),其辐射频率为 0.485 THz。对图 4-14(a)的整个时间窗口进行傅里叶变换,可以得到其共振吸收位置为 0.485 THz。

当晶体温度为 50 K 时,NdFeO$_3$ 晶体处于 Γ_2 相。此时,反铁磁矢量 G 平行于晶体的 c 轴,并与入射 THz 辐射脉冲的磁场分量平行。这时,NdFeO$_3$ 单晶的 q-FM 模式可以被激发。中子衍射的实验结果表明,在 50~290 K,反铁磁矢量 G 的大小约为铁磁矢量 F 的 120 倍,由于铁磁矢量过小导致了铁磁模式的共振激发吸收幅度很弱小,超出 THz-TDS 的最低探测灵敏度。因此,图 4-14(b)(d)中,并没有观测到 q-FM 模式的共振激发。

为了进一步研究自旋重取向随温度变化的动力学过程,在 $H_{THz} /\!/ c$ 轴和 $H_{THz} /\!/ a$ 轴的激发条件下,详细地给出了温度依赖的 q-AFM 模式 FID 信号的电场强度,如图 4-15(a)所示。在 $H_{THz} /\!/ c$ 轴的情况下,如图 4-15(a)中的红色圆圈所示,当温度大于 170 K 时,E_{q-AFM}(FID 信号的电场强度)的振幅大小始终保持最大值,这说明此时的 q-AFM 模式处于完全激发状态且不受温度影响。在这种状态下,Γ_4 相是十分稳定的。随着温度降低,FID 信号的电场强度的振幅也随之减小。这是由于在小于 170 K 时,磁相开始从 Γ_4 相转变至中间相-Γ_{24} 相,反铁磁矢量 G 开始转动,其沿 a 轴方向上的分量开始减小导致仅部分激发 q-AFM 模式。当温度继续下降至 100 K 时,FID 信号完全消失。这意味着 G 矢量转至与 THz 辐射脉冲的磁场分量平行,由于 THz 辐射脉冲磁场分量与 c 轴平行,也就说明此温度下反铁磁矢量 G 转至与 c 轴平行。据此,可以说明在 100 K 时,NdFeO$_3$ 的磁相为 Γ_2 相。

在 $H_{THz} /\!/ a$ 轴的情况下,如图 4-15(a)中的蓝色方块所示,可以看到在高温 Γ_4 相时,有非常小的 FID 信号。如果反铁磁矢量 G 严格平行于 a 轴,

q-AFM模式在该条件下是不能被激发的,也就不存在 FID 信号。这个发现表明反铁磁矢量 G 在高温相下,与晶体的 a 轴有非常微小的角度。这样会使得晶体在 c 轴方向上有非常小的剩磁,且该剩磁的方向与 H_{THz} 垂直。图 4 - 15(a)中 E_r 代表的是剩磁的大小。相对而言,H_{THz} // c 轴情况下的 Γ_2 相并没有观测到 FID 信号,这是因为在低温相下,反铁磁矢量 G 与晶体的 c 轴方向一致。当温度高于 170 K 时,只存在 E_r 且不随温度变化。温度下降后,由于反铁磁矢量 G 开始转动,导致其沿 c 轴方向上的分量开始增大,q-AFM模式处于不完全激发状态,且随着温度的下降,激发效果越发明显。这就说明反铁磁矢量 G 确实开始从晶体的 a 轴转向晶体的 c 轴。而在小于 100 K 时,激发效果处于较为完全的状态,磁相进入 Γ_2 相。

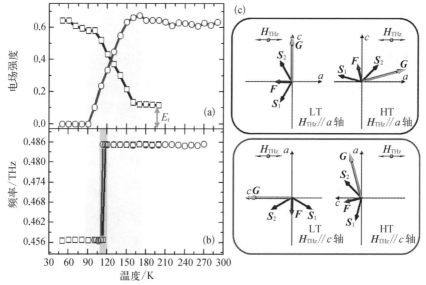

(a) 温度依赖的 q - AFM 模式自旋波辐射的电场强度;(b) 温度依赖的 q - AFM 模式自旋波辐射的频率,红色圆圈和蓝色方块分别代表太赫兹辐射脉冲的磁场分量平行于晶体的 c 轴和 a 轴;(c) 自旋重取向示意图

图 4 - 15
温度诱导 NdFeO₃
晶体自旋重取
向过程的 THz
光谱探测

图 4 - 15(b)给出了温度依赖的 q - AFM 模式自旋波辐射的频率。从图中可以看出,当 $T > 110$ K 时,q - AFM 模式的共振频率保持在 0.485 THz。然而,当 $T < 110$ K 时,其共振频率突然降到 0.456 THz,频率变化发生在非常窄的温度区间内(105~115 K)。该现象与自旋重取向过程中的 Γ_{24} 相至 Γ_2 相有关。而在此温度之上一直到室温,频率都没有明显变化。反铁磁介质的磁共振频率正

比于 $\gamma\sqrt{H_A H_E}$，其中 γ 是旋磁比参数，H_A 和 H_E 分别是各向异性场和交换场。频率的红移代表温度相同时各向异性场或交换场减弱。

图 4-15(c) 给出了自旋重取向过程中 F 矢量和 G 矢量的运动过程。在奈尔温度以下，当 $T > 170$ K 时，反铁磁矢量 G 不是严格意义上地平行于晶体 a 轴，而是沿着 c 轴方向上具有微弱的剩磁。当 $T < 100$ K 时，反铁磁矢量 G 严格平行于晶体 c 轴。实验结果充分证明了 $NdFeO_3$ 晶体的自旋重取向现象可以通过 FID 信号的电场强度振幅大小来探测。

从现象学的角度来说，自旋重取向通常可以用 Fe^{3+} 自旋的温度依赖的各向异性参量来描述。各向异性能有如下的形式：$F(\theta) = F_0 + K_1 \sin^2\theta + K_2 \sin^4\theta$，其中 θ 是反铁磁矢量 G 在 ac 平面内与 a 轴的夹角，F_0 是各向异性能，K_1 和 K_2 分别是二阶和四阶各向异性参数。温度依赖的反铁磁矢量 G 的重取向过程可以表述为

$$\Gamma_2(G_z, F_x), \ \theta = \pi/2, \ T \leqslant T_1, \tag{4-13}$$

$$\Gamma_{24}(G_x G_z, F_z F_x), \ \sin^2\theta = (T_2 - T)/(T_2 - T_1), \ T_1 \leqslant T \leqslant T_2, \tag{4-14}$$

$$\Gamma_4(G_x, F_z), \ \theta = 0, \ T \geqslant T_2 \tag{4-15}$$

因此，θ 可以在 $0 \sim \pi/2$ 变化。正如 Horner 和 Varma 所论述的那样，假如 K_2 是正值，那么在 $NdFeO_3$ 中，自旋体系将在 T_1 和 T_2 两个温度点上发生二阶磁相变。在此二阶磁相变中，由于 q-FM 模式共振吸收只在非常低的温度区间内才显著，导致在 $NdFeO_3$ 介质中，在如图 4-15(b) 所示的温度区间内只看到 q-AFM 模式的变化。q-AFM 模式在 110 K 附近的温度点上发生软化，可能是由于 Γ_4 相至 Γ_{24} 相和 Γ_{24} 相至 Γ_2 相两个相变过程的机制不同所致。在低温下 Fe^{3+} 和 Nd^{3+} 的相互作用变强，磁各向异性能发生变化，这可能是 q-AFM 模式随着温度降低，其共振频率下降的原因。

如图 4-16 所示，当 THz 磁场 H_{THz} 与晶体 c 轴平行时，从室温开始反铁磁矢量 G（图 4-16 中红色部分）的振幅随着温度下降而减小，直到 100 K 时，完全消失。这个结果与温度依赖的磁化强度曲线 $M_c(T)$（图 4-16 中绿色曲线）一

致。当温度继续下降至 40 K 及以下时,此时磁相仍旧为 Γ_2 相,而 q-FM 模式却可以清晰地观测到。随着温度的降低,q-FM 模式的振幅与频率都开始增加,q-AFM 模式的振幅消失,用 $\boldsymbol{H}_{\mathrm{THz}} /\!/ a$ 轴的数据可发现其共振频率也随着温度下降而增加。温度依赖的 q-FM 模式和 q-AFM 模式的共振频率与磁各向异性能的关系如下。

$$(\hbar \omega_{\mathrm{q\text{-}FM}})^2 = \left[\frac{4E}{(2S)^2}\right]\left[(A_{xx}-A_{zz})\cos 2\theta - 4K_4\cos 4\theta\right], \quad (4-16)$$

$$(\hbar \omega_{\mathrm{q\text{-}AFM}})^2 = \left[\frac{4E}{(2S)^2}\right]\left[\frac{1}{2}(A_{xx}+A_{zz}) + \frac{1}{2}(A_{xx}-A_{zz})\cos 2\theta - K_4\cos 4\theta\right]$$

$$(4-17)$$

式中,A_{xx} 和 A_{zz} 是二阶磁各向异性能;K_4 是四阶各向异性能;S 是次晶格自旋的磁化强度;$E=-6J(2S)^2$ 是两个次晶格自旋有效交换常数。当温度降低时,$Fe^{3+}-O^{2-}-Fe^{3+}$ 的超相互交换角将变大,同时增加了相互交换作用能。结果便是 q-FM 模式和 q-AFM 模式的共振频率同时随着温度的降低而增大。另一方面,在自旋重取向的温度区间内,由于二阶磁各向异性能($A_{xx}-A_{zz}$)接近零,导致 q-FM 模式的软化现象。相同的现象也出现在 $ErFeO_3$ 和 $TmFeO_3$ 晶体中。

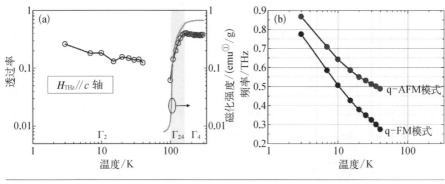

图 4-16 不同温度下 $NdFeO_3$ 晶体的 q-FM 模式和 q-AFM 模式的 FID 振幅(a)以及频率(b),其中蓝色圆圈表示 q-FM 模式,红色圆圈表示 q-AFM 模式,(a)中绿色曲线为该样品在不同温度下的磁化强度

通过研究不同温度下 q-AFM 模式辐射出的 FID 信号的偏振态,可以更直观地看到反铁磁矢量 $\boldsymbol{G}$ 在自旋重取向过程中的动态旋转过程。反铁磁矢量 $\boldsymbol{G}$ 进动辐射

---

① 1 emu=10 A。

出的 FID 信号由 THz 偏振时域光谱获得。实验结果表明在 100 K 时,FID 信号的偏振为线偏振,且沿着晶体的 c 轴方向。随着温度的上升,FID 信号的偏振为椭圆偏振,当温度达到 140 K 时,其偏振为圆偏振。图 4 - 17(a)是 140 K 时,q - AFM 模式的电场在水平方向和竖直方向上的分量的三维轨迹。该 q - AFM 模式辐射出的 FID 信号偏振在晶体 ac 面上非常清晰地表现为圆偏振。将温度继续上升,椭圆偏振又重新出现。当温度达到 170 K 及以上时,其偏振又变回了线偏振,并且沿着晶体的 a 轴方向。这种偏振随温度变化的复杂性来源于 $\boldsymbol{G}$ 矢量在自旋重取向过程中旋转时,受到了晶体的双折射的影响。在 Γ_4 相和 Γ_2 相时,$\boldsymbol{G}$ 矢量分别与晶体的 a 轴和 c 轴平行且呈现线偏振。然而 $\boldsymbol{G}$ 矢量在 ac 平面上旋转时,FID 信号会受到晶体 ac 面内的双折射的影响,导致 FID 信号相位的变化:

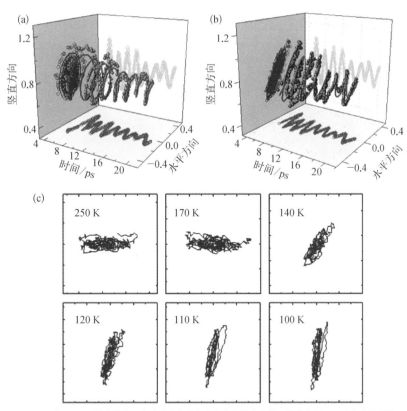

图 4 - 17
b -切向 NdFeO$_3$
单晶中 q - AFM
模式 的 FID 信
号的偏振态与
温度的关系

(a) 140 K 时,q - AFM 模式的电场在水平方向和竖直方向上的分量的三维轨迹图;(b) 在扣除了晶体 ac 面内双折射的影响后对(a)进行重新修正;(c) 在不同温度下,q - AFM 模式辐射出的 FID 信号在 ac 面上的投影。图中红色实线为余弦函数拟合曲线

$$\Delta\varphi = \frac{\Delta n \omega d}{c} = [n_a(T) - n_c(T)]\omega d / c \qquad (4-18)$$

式中，$n_a(T)$ 和 $n_c(T)$ 是温度依赖的 a 轴和 c 轴上晶体的折射率变化；d 和 c 分别为样品的厚度(1.98 mm)和真空中的光速。实验测算得出了 $0\sim2.0$ THz 内晶体的折射率差 $\Delta n = |n_a(T) - n_c(T)| = 0.08$，该折射率差随温度的变化可忽略不计，相位差 $\Delta\varphi$ 约为 0.51π。当频率为 0.485 THz 时，相位差非常接近 $\pi/2$。在扣除了双折射的影响后，图 4-17(a) 变成了图 4-17(b)。至此，在 140 K 时的 q-AFM 模式辐射出的 FID 信号的偏振从原先的圆偏振变成了后面的线偏振。在测得温度为 250 K、170 K、140 K、120 K、110 K 和 100 K 的 FID 信号的三维轨迹在 ac 面上的投影数据后，得到了图 4-17(c)。该图充分且清晰地表明了反铁磁矢量 $\boldsymbol{G}$ 在整个自旋重取向过程中的运动状态。

(2) $TmFeO_3$

在讨论 $TmFeO_3$ 自旋重取向时，选择 a-切向晶体和 c-切向晶体作为研究对象。对于 a-切向 $TmFeO_3$ 晶体，入射 THz 辐射脉冲的电场分量 $\boldsymbol{E}_{THz}$ 与晶体的 c 轴平行，而磁场分量 $\boldsymbol{H}_{THz}$ 与晶体的 b 轴平行(即 $\boldsymbol{E}_{THz}$ // c 轴，$\boldsymbol{H}_{THz}$ // b 轴)。同样地，对于 c-切向 $TmFeO_3$ 晶体，入射 THz 辐射脉冲的电场分量 $\boldsymbol{E}_{THz}$ 与晶体的 a 轴平行，而磁场分量 $\boldsymbol{H}_{THz}$ 与晶体的 b 轴平行(即 $\boldsymbol{E}_{THz}$ // a 轴，$\boldsymbol{H}_{THz}$ // b 轴)。对于 $TmFeO_3$ 单晶来说，在奈尔温度(632 K)以下，自旋重取向温度区间以上，样品处于高温 Γ_4 相。在自旋重取向温度区间以下，样品处于低温 Γ_2 相。对于 a-切向样品，室温(300 K)下当 THz 磁场平行于晶体的 c 轴，也就是 THz 磁场平行于晶体宏观磁化方向($\boldsymbol{E}_{THz}$ // b 轴，$\boldsymbol{H}_{THz}$ // c 轴)时，激发样品的 q-AFM 模式，如图 4-18(a) 所示，室温下 q-AFM 模式的共振频率在 0.7 THz 左右。随着温度的降低，在 45 K 时，样品处于低温 Γ_2 相，宏观磁化由室温下平行于晶体的 c 轴方向转变为平行于晶体的 a 轴方向，此时 THz 磁场垂直于宏观磁化方向，激发样品的 q-FM 模式，如图 4-18(b) 所示，45 K 时，q-FM 模式的共振频率在 0.28 THz 左右。除了激发 q-FM 模式外，在图 4-18(b) 的插图中可以看到一个明显宽带的吸收，这个宽带吸收形成的机制在 4.4 节中再具体讨论。图 4-18(c) 为温度依赖的样品吸收系数的二维谱，从图中可以很清楚地看到自旋重取向的过程以及宽带吸收的产生。

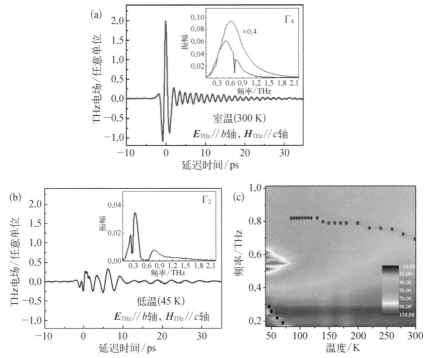

(a)(b)分别为室温(300 K)和低温(45 K)下经过 a -切向 TmFeO₃ 单晶的 THz 波电场分量图 (E_{THz} // b 轴，H_{THz} // c 轴)，插图代表时域信号傅里叶变换之后得到的频谱信息；(c)温度依赖的样品吸收系数的二维谱

为了进一步研究 TmFeO₃ 单晶中自旋重取向过程，选取 c -切向 (E_{THz} // b 轴，H_{THz} // a 轴) 及 a -切向 (E_{THz} // b 轴，H_{THz} // c 轴) 样品的变温测试数据来进行分析。

通过对不同温度下的 THz 时域信号进行傅里叶变换，得到相应的频谱信号，对于 q - FM 模式或 q - AFM 模式的共振吸收，通过统一标准提取出吸收的振幅强度。图 4 - 19(a)就是提取出来的 q - AFM 模式振幅随温度的变化图，通过对两个不同方向的 q - AFM 模式振幅进行比较，很清楚地确定出样品的自旋重取向在 85～93 K。图 4 - 19(b)是通过综合物性测量仪测试出的样品的磁化强度与温度的关系，即 $M - T$ 曲线，测试结果反映出的自旋重取向温度区间和太赫兹测试得到的结果完全一致，这也同时证明了利用太赫兹时域光谱来研究 RFeO₃ 是非常有效的。

为了进一步研究自旋重取向过程，提取了不同温度下 q - FM 模式及 q -

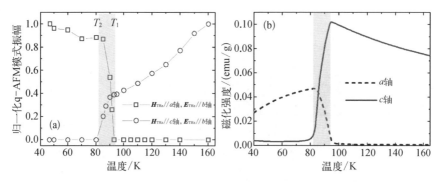

(a) 归一化的 q-AFM 模式振幅随温度的变化图;(b) 温度依赖的 a 轴及 c 轴上宏观磁化强度的变化图

图 4-19
温度依赖的 THz 光谱与磁化强度实验对比结果

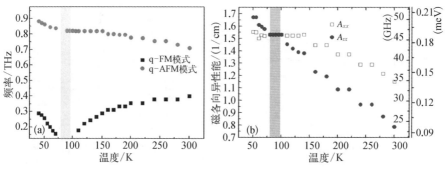

(a) 温度依赖的 q-FM 模式及 q-AFM 模式共振频率变化图;(b) 晶体 ac 平面内的磁各向异性能随温度的变化情况

图 4-20
基于 THz 光谱数据计算的 TmFeO₃ 单晶 ac 平面内的磁各向异性能

AFM 模式共振频率的变化情况,如图 4-20(a)所示。从图中可以很明显看到,q-AFM 模式的共振频率随着温度的降低缓慢增加,而 q-FM 模式的共振频率在自旋重取向温度附近逐渐软化。结合式(4-16)、式(4-17)计算得到了 ac 平面内沿晶体 a 轴及 c 轴方向的磁各向异性能 A_{xx}、A_{zz} 随温度的变化趋势(A_{xx}、A_{zz} 分别代表沿晶体 a 轴、c 轴方向的二阶磁各向异性能,K_4 代表四阶磁各向异性能,因为 $K_4 \ll A_{xx}$ 或 A_{zz},因此在计算中可以忽略 K_4 的影响,θ 代表宏观磁化强度和晶体 c 轴方向的夹角,在自旋重取向温度区间之上,即 Γ_4 相,θ 近似为 0°;在自旋重取向温度区间之下,即 Γ_2 相,θ 近似为 90°)。从图 4-20(b)可以看出,在自旋重取向温度区间前后,A_{xx} 和 A_{zz} 发生了交叉式变化,在 93 K 以上,$A_{xx} > A_{zz}$,在 85 K 以下,$A_{xx} < A_{zz}$,而正是因为这样的变化,才最终驱动了自旋重取向的产生。

4.2.2 磁场诱导自旋重取向

E. Constable 等结合中子衍射实验和 THz 光谱，讨论了 $NdFeO_3$ 晶体中自旋重取向的物理机制。实验结果与第一性原理计算结果一致：自旋重取向源于温度相关的 R-Fe 作用和 Fe-Fe 作用的竞争结果。除了温度诱导自旋重取向外，外加磁场也可以诱导自旋重取向。另外，对于非磁性金属，如 $YFeO_3$ 晶体，温度不能诱导其自旋重取向相变的发生，但是可以用外加磁场等方式触发其自旋重取向。下面以 $YFeO_3$ 和 $NdFeO_3$ 为例，讨论磁场诱导 $RFeO_3$ 晶体的自旋重取向。为避免强磁场对 THz 时域光谱的影响，一般采用图 4-21 所示的全光纤 THz 时域光谱系统。

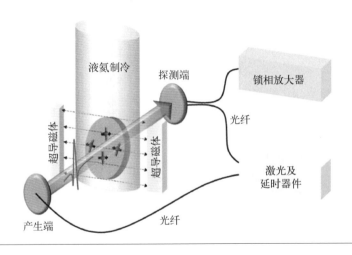

图 4-21
全光纤 THz 时域光谱系统与低温强磁场组合实验光路图

（1）$NdFeO_3$

以厚度为 1.98 mm 的 b-切向 $NdFeO_3$ 单晶为研究对象，首先，入射 THz 辐射脉冲的磁场始终与晶体的 c 轴平行。图 4-22(a) 是典型的透过 b-切向 $NdFeO_3$ 样品的太赫兹时域波形。在没有外加磁场的作用下，THz 透射主脉冲后有一个激发 q-AFM 模式的 FID 信号。对图 4-22(a) 中两个 THz 时域信号进行傅里叶变换，并扣除背景信号 $[E_{sample}(\omega)/E_{reference}(\omega)]$ 后，得到样品的透射比 [图 4-22(b)]。温度为 170 K 时，在 0.486 THz 处有一个波谷，这个波谷来自 q-AFM 模式的共振激发，这与前面讨论的结果一致。当温度高于 170 K 时，$NdFeO_3$ 单晶的磁相保持在 Γ_4 相。当温度为 100 K 时，通过时域光谱可以看到

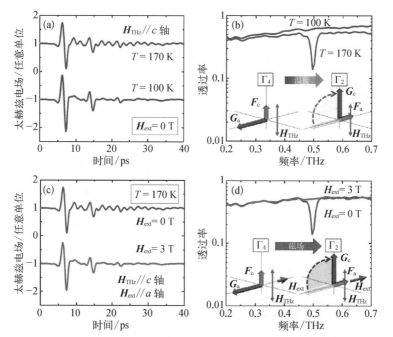

(a) 无外加磁场时，170 K 和 100 K 两个温度点上的 THz 时域光谱；(b) 与(a)相对应的频谱；(c) 170 K 时，外加磁场沿着晶体的 a 轴方向，分别施加 0 T 和 3 T 强度的磁场所得到的 THz 时域光谱；(d) 与(c)相对应的频谱。实验中，THz 辐射脉冲的磁场始终与晶体的 c 轴平行。(b)和(d)中的插图表示温度和外加磁场诱导的自旋重取向，即 $\Gamma_4 \rightarrow \Gamma_2$

图 4 - 22
THz 时域光谱技术探测 NdFeO₃ 单晶的 $\Gamma_4 \rightarrow \Gamma_2$ 自旋重取向

原先的振荡信号已经消失，这表明磁相进入了 Γ_2 相。关于温度诱导的自旋重取向现象，在4.2.1节已经给予了系统说明。

当温度设定在 170 K 时，NdFeO₃ 的磁相为 Γ_4 相，辅以 a 轴方向的外加磁场，当磁场强度增加至 3T 时，图 4 - 22(c)(d)给出了 THz 时域光谱及其傅里叶变换的频率。从图中可以看到此温度下 THz 时域光谱与图 4 - 22(a)中的 100 K 时的波形十分相似。再比较图 4 - 22(d)与图 4 - 22(b)，可见当温度为170 K 时，a 轴方向的磁场在 3T 时的 THz 频谱波形与温度为 100 K 时的 THz 频谱波形也十分相似。通过与温度诱导自旋重取向的情况进行对比，图 4 - 22 表明沿着晶体特定方向施加磁场可以诱导晶体发生自旋重取向。

外加磁场不但可以诱导 NdFeO₃ 的自旋重取向，而且还可以调节其磁共振频率。对于 RFeO₃ 介质，如果沿着反铁磁轴向（ G 矢量方向）施加外加磁场，则相比于沿着铁磁轴向（ F 矢量方向）施加相同大小的磁场，晶体内部的磁结构将获得更大的磁能。图 4 - 23 给出了不同温度下外加磁场诱导自旋重取向时的 q - AFM 模式的 FID 信号幅度与外加磁场的关系。

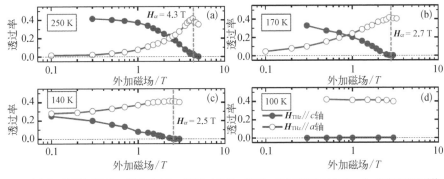

图 4 - 23
不同温度下外加磁场诱导自旋重取向时的 q - AFM 模式的 FID 信号幅度与外加磁场的关系

(a) $T = 250\ \text{K}$;(b) $T = 170\ \text{K}$;(c) $T = 140\ \text{K}$;(d) $T = 100\ \text{K}$。红色部分表示在 $H_{\text{THz}}\ //\ a$ 轴实验构置时的数据,蓝色部分表示在 $H_{\text{THz}}\ //\ c$ 轴实验构置时的数据

将外加磁场 H_{ext} 的方向设置为与晶体 a 轴方向平行。在高温相 Γ_4 相时,反铁磁矢量 G 沿着晶体的 a 轴方向,见图 4 - 22(b)中的插图。图 4 - 23(a)中,当 $T = 250\ \text{K}$、$H_{\text{THz}}\ //\ c$ 轴且没有施加外加磁场作用时,q - AFM 模式的 FID 信号幅度达到了最大值。增加磁场强度,FID 信号幅度逐渐减小。如果将 THz 辐射脉冲的磁场方向旋转 90°,使之与晶体 a 轴平行,再次进行上述测量后发现 q - AFM 模式的 FID 信号幅度从 0 开始随磁场强度增加,当外加磁场 $H_{\text{cr}} = 4.3\ \text{T}$ 时,FID 信号达到饱和,其幅值接近无磁场状态下 q - AFM 的 FID 信号幅度。从图中可以看到,不同温度下,其临界磁场大小(H_{cr} 为完全发生自旋重取向所需要的最低磁场)不同:250 K 时,$H_{\text{cr}} = 4.3\ \text{T}$;170 K 时,$H_{\text{cr}} = 2.7\ \text{T}$;140 K 时,$H_{\text{cr}} = 2.5\ \text{T}$。图 4 - 23 所示实验结果非常清晰地证明了随着外加磁场的增加,反铁磁矢量 G 从晶体 a 轴连续旋转至晶体的 c 轴。此外,从图 4 - 23 中还可以看出,当温度为 250 K、磁场加到临界点 $H_{\text{cr}} = 4.3\ \text{T}$ 时,自旋重取向的相变将由 Γ_4 相完全转变至 Γ_2 相。

宏观磁化方向也就是铁磁矢量 F 可根据温度的变化,停留在 ac 平面上的任意位置,并且晶体在不同的温度下,其所具有的磁能大小是不同的。这样一来,临界磁场大小可由温度来调控。为此,在 $H_{\text{ext}}\ //\ a$ 轴的条件下,做了 170 K 和 140 K 时的相关实验。图 4 - 23(a)(b)表明,在不同的温度下,需要完成自旋重取向的临界磁场是不同的。在 170 K 时,H_{cr} 为 2.7 T;在 140 K 时,H_{cr} 为 2.5 T。

随着晶体温度的下降,不难发现,临界磁场也在减小。根据朗道有关相变的论述,晶体的热力学势可以表示为

$$\Phi = J(\boldsymbol{S}_1 \cdot \boldsymbol{S}_2) + D[\boldsymbol{S}_1 \times \boldsymbol{S}_2] + K_x(\boldsymbol{S}_{1x}^2 + \boldsymbol{S}_{2x}^2) + K_z(\boldsymbol{S}_{1z}^2 + \boldsymbol{S}_{2z}^2)$$
$$+ K_4(\boldsymbol{S}_{1x}^4 + \boldsymbol{S}_{2x}^4 + \boldsymbol{S}_{1y}^4 + \boldsymbol{S}_{2y}^4 + \boldsymbol{S}_{1z}^4 + \boldsymbol{S}_{2z}^4) \tag{4-19}$$

以 $NdFeO_3$ 单晶为例,它的自旋重取向温度区间为 170~100 K,那么在完成整个自旋重取向的过程中,其热力学势改变了 $\Delta\Phi$。将外加磁场的影响加入式(4-19)中后可得

$$\Phi = J(\boldsymbol{S}_1 \cdot \boldsymbol{S}_2) + D[\boldsymbol{S}_1 \times \boldsymbol{S}_2] + K_x(\boldsymbol{S}_{1x}^2 + \boldsymbol{S}_{2x}^2) + K_z(\boldsymbol{S}_{1z}^2 + \boldsymbol{S}_{2z}^2)$$
$$+ K_4(\boldsymbol{S}_{1x}^4 + \boldsymbol{S}_{2x}^4 + \boldsymbol{S}_{1y}^4 + \boldsymbol{S}_{2y}^4 + \boldsymbol{S}_{1z}^4 + \boldsymbol{S}_{2z}^4) + \boldsymbol{H}_{ext}(\boldsymbol{S}_1 + \boldsymbol{S}_2) \tag{4-20}$$

当温度不变时,如果还需要使磁相发生变化,即 $\Gamma_4 \to \Gamma_2$,仍需要克服 $\Delta\Phi$,此时,$\Delta\Phi$ 的能量必须全由外加磁场项 $\boldsymbol{H}_{ext}(\boldsymbol{S}_1 + \boldsymbol{S}_2)$ 提供。而如果 $\Gamma_{24} \to \Gamma_2$,则使磁相转变到 Γ_2 相时所需的一部分能量由处在 Γ_{24} 相的 Φ 提供,也就是 $\Gamma_{24} \to \Gamma_2$ 所需改变的热力学势较 $\Gamma_4 \to \Gamma_2$ 要小,也就是磁场提供的能量 $\boldsymbol{H}_{ext}(\boldsymbol{S}_1 + \boldsymbol{S}_2)$ 也要小。这也是温度越低(高于 100 K),所需的临界磁场越小的缘由。当温度达到 100 K 时,此时的磁相为 Γ_2 相,反铁磁矢量 $\boldsymbol{G}$ 沿着晶体的 c 轴方向,外加磁场沿着晶体的 a 轴方向,显然,这种条件下,自旋重取向是不能发生的。从图 4-23(d)可以看出,当太赫兹磁场平行于晶体的 a 轴时,q-AFM 模式被完全激发,且不随磁场的变化而发生显著变化;当太赫兹磁场平行于晶体的 c 轴时,q-AFM 模式不能被激发,此时的透射比值为零。

另一方面,人们直觉地认为与 $\boldsymbol{H}_{ext} /\!/ a$ 轴相类似,假使外加磁场作用于晶体的 c 轴,那么当晶体处于 Γ_2 相时,只要磁场够大,在低温下磁相仍旧能从 Γ_2 相回到 Γ_4 相,从而完成自旋重取向。在 $\boldsymbol{H}_{ext} /\!/ c$ 轴和 $\boldsymbol{H}_{THz} /\!/ a$ 轴 的条件下,q-AFM 模式的 FID 信号应该随着磁场的增加而减小,然而实际情况如图 4-24(a)所示,尽管外加磁场增加到 3 T,但是 q-AFM 模式的 FID 信号却几乎不随着磁场的增加而发生变化。根据 PPMS 测得的磁滞回线数据,发现当温度为 100 K 时,尽管施加在晶体 c 轴方向上的磁场已经达到了 9 T,却仍未见到自旋重取向的发生。在磁场诱导的自旋重取向过程中,这种现象是一种不可逆、单向性的自旋重取向。

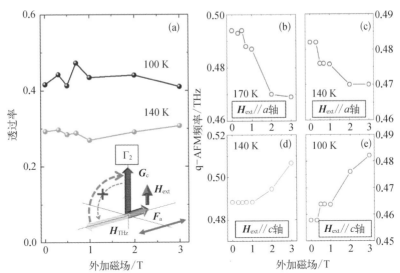

图 4-24
THz 光谱探测
磁场诱导的自
旋重取向

(a) H_{ext} // c 轴时磁场依赖的 q-AFM 模式的 FID 信号，H_{THz} 沿晶体 a 轴方向；在 170 K(b)和 140 K(c)下，H_{ext} // a 轴时，q-AFM 模式的共振频率与外加磁场的关系；在 140 K(d)和 100 K(e)下，H_{ext} // c 轴时，q-AFM 模式的共振频率与外加磁场的关系

接下来继续探讨发生在磁场诱导自旋重取向中的不可逆现象。只考虑 q-AFM 模式的共振透射谱，结合外加磁场的影响。如图 4-24(b)(c)所示，当外加磁场沿着晶体的 a 轴时，不论温度为 170 K 还是 140 K，q-AFM 模式的共振频率随着磁场的增加而发生蓝移；另一方面，图 4-24(d)(e)表明，无论温度是 140 K 还是 100 K，当外加磁场沿着晶体的 c 轴时，q-AFM 模式的共振频率随着外加磁场的增大而发生红移现象。这种外加磁场增加，频率随之红移的现象与 H_{ext} // c 轴 // F 时的 $TmFeO_3$ 单晶频率随磁场变化的情况类似。根据 Balbashov 给出的有关 $TmFeO_3$ 的 q-FM 模式和 q-AFM 模式在 H_{ext} // c 轴 // F 时的共振频率随外加磁场增加而变化的公式：

$$\nu_1(\boldsymbol{H}) = \left[\nu_1^2(0) + \left(\frac{\gamma}{2\pi} \right)^2 \boldsymbol{H}(\boldsymbol{H} + \boldsymbol{H}_D) \right]^{1/2} \tag{4-21}$$

$$\nu_2(\boldsymbol{H}) = \left[\nu_2^2(0) + \left(\frac{\gamma}{2\pi} \right)^2 \boldsymbol{H}_D(\boldsymbol{H} + \boldsymbol{H}_D) \right]^{1/2} \tag{4-22}$$

不难发现，两者的频率都随外加磁场的增加而增加，且此时外加磁场方向会使得磁相保持在 Γ_4 相。式(4-21)、式(4-22)中，ν_1 和 ν_2 分别是 q-FM 模式和

q-AFM模式的共振频率，H_D 是沿晶体 c 轴方向上的 Dzyaloshinskii 场，H 为外加磁场。类比于图 4-24(d)(e) 中的频率变化，尽管外加磁场沿着晶体 c 轴增加，但却不能诱导自旋重取向的发生，反而使得当前磁相处于更加稳定的状态。根据式(4-21)，由于温度并未改变，因此温度依赖的 A_{xx} 和 A_{zz} 是不会发生变化的。但是由于频率的变化，可以反推出，磁场对于磁各向异性能产生了影响，这在式(4-22)中也能得到体现。

磁场诱导的自旋重取向是晶体的各向异性能和外加磁场的磁能竞争的结果。外加磁场的磁能会使晶体的宏观磁化方向尽量与外加磁场方向一致。这种趋向性不仅与外加磁场有关，还与通过稀土离子而施加在 Fe 离子自旋上的分子场有关，而分子场又会被外加磁场作用而放大。之前有关 NdFeO$_3$ 单晶的第一性原理计算结果表明，Nd 离子和 Fe 离子间的相互作用非常强，这导致 NdFeO$_3$ 具有一些特殊的磁学特性，例如有较大的自旋重取向温度区间(约为 70 K)、沿着晶体的 a 轴和 c 轴的磁化强度反差明显、在 29 K 处沿着晶体 a 轴方向有一阶自旋翻转等。

Nd 离子的 4f 电子与 Fe 离子的 3d 电子间的强相关作用诱导强的自旋—晶格耦合，从而导致 NdFeO$_3$ 单晶具有非常大的磁各向异性。因此，可以推断稀土离子的磁化率的各向异性是导致外加磁场诱导自旋重取向行为的原因。基于修正的平均场理论，稀土离子沿着不同晶轴方向上的磁化率存在各向异性，并在 $\Gamma_4 \rightarrow \Gamma_{24} \rightarrow \Gamma_2$ 的相变过程中，可通过总磁化强度的变化进行测量。在 NdFeO$_3$ 单晶中，沿着晶体 a 轴方向的 Nd^{3+} 磁化率要明显大于其在 c 轴方向上的磁化率。当外加磁场沿着 a 轴方向时，晶体可以获得足够大的能量从而打破自由能的平衡态，这样磁相(Γ_4 相和 Γ_{24} 相)就会变成非稳态，外加磁场继而能够诱导 $\Gamma_4 \rightarrow \Gamma_{24} \rightarrow \Gamma_2$ 的相变发生。另一方面，当外加磁场沿着晶体的 c 轴方向时，影响自由能的磁场能量被屏蔽，以至不能打破自由能的稳定状态，磁场诱导的 $\Gamma_2 \rightarrow \Gamma_{24} \rightarrow \Gamma_4$ 的相变也就不能发生。因此在 NdFeO$_3$ 单晶中，沿着不同晶轴方向的磁化率具有较大的磁各向异性，导致磁场诱导自旋重取向具有不可逆性的特点。

外加磁场诱导 NdFeO$_3$ 自旋重取向的主要结论包括两点：(1) 外加磁场诱导自旋重取向所需的临界磁场 H_{cr} 与温度有关，当温度越接近自旋重取向温度时,临界磁场越小;(2)外加磁场诱导自旋重取向不可逆性:高温相下(晶体处于 Γ_4 相),沿着晶体 a 轴方向的外加磁场可以诱导自旋重取向发生,而低温相下(晶体处于 Γ_2 相),沿着晶体 c 轴方向的外加磁场则不能诱导自旋重取向。其内在原因与 $NdFeO_3$ 晶体的特殊磁各向异性结构有关,中子衍射的实验结果也印证了这一点。外加磁场诱导自旋重取向的不可逆性可以为设计磁存储和磁开关器件等自旋电子学器件提供重要参考。

(2) $YFeO_3$

稀土铁氧化物 $RFeO_3$ 中,稀土离子 R^{3+} 的 4f 电子与 Fe^{3+} 的 3d 电子相互作用,导致其各向异性能 A_{xx} 和 A_{zz} 与温度有关,这是温度诱导自旋重取向的内在机制。对于 $YFeO_3$ 晶体,Y^{3+} 中没有 f 电子,Y^{3+} 与 Fe^{3+} 之间的相互作用几乎可以忽略,因而不存在温度诱导的自旋重取向效应。图 4-25 给出 3~260 K 温度范围内 c-切向 $YFeO_3$ 单晶的 THz 透射谱。

图 4-25 c-切向 $YFeO_3$ 单晶的 q-FM 模式频率(空心方块)和幅值(实心方块)与温度的依赖关系,红色虚线是不同温度下 q-FM 模式共振频率的平均值,插图是室温下的 THz 归一化透过谱

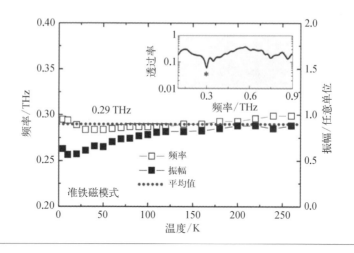

由图 4-25 可知,$YFeO_3$ 的 q-FM 模式频率一直保持在约 0.29 THz,几乎不随温度而改变,而且 q-FM 模式幅值也几乎不随温度变化。这表明 $YFeO_3$ 中不存在温度诱导的自旋重取向现象。为了研究外加磁场诱导 $YFeO_3$ 的自旋重取向,图 4-26(a)(b)给出了 250 K 下,外加磁场沿着晶体 a 轴方向施加时,磁共振频率随外加磁场变化的情况。当外加磁场低于 2 T 时,q-FM 模式的共振频率几乎不随外加磁场的变化而发生变化,当外加磁场高于 2 T 时,q-FM 模式

的共振频率随着外加磁场的增加而降低，出现模式软化，这是自旋重取向发生的征兆。进一步增加外加磁场，当其大于 4.0 T 时，q-FM 模式的软化加剧，除了低频 q-FM 模式外，在0.55 THz处出现一个新的共振模式，这个模式与 YFeO$_3$ 的 q-AFM 模式频率接近。进一步研究表明，0.55 THz 处的共振频率来自晶体的 q-AFM 模式共振。该模式共振频率几乎不随外加磁场增加而变化。通过 LLG 方程，并考虑 YFeO$_3$ 晶体自由能，可以求解 q-FM 模式和 q-AFM 模式共振频率与外加磁场的关系，其趋势与实验结果一致。

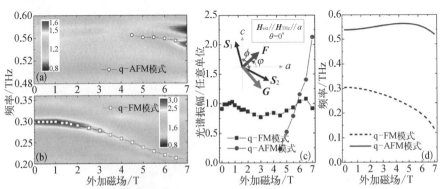

YFeO$_3$ 单晶中 q-AFM 模式(a)和 q-FM 模式(b)共振频率随外加磁场变化的情况；(c) q-FM 模式(蓝)和 q-AFM 模式(红)吸收强度随外加磁场变化的情况，其中的插图为外加磁场诱导晶体自旋重取向的示意图；(d)基于 LLG 方程和磁自由能所计算的 q-FM 模式和 q-AFM 模式共振频率随外加磁场变化的情况

图 4 - 26
外加磁场诱导 c -切向 YFeO$_3$ 晶体的自旋重取向 THz 时域光谱

为了定量再现磁场诱导自旋重取向过程，基于双自旋模型，YFeO$_3$ 的热力学势 Φ 可以简化为

$$\Phi = A(\boldsymbol{S}_1 \boldsymbol{S}_2) = \frac{1}{2} a(\boldsymbol{S}_{1z}^2 \boldsymbol{S}_{2z}^2) + b\boldsymbol{S}_{1z}\boldsymbol{S}_{2z} - \boldsymbol{S}_1 \boldsymbol{H} + \boldsymbol{S}_2 \boldsymbol{H} \qquad (4-23)$$

式中，A 为交换能；a 和 b 为磁各向异性常数。外加磁场沿晶体 a 轴方向施加（即 $\theta = 0$），于是

$$\left(\frac{\partial \Phi}{\partial \varphi}\right)_{M=M_0, \theta=0} = \cos\varphi(\boldsymbol{H}_E \boldsymbol{H}_{ac} \sin\varphi + \boldsymbol{H}_E \boldsymbol{H}_{A2} \sin^3\varphi - \eta \boldsymbol{H}^2 \sin\varphi - \boldsymbol{H}\boldsymbol{H}_D) = 0$$

$$(4-24)$$

式中，$\boldsymbol{H}_E$ 是有效对称交换场；$\boldsymbol{H}_{ac}$ 是 ac 平面内线性各向异性场；$\boldsymbol{H}_{A2}$ 是 ac 平面内二阶各向异性场；$\boldsymbol{H}_D$ 为反对称交换场；$\eta = (\chi_\perp - \chi_{/\!/})/\chi_\perp$，$\chi_\perp$ 和 $\chi_{/\!/}$ 分别表

示纵向和横向反铁磁极化率。当 $H \leqslant H_{cr}$ 时,样品处于倾角反铁磁相,两个自旋磁矩 S_1 和 S_2 的夹角 φ 由外加磁场 H 的大小决定,并满足

$$H_E H_{A2} \sin^3 \varphi + (H_E H_{ac} - \eta H^2) \sin \varphi - H H_D = 0 \qquad (4-25)$$

自旋磁矩 S 对外加磁场的动态响应可通过求解 LLG 方程得到。详细求解过程可参考 Lin 等的工作。图 4-26(d)给出了 $YFeO_3$ 晶体中 q-FM 模式和 q-AFM 模式的共振频率随外加磁场变化的计算结果。从图中可以看到,q-FM 模式的共振频率随外加磁场的增加而软化,计算结果与实验结果[图 4-24(b)]吻合很好。q-AFM 模式的共振频率随着外加磁场的增加先增加后降低。其共振频率约位于 0.54 THz。从图 4-26(a)可以看到,外加磁场低于 4 T 时,没有观测到 q-AFM 模式磁共振,这表明只有当外加磁场高于 4 T 时,才可能诱导 $YFeO_3$ 自旋重取向发生。低磁场下晶体仍处于 Γ_4 相,入射 THz 磁场不能激发 c-切向 $YFeO_3$ 晶体的 q-AFM 共振模式。考虑到零磁场下 $YFeO_3$ 的 q-AFM 模式的共振频率位于 0.527 THz,增加磁场可使其 q-AFM 模式的共振频率增加,所以,图 4-26 (d)的计算结果也与实验结果相符。最后值得一提的是,对于 $NdFeO_3$,温度可以诱导 Γ_4 相到 Γ_2 相的可逆相转换。但是外加磁场只能驱动从 Γ_4 相到 Γ_2 相的相变,而不能驱动由 Γ_2 相到 Γ_4 相的相变发生。这种磁场诱导自旋重取向的不可逆性相变可能由 $NdFeO_3$ 晶体的特殊磁各向异性所致,更深入的微观解释还在探索中。

4.2.3 稀土离子掺杂调控晶体自旋重取向

理论和实验研究结果表明稀土铁氧化物 $RFeO_3$ 的自旋重取向的主导因素来源于稀土离子的 4f 电子和铁离子的 3d 电子间的相互作用,这种 4f-3d 电子的相互作用与晶体温度密切相关,这是温度诱导稀土铁氧化物自旋重取向的内在机制。对于非稀土离子铁氧化物,如 $YFeO_3$ 或 $PrFeO_3$ 等晶体,改变温度不能诱导该类晶体铁离子的自旋重取向。另一方面,如果对晶体进行稀土离子掺杂,则可以期望改变 4f-3d 电子间的相互作用,因而有望实现通过掺杂调控稀土铁氧化物的自旋重取向。本小节以 $Sm_x Dy_{1-x}FeO_3$ 为对象,系统地研究不同稀土离子掺杂比例的 $Sm_x Dy_{1-x}FeO_3$(SDFO)的自旋重取向温度、磁共振频率和自旋

波寿命等与掺杂比例 x 的关系,探索稀土离子掺杂对其自旋重取向的调控。当 $x=1$ 时,即为 $SmFeO_3$ 时,其自旋重取向温度区间为 $450\sim480$ K。室温下,其 q‑FM 模式和 q‑AFM 模式共振频率分别为 $f_{q\text{-}FM}=0.32$ THz, $f_{q\text{-}AFM}=0.62$ THz。当 $x=0$ 时,即为 $DyFeO_3$ 时,其自旋重取向温度区间为 $38\sim45$ K。室温下,其 q‑FM 模式和 q‑AFM 模式共振频率分别为 $f_{q\text{-}FM}=0.35$ THz, $f_{q\text{-}AFM}=0.52$ THz。此外,值得一提的是,室温下 $SmFeO_3$ 为 Γ_2 相(当温度高于 480 K 时,晶体处于 Γ_4 相),而 $DyFeO_3$ 为 Γ_1 相[见图 4‑5(a),即无宏观磁化强度,$\boldsymbol{G}$ 矢量沿晶体 b 轴方向]。

首先考查不同掺杂比例对自旋重取向温度区间的影响。图 4‑27 为 b‑切向 $Sm_xDy_{1-x}FeO_3$($x=0.3\sim0.7$)样品在不同温度($40\sim300$ K)下 THz 磁场激发的 FID 信号,THz 磁场脉冲与晶体 c 轴平行,即 $\boldsymbol{H}_{THz}\,/\!/\,c$ 轴。 在 $\boldsymbol{H}_{THz}\,/\!/\,c$ 轴的条件下,只能激发 Γ_4 相的 q‑AFM 模式,或 Γ_2 相的 q‑FM 模式。图 4‑27(a)

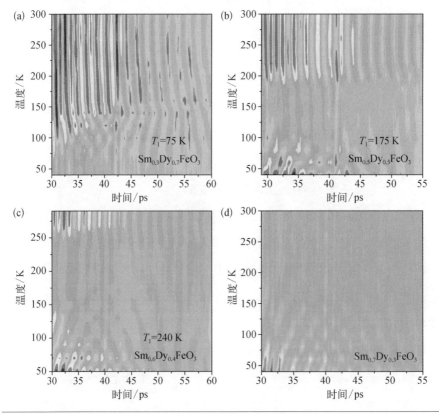

图 4‑27
FID 信号随温度($40\sim300$ K)和时间窗口($30\sim55$ ps)变化的 mapping 图

为 $x=0.3$ 时的 FID 振幅图像,由图可知高温下表现为 q-AFM 模式的 FID 信号,而当温度低于 105 K 时,q-AFM 模式的 FID 信号逐渐减小,当温度低于 75 K 时,磁结构完全处于 Γ_2 相。当 $x=0.5$ 时,FID 信号消失发生在 $T_1=175$ K [图 4-27(b)]。当 $x=0.6$ 时,$T_1=240$ K[图 4-27(c)]。如图 4-27(d)所示,当 $x=0.7$ 时,只观测到低温下的 q-FM 模式的 FID 信号,表明此时晶体处于 Γ_2 相。

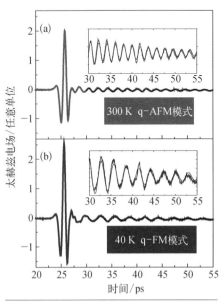

图 4-28
b-切向 $Sm_{0.5}$
$Dy_{0.5}FeO_3$ 晶体
在室温(300 K)
(a)和低温
(40 K)(b)下的
太赫兹时域
光谱

下面以 b-切向 $Sm_{0.5}Dy_{0.5}FeO_3$ 为例,进一步研究稀土离子掺杂比例与自旋重取向相变的关系。图 4-28 给出了 b-切向 $Sm_{0.5}Dy_{0.5}FeO_3$ 晶体在室温(300 K)和低温(40 K)下的太赫兹时域光谱。室温下激发晶体的 q-AFM 模式,其共振频率 $f_{q\text{-}AFM}=0.54$ THz,其 FID 信号具有线偏振特性;低温下激发 q-FM 磁共振模式,其共振频率 $f_{q\text{-}FM}=0.37$ THz,其 FID 信号具有圆偏振特性。图 4-29(a)给出了 b-切向 $Sm_{0.5}Dy_{0.5}FeO_3$ 晶体的 q-AFM 模式的 FID 信号振幅与温度的依赖关系。对于 THz 磁场平行于晶体 c 轴($\boldsymbol{H}_{THz}\,/\!/\,c$ 轴)的情况,当 $T>220$ K 时,FID 信号振幅 $E_{q\text{-}AFM}$ 保持不变,表明此时晶体处于 Γ_4 相,当温度 T 低于 220 K 时,$E_{q\text{-}AFM}$ 随着温度降低几乎呈直线下降,并在 $T=175$ K 时,$E_{q\text{-}AFM}\approx0$,这表明在 $170\sim220$ K,晶体处于中间相——Γ_{24} 相,并在 $T<175$ K 时转变为稳定的 Γ_2 相。通过改变激发 THz 波的偏振方向,可以得到类似的结果。对于 THz 磁场平行于晶体 a 轴($\boldsymbol{H}_{THz}\,/\!/\,a$ 轴)的情况,当 $T>220$ K 时,晶体处于 Γ_4 相,此时只能激发 q-FM 模式,q-AFM 模式在该情况下为暗模式,故 $E_{q\text{-}AFM}\approx0$;随着温度降低,晶体进入 Γ_{24} 中间相,部分 q-AFM 被激发,因而 $E_{q\text{-}AFM}$ 随着温度降低几乎线性增加,当温度低于 175 K 时,晶体处于 Γ_2 稳定相,q-AFM 模式被完全激发,表现为 $E_{q\text{-}AFM}$ 达到极大且不随温度的变化而发生变化。由此可以得到 $Sm_{0.5}Dy_{0.5}FeO_3$ 的相变温度区间为

$T_1 = 175$ K，$T_2 = 220$ K。图 4-29(b)给出了不同 Sm 离子掺杂比例(x)的相变温度详图，相变起始温度 T_1 和结束温度 T_2 随着稀土离子掺杂比例(x)的增加几乎呈线性变化，显然，通过合适比例的稀土离子掺杂，可以将复合稀土铁氧化物的自旋重取向调控至室温附近。

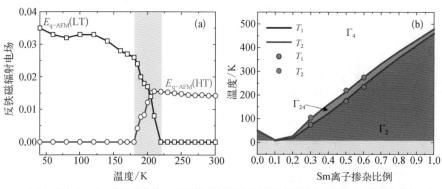

(a) b-切向 $Sm_{0.5}Dy_{0.5}FeO_3$ 晶体的 q-AFM 模式的 FID 信号振幅与温度的依赖关系，红色圆圈和蓝色方块分别为 THz 磁场与晶体 c 轴和 a 轴平行，中间阴影部分对应晶体的中间相 Γ_{24} 相所在的温度区域；(b) $Sm_xDy_{1-x}FeO_3$ 自旋重取向温度与 Sm 离子掺杂比例(x)的关系图，其中圆圈表示 THz 时域光谱数据，实线是 M-T 测量结果

图 4-29
典型的太赫兹光谱探测 $Sm_xDy_{1-x}FeO_3$ 的自旋重取向过程

稀土离子掺杂不仅可以调控晶体的自旋重取向温度，而且还可以调节磁共振模式(q-FM 模式和 q-AFM 模式)的共振频率。图 4-30 给出了 b-切向 $Sm_xDy_{1-x}FeO_3$ 晶体的 q-AFM 模式和 q-FM 模式的共振频率与温度的依赖关系。可见，当 $x \geqslant 0.5$ 时(富 Sm 样品)[图 4-30(b)(c)]，在 40～300 K 温区内，q-AFM 模式频率几乎不随温度的变化而发生变化，而 q-FM 模式的频率随着温度升高而逐渐软化[图 4-30(b)～(d)]。这主要是由于随着温度升高，晶体进入自旋重取向温度区间，晶体的各向异性能发生剧变。根据式(4-16)和式(4-17)，可以看到，q-AFM 模式的共振频率与晶体磁各向异性能关系不大，而 q-FM 模式的共振频率强烈地依赖于磁各向异性能。

图 4-31 总结了 b-切向 $Sm_xDy_{1-x}FeO_3$ 晶体在 300 K 下 q-AFM 模式的共振频率和 40 K 下 q-FM 模式的共振频率与 Sm 离子浓度的依赖关系。从图 4-31(a)可以看出，室温下 SDFO 晶体的 q-AFM 模式的共振频率与 Sm 离子浓度存在很弱的依赖关系，如 $x = 0$(DyFeO$_3$)时 $f_{\text{q-AFM}} = 0.52$ THz，而当 $x = 1$

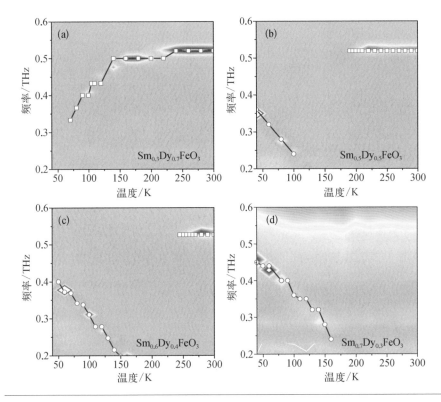

图 4 - 30
b - 切向
Sm$_x$Dy$_{1-x}$FeO$_3$
晶体的 q -
AFM 模式 (方
块) 和 q - FM
模式 (圆形) 的
共振频率与温
度的依赖关系

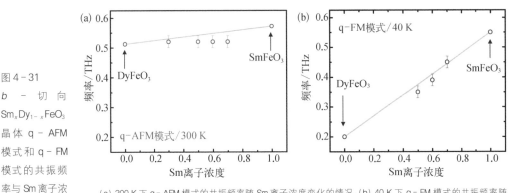

图 4 - 31
b - 切向
Sm$_x$Dy$_{1-x}$FeO$_3$
晶体 q - AFM
模式和 q - FM
模式的共振频
率与 Sm 离子浓
度的依赖关系

(a) 300 K 下 q - AFM 模式的共振频率随 Sm 离子浓度变化的情况;(b) 40 K 下 q - FM 模式的共振频率随 Sm 离子浓度变化的情况

(SmFeO$_3$)时,$f_{q\text{-}AFM}=0.57$ THz。 对于 40 K 下的 q - FM 模式[图 4 - 31(b)],其共振频率与 Sm 离子浓度存在线性关系,q - FM 模式共振频率从 $x=0$(DyFeO$_3$)时的 $f_{q\text{-}FM}=0.2$ THz 线性地增加到 $x=1$(SmFeO$_3$)时的 $f_{q\text{-}FM}=0.55$ THz。 根据图 4 - 31(b),q - FM 模式的共振频率与 Sm 离子浓度(x)的关系可以表述为

$$hf_{\text{q-FM}}^{\text{Sm}_x\text{Dy}_{1-x}\text{FeO}_3} = xhf_{\text{q-FM}}^{\text{SmFeO}_3} + (1-x)hf_{\text{q-FM}}^{\text{DyFeO}_3} \qquad (4-26)$$

利用 THz 时域光谱,通过测定其 q-AFM 模式和 q-FM 模式的共振频率,便可以依据式(4-26)估算样品 Sm 离子与 Dy 离子的比例。

下面讨论 SDFO 晶体中 q-AFM 模式和 q-FM 模式的 FID 信号相干寿命(τ)与稀土离子掺杂浓度和温度的关系。图 4-27 中 FID 时域振荡信号可以用式(4-27)唯象地描述:

$$E_{\text{THz}} \propto A \sin(2\pi ft + \varphi_0)\mathrm{e}^{-t/\tau} \qquad (4-27)$$

式中,A 为振幅;f 为 q-AFM 模式或 q-FM 模式的共振频率;φ_0 为 q-AFM 或 q-FM 自旋波的初始相位;τ 为自旋波的寿命。图 4-32 总结了三种稀土离子掺杂浓度的 SDFO 的 q-FM 模式和 q-AFM 模式的 FID 寿命与温度的依赖关系。图 4-32(a)给出了 40~80 K,三种稀土离子掺杂浓度的 SDFO 的 q-FM 模式的 FID 寿命,由图可知 q-FM 模式的 FID 寿命与稀土离子掺杂浓度及温度均没有明显的依赖关系。而 q-AFM 模式的 FID 寿命却与稀土离子掺杂浓度和温度均有强烈的依赖关系。图 4-32(b)给出了三种稀土离子掺杂浓度的 SDFO 的 q-AFM 模式的 FID 寿命与温度的信赖关系。对于富 Sm 样品($x = 0.5、0.6$),FID 寿命与温度的关系 $\tau(T)$ 可以用指数拟合:$\tau(T) = A_0 + A_1 \exp(-T/T_c)$。 对于 $\text{Sm}_{0.5}\text{Dy}_{0.5}\text{FeO}_3$ 和 $\text{Sm}_{0.6}\text{Dy}_{0.4}\text{FeO}_3$ 晶体,拟合参数 T_c 分别为 11.6 K 和 7.1 K,这表明 $\text{Sm}_{0.6}\text{Dy}_{0.4}\text{FeO}_3$ 的 FID 寿命比 $\text{Sm}_{0.5}\text{Dy}_{0.5}\text{FeO}_3$ 的稍微长一些。对于富 Dy 晶体,

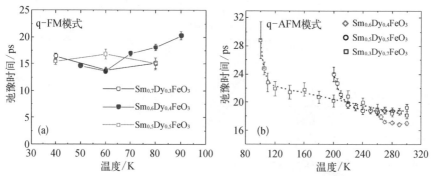

(a) $\text{Sm}_{0.5}\text{Dy}_{0.5}\text{FeO}_3$、$\text{Sm}_{0.6}\text{Dy}_{0.4}\text{FeO}_3$ 和 $\text{Sm}_{0.7}\text{Dy}_{0.3}\text{FeO}_3$ 晶体中 q-FM 模式的 FID 寿命与温度的依赖关系;
(b) $\text{Sm}_{0.5}\text{Dy}_{0.5}\text{FeO}_3$、$\text{Sm}_{0.6}\text{Dy}_{0.4}\text{FeO}_3$ 和 $\text{Sm}_{0.3}\text{Dy}_{0.7}\text{FeO}_3$ 晶体中 q-AFM 模式的 FID 寿命与温度的依赖关系,图中虚线为指数拟合结果

图 4-32
三种稀土离子掺杂浓度的 SDFO 的 q-FM 模式和 q-AFM 模式的 FID 寿命与温度的关系

如 $Sm_{0.3}Dy_{0.7}FeO_3$，在 $150\sim300$ K，q-AFM 模式的 FID 寿命随着温度降低而逐渐增加，当温度低于 150 K 时，FID 寿命随着温度降低快速增加。利用双指数拟合低温下 q-AFM 模式的 FID 信号：$\tau(T) = A_0 + A_1 \exp(-T/T_{c1}) + A_2 \exp(-T/T_{c2})$，得到 $T_{c1} = 4.5$ K 和 $T_{c2} = 960$ K。由此可知，自旋波寿命随着温度升高而缩短，这是由自旋波与晶格交换能量导致的。低温下，富 Dy 晶体中具有较长的自旋波寿命主要是由于 Dy、Fe 离子间的相互作用。因此，R、Fe 离子间的相互作用调节磁振子-声子散射对自旋波的动力学弛豫起主导作用。

最后，为了更加全面直观地研究稀土铁氧体系，根据已经发表的实验数据，对已报道的 $RFeO_3$ 样品中磁性模式的共振频率以及发生自旋重取向的温度区间进行总结，如图 4-33 所示。

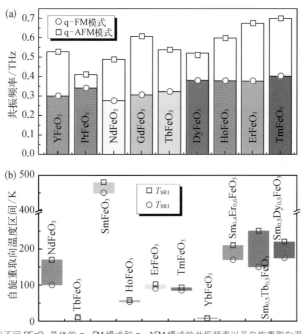

图 4-33
常见稀土铁氧
化物单晶的磁
共振频率和自
旋重取向温度
区间

(a)(b)不同 $RFeO_3$ 晶体的 q-FM 模式和 q-AFM 模式的共振频率以及自旋重取向温度区间

20 世纪 60 年代，R. L. White 等全面地研究了 $RFeO_3$ 样品的磁性及光谱特性，并详细报道了不同 $RFeO_3$ 样品中自旋组态随温度的变化情况，其中包括相变温度、磁补偿点温度和稀土有序温度等。在此基础上我们利用 THz 光谱进一步研究了 $RFeO_3$ 样品的磁动力学过程，并总结了不同样品中 q-FM 模式及

q-AFM模式的共振频率,如图 4-33(a)所示。对于纯的 $RFeO_3$ 样品,$NdFeO_3$ 的自旋重取向温度区间为 100～170 K,$TbFeO_3$ 为 6.7～10.8 K,$SmFeO_3$ 为 450～480 K,$HoFeO_3$ 为 53～58 K,$ErFeO_3$ 为 90～102 K,$TmFeO_3$ 为 85～93 K,$YbFeO_3$ 为 6.5～8 K。除了这些纯的样品外,图 4-33(b)还总结了一些掺杂样品的自旋重取向温度区间,比如 $Sm_{0.4}Er_{0.6}FeO_3$ 的自旋重取向温度区间为 170～210 K,$Sm_{0.5}Tb_{0.5}FeO_3$ 为 150～250 K,$Sm_{0.5}Dy_{0.5}FeO_3$ 为 175～220 K。通过掺杂可以动态调控自旋重取向温度区间,这也为进一步在室温附近调控这种自旋态的变化提供了一种新的思路。

4.3 自旋波的 THz 相干控制

固体材料中量子相干态的控制是实现未来信息技术的关键。为了实现自旋电子学和量子计算等新一代技术,需要固体材料中的元激发具有足够长的相干时间,从而外场可以实现对其进行相干调控和计算等操作。长期以来,在核磁共振领域,兆赫兹和吉赫兹的交流脉冲磁场被用来实现自旋波的相干控制。然而,固体中磁化子的退相时间较短,因此,高强度的超短磁脉冲是实现固体中磁激发相干控制的关键。

4.3.1 双 THz 辐射脉冲对自旋波的相干控制

首先介绍通过光脉冲串实现自旋进动的超快"非热相干控制"。利用超短光学脉冲实现自旋极化的激发与相干控制包括半导体及其低维结构中的光学取向、d-d 跃迁光脉冲激发、光学斯塔克效应、光学热效应,以及基于受激拉曼散射的光脉冲角动量与介质间转移的逆法拉第效应。图 4-34 是基于逆法拉第效应,在 $DyFeO_3$ 晶体中实现 THz 自旋波的激发和相干控制的代表性工作。如图 4-34(a)所示,零延迟时间时,一个右旋圆偏振抽运光(σ^+)触发磁化进动。当再用一个同步的左旋圆偏振抽运光(σ^-)在进动周期的整数倍时激发 $DyFeO_3$,会使磁化矢量进一步远离平衡位置,从而导致随后的进动振幅大约是单脉冲激发时的两倍,如图 4-34(b)所示。若第二个抽运光脉冲是在奇数个半进动周期时到达样品的,则磁化矢量将重新回到最初的平衡位置,抑制了磁化进动,如图4-34(c)所示。类似地,对于(110)切向 NiO 晶体,圆偏振激光脉冲可以激发频率为 1.0 THz 的自旋波模式,通过控制双飞秒脉冲偏振和延迟时间可以相干相消[图4-34(d)]地和相长[图4-34(e)]地控制该频率模式。实验结果表明飞秒脉冲可以用来直接相干地控制自旋进动。当第二个脉冲到来时,根据进动的相位,能量可以从光脉冲转移到磁激发系统(进动振幅增强)或者从磁激发系统转移到光脉冲(进动振幅消失)。考虑到正铁氧体和石榴石中的本征阻尼较低,因此存在长寿命的磁振子。超短激光脉冲可以瞬时地将长周期的相干进动完全关断。这一能量回到光脉冲的过程也可以认为是磁振子的相干激光冷却过程。

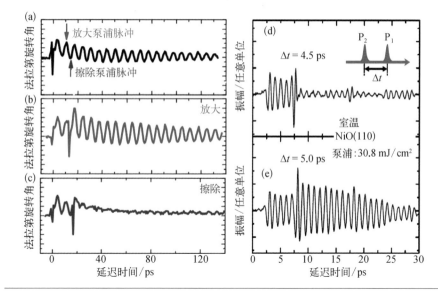

图4-34
两种圆偏振激光脉冲在DyFeO₃(左)和NiO(右)中实现自旋波的相干控制

强 THz 辐射脉冲中蕴藏的瞬态高强度磁场,是实现高频自旋波激发和控制的另一个潜在工具。反铁磁材料体系提供了实现 THz 自旋极化波的"非热"激发和相干控制的可能。基于延迟可调节的双 THz 辐射脉冲,T. Kampfrath 等利用 THz 辐射脉冲磁场激发 NiO 单晶中的自旋波,并利用一束同步的飞秒激光脉冲探测自旋波进动,成功实现了 NiO 中 AFM 模式的激发和相干控制。同一年,K. Yamaguchi 等利用 THz 辐射脉冲对,研究了 c-切向和 b-切向的 YFeO₃ 晶体中 q-FM 模式和 q-AFM 模式的相干控制。通过调节 THz 辐射脉冲对的延迟时间,可以选择性地使某个自旋模式增强或消失。值得一提的是,作者发现基于 THz 磁场脉冲实现自旋的相干控制不是源于自旋波的相干叠加,而是 THz 辐射脉冲磁场直接与自旋波之间的能量交换。

下面以 b-切向 DyFeO$_3$ 晶体为例,详细阐述基于双飞秒激光脉冲产生时间间隔可调谐的 THz 辐射脉冲对,实现了对 DyFeO$_3$ 单晶中自旋极化波的激发和相干控制。具体地,时间延迟可以精确调谐的双飞秒脉冲激发(110)取向 ZnTe 晶体,产生两个等峰值的 THz 辐射脉冲序列,通过延迟相邻光脉冲的时间间隔,实现 THz 的相干整形[图 4-35(a)]。当第二个 THz 辐射脉冲(TP2)与第一个 THz 辐射脉冲(TP1)相位相同时,则相干相长地激发 q-FM 模式或 q-AFM 模式;当第二个 THz 辐射脉冲与第一个 THz 辐射脉冲产生的磁振子相位相反时,第二个 THz 辐射脉冲的作用会相干地抵消第一个 THz 辐射脉冲产生的效应,从而实现对自旋波的相干相消。当双脉冲时间间隔为 q-FM(q-AFM)模式振荡半周期的偶数倍时(即 $\omega\Delta t/\pi = 2n$),实现自旋波的相干相长控制;当双脉冲时间间隔为 q-FM(q-AFM)模式振荡半周期的奇数倍时(即 $\omega\Delta t/\pi = 2n+1$),实现自旋波的相干相消控制。全 THz 相干操控技术可以在反铁磁晶体中有选择地激发或湮灭任意模式的自旋波,从而实现超快非热磁开关。室温下,DyFeO$_3$ 晶体的 q-FM 模式的频率为 0.38 THz,其对应的自旋极化波的周期 $T_{q\text{-}FM} = 2.6$ ps,q-AFM 模式的频率为 0.52 THz,相应的自旋极化波的振荡周期

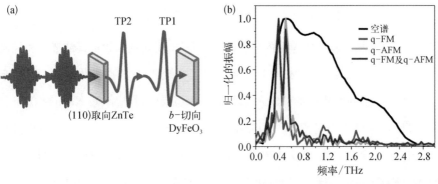

(a) 双飞秒激光脉冲作用于(110)取向 ZnTe 晶体产生双 THz 辐射脉冲,以及双 THz 辐射脉冲实现对 DyFeO$_3$ 晶体中 q-FM 模式和 q-AFM 模式的相干控制示意图;(b) b-切向 DyFeO$_3$ 晶体的 THz 透射光谱

图 4-35 典型的自旋波模式的 THz 相干控制

$T_{\text{q-AFM}} = 1.92$ ps。图 4-35(b)是 b-切向 DyFeO$_3$ 晶体的 THz 透射光谱,当入射的 THz 磁场 $\boldsymbol{H}_{\text{THz}}$ 平行于晶体的 a 轴,而垂直于晶体的 c 轴时,可以选择性地激发 q-FM 模式;当入射的 THz 的磁场 $\boldsymbol{H}_{\text{THz}}$ 平行于晶体的 c 轴而垂直于晶体的 a 轴时,可选择性地激发 q-AFM 模式;当入射的 THz 磁场 $\boldsymbol{H}_{\text{THz}}$ 与晶体的 a 轴和 c 轴成 45°时,可以同时激发 q-FM 模式和 q-AFM 模式。图 4-36 是利用双 THz 辐射脉冲对 q-FM 模式的相干控制的示意图以及对 q-FM 模式和 q-AFM 模式相干控制的实验结果。图 4-36(b)表示单个 THz 辐射脉冲 TP1 激发 q-FM 模式,当另一个同步 THz 辐射脉冲 TP2 与激发脉冲 TP1 同相位时,则 q-FM 模式强度加倍[图 4-36(a)];当 TP2 与 TP1 相位相反时,TP2 会抵消 TP1 对 q-FM 模式的激发[图 4-36(c)]。具体地,图 4-36(d)是利用双 THz 辐射脉冲对 q-FM 模式的相干控制的实验结果。当双 THz 辐射脉冲的延迟时间 $\Delta t = 2.0 T_{\text{q-FM}}$ 时,辐射的频率在 0.38 THz 的 FID 信号振幅加倍,实现了 q-FM 模式自旋波的相干相长。而当双 THz 辐射脉冲的延迟时间 $\Delta t = 1.5 T_{\text{q-FM}}$ 时,辐

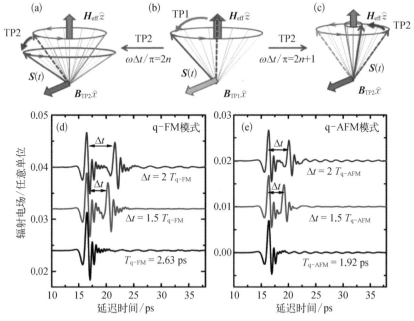

图 4-36
DyFeO$_3$ 晶体中
q-FM 模式和
q-AFM 模式
自旋波的激发
与相干控制

(a) 自旋波模式单 THz 辐射脉冲 TP1 的激发;(b) 双脉冲(TP1 与 TP2 脉冲同相位)相干相长;(c) 双脉冲(TP1 与 TP2 脉冲反相位)相干相消;(d) 利用一定延迟时间的双 THz 辐射脉冲实现对 q-FM 模式的相干相消($\Delta t = 1.5 T_{\text{q-FM}}$)和相干相长($\Delta t = 2.0 T_{\text{q-FM}}$)的控制;(e) 利用双 THz 辐射脉冲实现对 q-AFM 模式的相干相消($\Delta t = 1.5 T_{\text{q-AFM}}$)和相干相长($\Delta t = 2.0 T_{\text{q-AFM}}$)的控制

射的频率在 0.38 THz 的 FID 信号完全消失，实现了 q - FM 模式自旋波的相干相消。图 4 - 36(e)是利用双 THz 辐射脉冲对 q - AFM 模式的相干控制的实验结果，当双 THz 辐射脉冲的延迟时间 $\Delta t = 1.5 T_{q\text{-}AFM}$ 时，辐射的频率在 0.52 THz 的电磁波完全消失，实现了 q - AFM 模式自旋波的相干相消，而当双 THz 辐射脉冲的延迟时间 $\Delta t = 2.0 T_{q\text{-}AFM}$ 时，辐射的频率在 0.52 THz 的电磁波振幅加倍，实现了 q - AFM 模式自旋波的相干相长。

4.3.2 单 THz 辐射脉冲对自旋波的相干控制：晶体各向异性

在远红外波段如 THz 波段，材料一般具有较大的折射率，对于单轴晶体来说，其寻常光(o 光)和非寻常光(e 光)的折射率差别也较大。图 4 - 37 是铌酸锂晶体在近红外波段和 THz 波段的折射率椭圆。其中浅灰色小椭圆为近红外波段(800 nm)LiN_6O_3 晶体的折射率，而黑色大椭圆为 THz 波段(0.6 THz)LiN_6O_3 晶体的折射率。对于近红外波段，其折射率约为 2.0，o 光与 e 光的折射率差约为 0.08；对于 THz 波段，其折射率大约为 6.0，o 光与 e 光的折射率差高达 1.6。

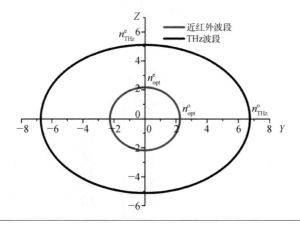

图 4 - 37
铌酸锂晶体在近红外波段和 THz 波段的折射率椭圆

$LiNbO_3$ 等晶体在 THz 波段大的 o 光与 e 光折射率差可以用来产生波形可控的双 THz 辐射脉冲。图 4 - 38 为厚度为 0.3 mm 的 $LiNbO_3$ 晶体 THz 时域光谱，通过改变入射到晶体表面的 THz 辐射脉冲电场与晶体光轴的角度，可以获得波形可控的 THz 波前脉冲。图 4 - 38(a)为 THz 辐射脉冲电场与晶体光轴夹角为 90°、45°和 0°时的透过 THz 波前结构；图 4 - 38(b)为 THz 辐射脉冲电场与晶体光轴夹角为 60°、45°和 30°时的透过 THz 波前结构;图 4-38(c)中的 θ 为 THz 电场 E_{THz} 与晶体光轴 c 的夹角。这样利用晶体的双折射现象,可以实现即使单个 THz 辐射脉冲入射,通过调节入射 THz 辐射脉冲电场与晶体光轴的夹角,同样可实现自旋波的相干控制。

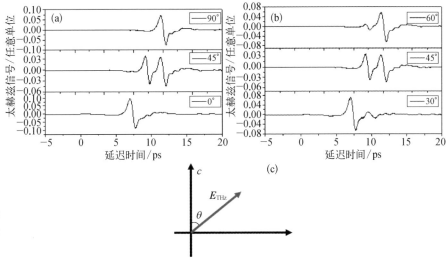

图 4-38
厚度为 0.3 mm
的 LiNbO$_3$ 晶体
THz 时域光谱

基于晶体的双折射现象,利用单个 THz 辐射脉冲实现自旋波的相干控制。Z. M. Jin 等利用 YFeO$_3$ 晶体 THz 波段的双折射效应,提出用单 THz 辐射脉冲实现反铁磁结构中自旋极化波的相干控制。下面以 c-切向 YFeO$_3$ 晶体为例,介绍基于晶体双折射性质实现自旋波的相干控制。室温下,THz 磁场分量只能激发 c-切向 YFeO$_3$ 晶体的 q-FM 模式,其共振频率 $f_{q\text{-FM}}=0.299$ THz。入射 THz 辐射脉冲电场分别沿着晶体 a 轴和 b 轴入射时,图 4-39(a)(b)给出了 c-切向 YFeO$_3$ 晶体沿 a 轴和 b 轴的折射率和吸收系数。由图可知,除了在共振频率约 0.3 THz 附近折射率有突变外,其他频率处其折射率的色散比较平坦。由于晶体 ab 平面内的各向异性,晶体 a 轴和 b 轴的折射率之差高达 0.2。通过改变入射 THz 偏振与晶体 b 轴的角度 θ[图 4-39(c)],可以得到在 a 轴和 b 轴方向任意强度的电场强度(E_{THz}^a 和 E_{THz}^b)。这两个偏振垂直的脉冲在晶体中传播伴随相应的相位延迟,从而实现对自旋极化的单 THz 辐射脉冲相干控制。

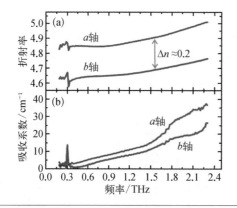

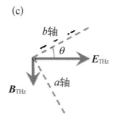

图 4 – 39
利用 THz 时域光谱测量的室温下 c – 切向 YFeO$_3$ 晶体沿 a 轴和 b 轴的折射率（a）和吸收系数（b）；（c）THz 电场与 c – 切向面内取向示意图，θ 为 E_{THz} 与晶体 b 轴的夹角

设晶体的厚度为 d，则出射的 THz 电场为

$$\boldsymbol{E}_{THz}^{out} = \boldsymbol{E}_{THz}^a + \boldsymbol{E}_{THz}^b \tag{4-28}$$

$$\boldsymbol{E}_{THz}^a = \boldsymbol{E}_{THz}^{in} \sin\theta \exp\left(-\frac{\alpha_a d}{2} + i\frac{\omega n_a d}{c}\right) \tag{4-29}$$

$$\boldsymbol{E}_{THz}^b = \boldsymbol{E}_{THz}^{in} \cos\theta \exp\left(-\frac{\alpha_b d}{2} + i\frac{\omega n_b d}{c}\right) \tag{4-30}$$

式中，n_a、n_b、α_a 和 α_b 分别表示沿着晶体 a 轴、b 轴的折射率和吸收系数；c 为真空中的光速。沿晶体 a 轴、b 轴的 THz 电场（$\boldsymbol{E}_{THz}^{a;b} = \boldsymbol{H}_{THz}^{a;b}/c$），分别激发晶体的 q – FM 模式。由于沿 YFeO$_3$ 的 a 轴、b 轴的折射率不同而引起的相位差，导致两个相互垂直的磁场激发的自旋波模式可以相干相长或相干相消，从而实现对自旋波的相干控制。根据 Jones 矩阵公式，透过的 THz 电场在 THz 探测器处（[110] 取向的 ZnTe 晶体）的水平（$\boldsymbol{E}_{THz}^H$）分量和垂直（$\boldsymbol{E}_{THz}^V$）分别为

$$\boldsymbol{E}_{THz}^H = \boldsymbol{E}_{THz}^b \cos\theta + \boldsymbol{E}_{THz}^a \sin\theta \tag{4-31}$$

$$\boldsymbol{E}_{THz}^V = \boldsymbol{E}_{THz}^b \sin\theta - \boldsymbol{E}_{THz}^a \cos\theta \tag{4-32}$$

则 THz 自由空间电光取样器处获得的水平电场为

$$|\boldsymbol{E}_{THz}^H| = |\boldsymbol{E}_{THz}^{in}| \exp\left(-\frac{\alpha d}{2}\right)\left[\cos^2\theta\, e^{i\Delta\Gamma} e^{-\Delta\alpha d} + \sin^2\theta\right] \tag{4-33}$$

式中，$\Delta\alpha = \alpha_a - \alpha_b$、$\Delta\Gamma = \Gamma_a - \Gamma_b = \dfrac{\omega d}{c}\Delta n$ 分别为相互垂直的两个方向的吸收系

数和相位差。式(4-33)是相干控制函数,通过改变入射角度 θ 可以实现对自旋波的相干控制。图 4-40 给出了单 THz 辐射脉冲入射至 c-切向厚度为 1.33 mm 的 $YFeO_3$ 晶体上,通过调节 E_{THz} 与晶体 b 轴的夹角 θ,可以实现 q-FM 自旋波的相干相长和相干相消控制。

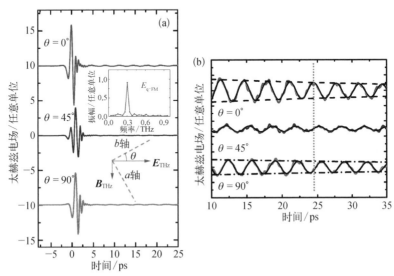

图 4-40
基于单个 THz 辐射脉冲实现对自旋波模式的相干控制

(a) 当 θ 为 0°、45°、90° 时,透过样品后 THz 波的电场强度,当 $\theta = 0°$ 时,振荡部分傅里叶变换谱的振幅 ($E_{q\text{-FM}}$)如插图所示;(b) 振荡部分的放大,其时域区间为 10~35 ps 的 THz 电场,实线是单指数衰减拟合,竖直的虚线旨在突显三个角度上 THz 自旋波的相位存在差异

4.4 晶体场中稀土离子的能级劈裂及选择跃迁

在稀土铁氧化物晶体中,稀土离子含有 $4f$ 电子,孤立的 f 电子能级结构是高度简并的,但在 $RFeO_3$ 的晶体场中,由于晶体场内部的不对称导致 $4f$ 电子能级退简并。一般来说,这些能级的间距较小,只有在低温下才可能观测到这些劈裂能级间的跃迁。另外,这些能级跃迁与晶体场存在密切关系,通过对 f 电子跃迁能级和选择性等进行研究,可以获得内部晶体场的特性和对称性等,为进一步探索利用晶体场与磁共振模式的耦合特性,进而实现对磁共振模式的多场调控提供了独特的方案和实现方法。

对于一些稀土离子,如 Tm^{3+}、Tb^{3+}、Ho^{3+} 等为非 Kramers 稀土离子,$4f$ 电

子为偶数,而且其总角动量为整数。R^{3+} 在晶体场中劈裂为一系列单重态,具有 A_1 或 A_2 对称性。稀土离子在晶体场中的光学跃迁主要由铁离子的交换场和晶体场所决定。一方面,各向同性的交换场基本与温度无关。另一方面,温度驱动的 Fe 基离子自旋重取向主要由温度依赖的磁各向异性所决定。微观地说,温度诱导的自旋重取向可以认为是由温度诱导稀土离子 $4f$ 电子的排斥作用而导致的 R-Fe 相互作用的重整化所致。因此,可以认为温度诱导的自旋重取向将会影响晶体场中稀土离子的光学跃迁。对于 $TmFeO_3$ 晶体场的 Tm 离子,其基态为 $^6H_3$,晶体场和交换场导致其基态在低温下的光学跃迁出现在 THz 波段,因此,可以利用 THz 时域光谱研究 Tm^{3+} 等稀土离子的光学跃迁和跃迁选择定则。

图 4-41(a)(b)分别是室温(300 K)和低温(45 K)下经过 a-切向 $TmFeO_3$

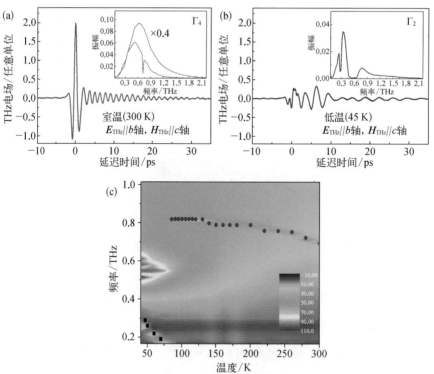

(a)(b) 室温(300 K)和低温(45 K)下经过 a-切向 $TmFeO_3$ 晶体的 THz 波电场分量图(E_{THz} // b 轴, H_{THz} // c 轴),插图是时域信号傅里叶频谱;(c)吸收系数随温度和频率变化的谱图

图 4-41
$TmFeO_3$ 晶体在室温和低温下的 THz 光谱

晶体的 THz 波电场分量图及其时域信号傅里叶频谱,其激发构置为 $E_{THz}\ /\!/\ b$ 轴、$H_{THz}\ /\!/\ c$ 轴。室温下样品处于 Γ_4 相,只观测到 0.7 THz 处的 q-AFM 模式共振吸收。随着温度的降低,45 K 时,样品处于 Γ_2 相,此时 THz 磁场垂直于宏观磁化方向,激发 0.28 THz 的 q-FM 模式。除了 q-FM 模式外,在图 4-41(b) 的插图中可以看到一个位于 0.45~0.65 THz 的宽带吸收,其来源于 Tm^{3+} 在晶体场中劈裂后的能级跃迁。图 4-41(c) 展示了温度依赖的样品的吸收系数的变化情况,从图中除了可以清晰看到温度依赖的 q-FM 模式和 q-AFM 模式磁共振吸收外,还可以看到位于 0.45~0.65 THz 处的宽带吸收。

如果将样品沿 a 轴旋转 90°,激发构置为 $E_{THz}\ /\!/\ c$ 轴、$H_{THz}\ /\!/\ b$ 轴,Tm^{3+} 吸收显示出与图 4-41 明显不同的特点。图 4-42(a) 给出了不同温度下 a-TmFeO$_3$ 晶体的 THz 波频谱信号。除了室温下激发样品的 q-FM 模式外,大约在 100 K 以下、0.5 THz 以上的高频区域逐渐出现明显的高频截止的吸收现象,随着温度的降低高频截止的吸收越来越明显。图 4-42(b) 为吸收系数随温度和频率变化的谱图。

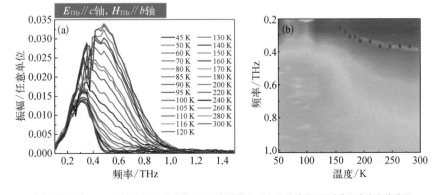

图 4-42
$E_{THz}\ /\!/\ c$ 轴、$H_{THz}\ /\!/\ b$ 轴激发构置下 a-切向 TmFeO$_3$ 晶体的 THz 波频谱信号

(a) 不同温度下 a-切向 TmFeO$_3$ 晶体的 THz 波频谱信号;(b) 吸收系数随温度和频率变化的谱图

从 a-切向样品的 THz 波透射光谱可以看到,对于不同的激发模式,在低温下对应完全不同的吸收现象。一个方向在低温下出现了特定频带的吸收,而另一个方向出现了高频截止的吸收现象,这也说明了这种宽带吸收具有明显的各向异性选择吸收特性。类似的宽带吸收也出现在 b-切向样品两个方向的 THz

波透射光谱中,如图 4-43 所示。对于 E_{THz} // a 轴、H_{THz} // c 轴激发构置,室温下激发 q-AFM 模式,低温下激发 q-FM 模式,这和 a-切向时 E_{THz} // b 轴、H_{THz} // c 轴激发构置下激发的模式相同,对应的宽带吸收现象也非常类似,都是在低温下出现了特定频带吸收。对于 E_{THz} // c 轴、H_{THz} // a 轴激发构置,与 a-切向时 E_{THz} // c 轴、H_{THz} // b 轴激发构置出现的实验现象类似,都是在低温下出现了高频截止的吸收现象,所不同的是 a-切向下低温激发的是 q-FM 模式而 b-切向下低温激发的是 q-AFM 模式,由于 q-AFM 模式低温下的吸收频率在 0.8 THz 左右,刚好落在稀土离子的吸收频带范围内,因此从实验结果上没有看到明显的 q-AFM 模式吸收的现象。

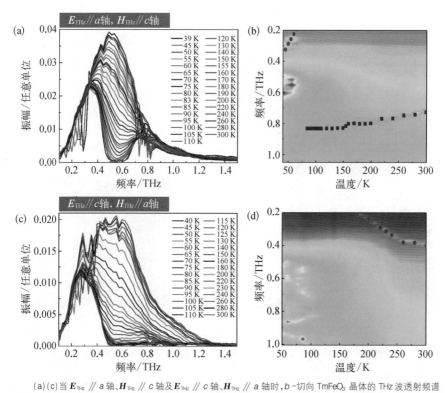

(a)(c)当 E_{THz} // a 轴、H_{THz} // c 轴及 E_{THz} // c 轴、H_{THz} // a 轴时,b-切向 TmFeO₃ 晶体的 THz 波透射频谱与温度的依赖关系;(b)(d) 这两种激发模式下吸收系数随温度和频率变化的谱图

图 4-43
不同激发构置下 b-切向 TmFeO₃ 晶体的 THz 波频谱信号

如图 4-44 所示,对于 c-切向样品,对于 E_{THz} // a 轴、H_{THz} // b 轴激发构置,室温和低温下均激发 q-FM 模式。由于 q-FM 模式在自旋重取向温度区间附近有明显的软化现象,因此在低温下没有观察到明显的 q-FM 模式吸收现

象。对于 E_{THz} // b 轴、H_{THz} // a 轴激发构置,室温下激发 q-FM 模式,低温下激发 q-AFM 模式。和 a-切向、b-切向样品中出现的现象类似,除了磁共振模式吸收外,低温下两种激发模式均在 1.1 THz 附近出现了宽带吸收现象(图 4-44)。由于实验测试使用的 THz 时域光谱在高频区域的分量相对较少,同时 RFeO$_3$ 样品对高频的 THz 波吸收较强,因此从目前的实验测试结果当中没有非常清楚地看到宽带吸收现象。

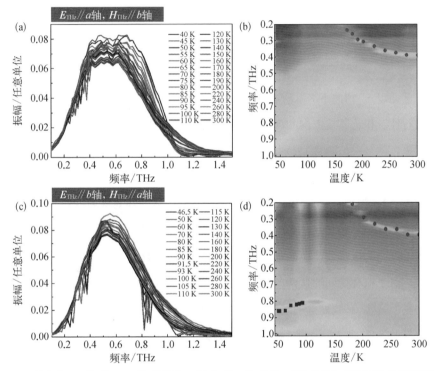

图 4-44
不同激发构置下 c-切向 TmFeO$_3$ 晶体的 THz 波频谱信号

(a)(c) 当 E_{THz} // a 轴、H_{THz} // b 轴 及 E_{THz} // b 轴、H_{THz} // a 轴时 c-切向 TmFeO$_3$ 晶体的 THz 波透射频谱与温度的依赖关系;(b)(d) 这两种激发模式下吸收系数随温度和频率变化的谱图

图 4-45 给出了更低的温度范围(10～100 K)和更宽的 THz 频谱(0.2～2.0 THz)条件下 c-切向 TmFeO$_3$ 晶体的 THz 波频谱信号。同样,除了观察到 q-AFM 模式的共振吸收外,可以清楚看到在 1.1～1.3 THz 附近,出现了明显的宽带吸收现象,这与其他两个切向样品可知的实验结果类似。

从所有切向样品的实验数据分析可知,对于 TmFeO$_3$ 样品来说,这种宽带吸收具有明显的方向选择吸收特性,也就是具有各向异性的吸收特性。

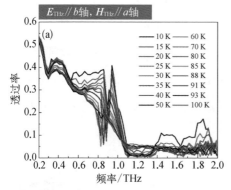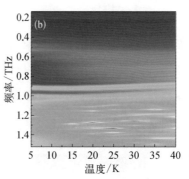

图 4-45
低温下 c-切向 TmFeO₃ 晶体的 THz 波频谱信号

(a) 不同温度下透过 c-切向 TmFeO₃ 晶体的 THz 波频谱信号($E_{\text{THz}} /\!/ b$ 轴,$H_{\text{THz}} /\!/ a$ 轴);(b) 吸收系数随温度和频率变化的谱图

下面以 a-切向下 $E_{\text{THz}} /\!/ b$ 轴、$H_{\text{THz}} /\!/ c$ 轴激发构置为例,研究 Tm^{3+} 吸收光谱的特性。相比其他方向的 THz 光谱来说,这个激发构置下宽带吸收模式(R_1)最明显。图 4-46(a)(b)分别展示了不同温度下 a-切向样品的吸收系数及折射率随温度变化的情况。图 4-46(a)中红色曲线是通过实验结果计算出来的样品的吸收系数,扣除 q-FM 模式的影响,利用双洛伦兹曲线对吸收曲线进行拟合,得到图 4-46(a)中黑色的拟合曲线。将两条拟合的洛伦兹曲线分别画出,得到了图中绿色的虚线和蓝色的虚线,从图中可以看到拟合结果很好地符合了实验结果。对于拟合得到的这两条洛伦兹曲线来说,低频处的曲线对应的是前面讨论的宽带吸收,高频处的曲线对应的是 RFeO₃ 样品中本征的声子吸收模式。采用相同的标准,得到了不同温度下宽带吸收的振幅及带宽(半高全宽),如图 4-46(c)(d)所示。随着温度的降低,振幅逐渐增加,这可以用二能级系统来简单理解,根据玻耳兹曼分布,$n(T) = \dfrac{n_1}{n_0} \propto e^{-\Delta E/k_{\text{B}}T}$,$\Delta E = E_2 - E_1$,$n_1$ 和 n_0 分别为高能态 E_2 及低能态 E_1 上的粒子数,k_{B} 为玻耳兹曼常数。温度降低时,低能态上的粒子数增加,因此当 THz 波经过样品时,低能态上就有更多的粒子可能被激发到高能态上,相应的振幅也随之增加。在图 4-46(d)中可以看到,温度从 110 K 降低到 70 K 的过程中,带宽从 0.34 THz 变至 0.2 THz,这种微小的变化很可能是由于稀土离子和声子的相互作用在低温下减弱导致的。当温度低于 70 K 时,带宽几乎不发生变化。同时实验结果表明,在自旋重取向温度区间内,

振幅和带宽均没有发生明显的变化,因此可以判断宽带吸收不是由于稀土离子和铁离子之间的相互作用导致的,而是由低温(<110 K)下晶体场增强导致的稀土离子基态能级劈裂所引起的稀土离子的电子跃迁造成的。

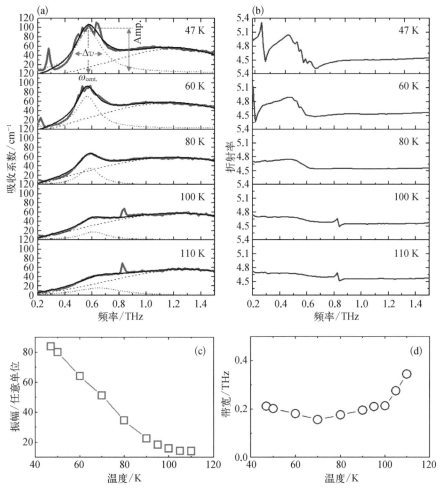

图 4-46
不同温度下 a-切向样品
(E_{THz} // b 轴,H_{THz} // c 轴)的吸收系数、折射率、振幅和带宽

(a)(b) 吸收系数及折射率随温度变化的情况,(a)中还包括了利用双洛伦兹函数拟合得到的曲线;(c)(d) 宽带吸收的振幅及带宽随温度变化的情况

综合亚毫米波段及远红外波段 $TmFeO_3$ 样品的研究成果,以及偏振的 THz 光谱数据,可以得到低温下 Tm^{3+} 基态能级 $^6H_3$ 在晶体场作用下劈裂的能级图,如图 4-47 所示。

$PrFeO_3$ 单晶中,Pr^{3+} 的自旋角动量为整数,是 non-Kramers 离子,其基态

多重简并态为 $^3H_4$。由于 Pr^{3+} 与 Fe^{3+} 之间的相互作用较弱,不存在温度诱导的自旋重取向过程。图 4-48 显示了不同激发构置下 b-切向 $PrFeO_3$ 晶体的 THz 波频谱信号。图 4-48(a)(b)表明在 $\boldsymbol{E}_{THz} /\!/ a$ 轴、$\boldsymbol{H}_{THz} /\!/ c$ 轴激发构置下,THz 波磁分量始终激发样品的 AFM 模式。随着温度的降低,AFM 模式的共振频率"红移"。图 4-48(c)(d)表明在 $\boldsymbol{E}_{THz} /\!/ c$ 轴、$\boldsymbol{H}_{THz} /\!/ a$ 轴

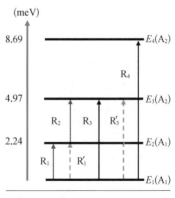

图 4-47
低温(<110 K)下晶体场增强导致的稀土基态能级劈裂,$R_1 \sim R_4$ 表示不同 Tm^{3+} 能级间的跃迁,A_1 和 A_2 表示该能级所具有的对称性

激发构置下,仅 FM 模式可以被激发。从图中可以看到,室温下由于 q-FM 模式太弱而不宜观测到,随着温度的降低,在 80 K 附近,可以清晰辨别出 q-FM 模式。同时也可以看到,当温度低于 100 K 时,在 0.46~0.58 THz 逐渐出现了明显的宽带吸收,其来源于 Pr^{3+} 基态在晶体场中的能级劈裂对 THz 波的吸收。

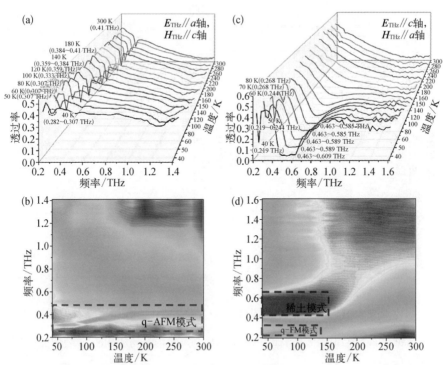

(a)(c) 在 $\boldsymbol{E}_{THz} /\!/ a$ 轴、$\boldsymbol{H}_{THz} /\!/ c$ 轴及 $\boldsymbol{E}_{THz} /\!/ c$ 轴、$\boldsymbol{H}_{THz} /\!/ a$ 轴激发构置下,b-切向 $PrFeO_3$ 晶体的 THz 波频谱信号;(b)(d) 这两种激发模式下吸收系数随温度和频率变化的谱图

图 4-48
不同激发构置下 b-切向 $PrFeO_3$ 晶体的 THz 波频谱信号

对于 b-切向 $\mathrm{Sm_{0.5}Pr_{0.5}FeO_3}$ 晶体来说，在 $\boldsymbol{E}_{\mathrm{THz}} \parallel c$ 轴、$\boldsymbol{H}_{\mathrm{THz}} \parallel a$ 轴激发构置下，其 THz 波频谱信号如图 4-49(a)(b)所示。随着温度的降低，在 220 K 附近，样品开始发生自旋重取向相变，此时 q-AFM 模式逐渐被激发起来。在 70 K 以下，宽带吸收逐渐明显。在 $\mathrm{SmFeO_3}$ 单晶的 THz 光谱研究中，没有发现 $\mathrm{Sm^{3+}}$ 的宽带吸收现象，进一步表明低温下宽带吸收源于 $\mathrm{Pr^{3+}}$ 吸收。图 4-49(c)给出 $\mathrm{Pr^{3+}}$ 基态($^3\mathrm{H}_4$)晶体场中的能级劈裂示意图。由于 THz 光谱仪的光谱范围(0.2~2.0 THz)和分辨率的限制，只分辨出其最低能级间($E_1 \rightarrow E_2$)的光谱跃迁。

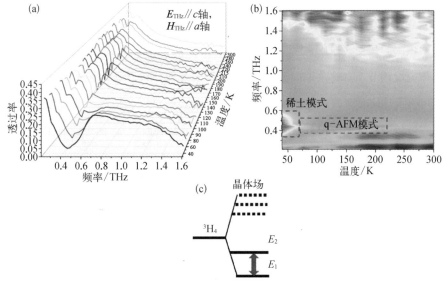

图 4-49
$\boldsymbol{E}_{\mathrm{THz}} \parallel c$ 轴，
$\boldsymbol{H}_{\mathrm{THz}} \parallel a$ 轴激发
构置下 b-切向
$\mathrm{Sm_{0.5}Pr_{0.5}FeO_3}$
晶体的 THz 波
频谱信号

(a) b-切向 $\mathrm{Sm_{0.5}Pr_{0.5}FeO_3}$ 晶体的 THz 波透过率与温度的依赖关系;(b) 吸收系数随温度和频率变化的谱图;(c) $\mathrm{Pr^{3+}}$ 基态($^3\mathrm{H}_4$)晶体场中的能级劈裂示意图

总之，稀土离子的基态是多重简并的，稀土铁氧化物中，稀土离子位置不具有中心对称性，由于晶体场和交换场效应导致其多重基态能级产生劈裂，从而引起对远红外波段的吸收。其能级跃迁选择性既可能是磁偶极跃迁，也有可能是电偶极跃迁。通过 THz 时域光谱结合晶体的取向，可以明确稀土离子基态能级跃迁的选择定则。此外，通过 THz 吸收光谱和跃迁定则推断稀土离子的周围环境，为研究和设计新型 THz 自旋电子学器件提供了理论支撑。

4.5 总结与展望

本章主要论述了一类反铁磁稀土铁氧化物($RFeO_3$)的磁结构,自旋波的 THz 共振激发、弛豫动力学和相干控制,并基于 THz 时域光谱详细地讨论了稀土铁氧化物晶体中自旋重取向相变的动态过程,讨论了通过温度、外加磁场和掺杂等外界手段实现对自旋重取向相变的调控。同时,铁氧化物的晶体场和交换场可诱导稀土离子基态退简并,从而引起 THz 波的宽带吸收。

稀土铁氧化物是一类倾角反铁磁,具有弱铁磁性,其本征磁共振频率在 THz 波段,这为探索高频磁记录介质提供了一类理想的候选材料。但是,由于反铁磁间的强交换作用,要实现磁化反转,需要很大的外加磁场。然而,如果将晶体温度调节至自旋重取向温度区间,则要实现磁化反转所需的外加磁场强度可极大地降低。研究结果表明,通过稀土共掺杂可以调控其自旋重取向温度至需要的温度区间。另外,作为一种理想的高频自旋波介质,稀土铁氧化物基频自旋波寿命可以长达数百皮秒,甚至更长,这为研究光子与自旋波的强耦合量子效应提供了理想介质,也为研究自旋波间的非线性耦合、磁缺陷对自旋波的散射等提供了理想的实验材料。为了研究自旋波的非线性效应,一方面要获得强 THz 辐射脉冲(>10 MV/cm,对应的磁场脉冲大于 3 T);另一方面,可以通过设计一维或二维腔结构,实现特定频率的磁场增强效应,目前国际上已有这方面的相关研究报道。如何利用 THz 等电磁脉冲实现对电子自旋自由度的相干操控,是非线性 THz 自旋电子学的研究前沿之一,同时也是非常具有挑战性的研究课题。

基于电子自旋的
THz传输特性

5.1 等离子体激元介质中电子自旋依赖的 THz 传输

THz 波的有效调控可以通过光学、电子学和热效应等方式实现。这些方式所实现的 THz 波的调制带宽和调制深度及其复杂性、灵活性都不一样。比如，光脉冲可以很大程度上改变半导体材料中的载流子密度，从而在皮秒时间尺度上调制传播的 THz 辐射脉冲，但这一技术需要有一个强的超短激光脉冲。又比如，可以简单地通过施加一个小电流来加热 VO_2 薄膜实现 THz 辐射脉冲的调制，然而材料的响应时间在几十个毫秒时间尺度上。因此，通常需要根据应用的要求来决定使用哪种调制手段。值得注意的是，调制磁场是一种可以改变材料对电磁波传播特性的重要手段，但是其作用通常比较微弱。

本节将介绍几类磁性微纳颗粒在外加磁场作用下对 THz 辐射脉冲的调制作用。

5.1.1 基于磁性纳米颗粒团簇的 THz 波调制

铁磁流体是由磁性纳米颗粒与某种液体基液混合而成的新型功能材料。该材料由于具有良好的磁光特性（如法拉第旋转、圆双色性、双折射效应）以及在太赫兹波段具有良好的透射性能，因而在太赫兹波的调制、太赫兹开关和太赫兹传感等领域有着重要的应用前景。

对于铁磁流体而言，许多物理特性源于团簇的形成。当磁性纳米颗粒沿着波的传播方向排列时，将在这一方向上产生一个净磁矩，从而导致透射光的偏振面发生旋转（法拉第效应），如图 5-1 所示。

2012 年，M. Shalaby 等研究了室温下沿外加磁场方向传输的太赫兹波在铁磁流体（由尺寸为 10 nm 的 Fe_3O_4 颗粒和碳氢化合物液体构成）中的法拉第旋转。在厚度为 10 mm 的铁磁流体中，0.2～0.9 THz 的电磁波在不同强度的外加磁场下表现出不同的法拉第旋转角，如图 5-2(a)所示。其中，在外加磁场为 30 mT 时，法拉第旋转角高达 110 mrad。从图 5-2 可以看出，太赫兹波的旋转

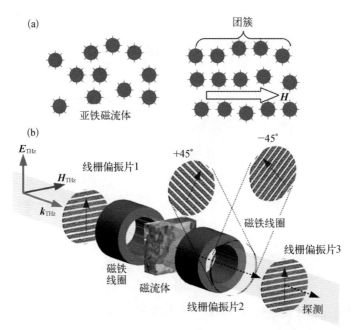

(a)

团簇

E_{THz}

H_{THz}

k_{THz}

线栅偏振片1

+45°

−45°

磁铁线圈

线栅偏振片3

磁铁线圈

磁流体

线栅偏振片2

探测

亚铁磁流体

H

(a) 磁性纳米颗粒在外加磁场作用下形成的链状结构;(b) 铁磁流体中的法拉第旋转实验示意图

图 5 - 1
典型的磁流体的太赫兹偏振光谱实验装置示意图

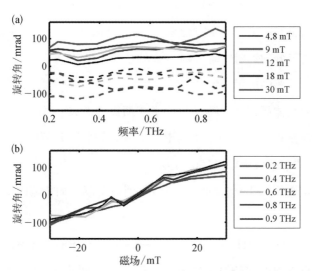

(a)

旋转角 / mrad

4.8 mT
9 mT
12 mT
18 mT
30 mT

频率/THz

(b)

旋转角 / mrad

0.2 THz
0.4 THz
0.6 THz
0.8 THz
0.9 THz

磁场/mT

图 5 - 2
典型的铁磁流体的太赫兹法拉第旋转角实验结果

(a) 0.2~0.9 THz 不同磁场强度下测得的法拉第旋转角,虚线为外加磁场方向相反时对应的法拉第旋转角;(b) 特定的太赫兹频率下法拉第旋转角随外加磁场强度变化的曲线角与外加磁场强度接近线性关系,而旋转角与频率几乎没有依赖关系。由于铁磁流体对该波段电磁波的吸收较低,实验获得了高达 5～16 rad·cm/T 的磁光品质因数。

如图 5-3 所示,M. Shalaby 等还利用磁流体来实现 THz 辐射脉冲有效调制,在很弱的磁场(35 mT)下可以实现 66% 的调制深度。其物理机制是面内的磁场诱导具有方向性的吸收(线性二向色性),以磁场为手段控制 THz 吸收系数,从而实现宽带 THz 辐射脉冲调制,同时实现磁场诱导的面内折射率的调谐。无外加磁场时,磁性纳米颗粒的净磁矩为零,表现为对 THz 波的各项同性吸收[图 5-3(a)];外加磁场方向与 THz 电场方向垂直时,诱导 THz 吸收增强[图 5-3(b)];外加磁场方向与 THz 电场方向平行时,诱导 THz 吸收减弱[图 5-3(c)]。

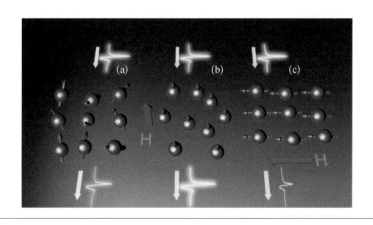

图 5-3
太赫兹的磁场诱导各向异性传播示意图

磁性纳米颗粒的排列和团簇的形成使吸收系数发生变化,即 $\Delta\alpha = \alpha(0) - \alpha(H)$,其中,$\alpha(H)$ 和 $\alpha(0)$ 分别为有、无磁场下样品的吸收系数。实验结果表明,$\Delta\alpha$ 强烈依赖于团簇轴(即外加磁场的方向)和 THz 电场偏振之间的夹角。当 THz 电场的偏振方向平行于团簇的取向时,为异常光;当 THz 电场的偏振方向垂直于团簇的取向时,为寻常光。对于寻常光而言,相比于参考信号(各向同性)的情况,THz 波的透过率有所增加,这表明样品的衰减有所降低。

为了研究磁场诱导的圆二向色性,首先探测寻常光和异常光的 THz 透过率。图 5-4 为不同外加磁场下的 THz 透过波形,图 5-4(a)(c)表明当 THz 的偏振方向平行于外加磁场时,观察到很强的吸收;图 5-4(b)(d)表明当 THz 的偏振方向垂直于外加磁场时,相比于零磁场的情况(磁性纳米颗粒随机取向),THz波的传播表现为透过率增加。磁场所诱导的异常光(∥)和寻常光(⊥)的吸收系数之间的关系可写为 $\Delta\alpha_{\parallel} = -2\Delta\alpha_{\perp}$,这一关系在近红外波段也已被证实,且实验上这一关系基本与光的频率无关。

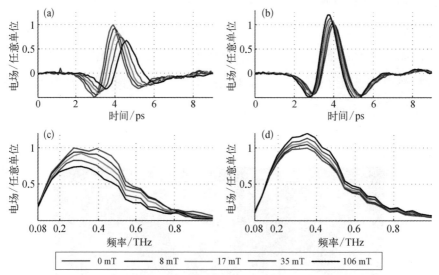

图 5-4
不同外加磁场
下的 THz 透过
波形

为了从实验数据中获得磁场诱导的吸收系数的变化($\Delta\alpha_{\parallel}$ 和 $\Delta\alpha_{\perp}$),将时域数据放在频域上进行考虑:$\boldsymbol{E}_t(\omega) = \boldsymbol{E}_0(\omega)\mathrm{e}^{\Delta\alpha d}$,其中,$d$ 是样品的厚度,$\boldsymbol{E}_t(\omega)$ 和 $\boldsymbol{E}_0(\omega)$ 分别是调制后和调制前的 THz 电场。

$$\ln\frac{\boldsymbol{E}_t(\omega)_i}{\boldsymbol{E}_0(\omega)} = \Delta\alpha_i \times d \ (i = \parallel \ \text{或} \ \perp) \tag{5-1}$$

图 5-5(a)为两个不同外加磁场下,提取出的异常光和寻常光的磁诱导吸收。

为了评估外加磁场对 THz 波的调制效率,可以通过计算频率谱上 THz 波能量的调制深度来描述:

$$I_m(\omega) = \frac{|\boldsymbol{E}_0(\omega)|^2 - |\boldsymbol{E}_t(\omega)|^2}{|\boldsymbol{E}_0(\omega)|^2} \tag{5-2}$$

如图 5-5(b)所示,施加 35 mT 的弱磁场可以使调制深度 I_m 达 66%,且调制深度随 THz 波频率的增加而增加。在强磁场下,THz 的调制深度达到饱和,这类

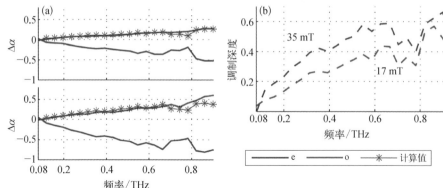

图 5-5
不同外加磁场
下异常光和寻
常光的磁诱导
吸收谱

(a) 上下两图分别是外加磁为 17 mT 和 35 mT 时异常光和寻常光的吸收系数,蓝色实线和红色实线为实验测量的数据,星号线表示的是异常光的测量值通过 $\Delta\alpha_{/\!/} = -2\Delta\alpha_{\perp}$ 计算得到的寻常光的值;(b) 通过式 (5-2)计算得到的两个不同外加磁场下异常光的调制深度

似于在强磁场下,磁化矢量的建立存在非线性趋势,可以用朗之万方程来描述, $M = \coth(KH) - 1/KH$,其中,K 为与温度相关的参数。磁场诱导 THz 波调制与 THz 辐射脉冲的极性无关。此外,磁性纳米颗粒的浓度正比于磁场诱导的吸收系数。铁磁流体在外加磁场的作用下,磁场会使这些磁性纳米颗粒排列形成团簇,产生强二向色性,从而实现 THz 波段的偏振敏感磁光调制。

5.1.2　基于亚波长双金属铁磁/非磁微粒组合结构的 THz 调制

一些具有微纳结构的铁磁性人工材料能够与太赫兹波产生电磁响应,而且其磁导率等电磁特性受外加磁场的调控,因而其在磁控太赫兹功能器件的研究中具有重要应用前景。加拿大阿尔伯塔大学超快光学和纳米光子学实验室的研究人员对外加磁场条件下,太赫兹波在亚波长人工铁磁性微粒中的衰减和时间延迟等特性进行了一系列研究。

2007 年 K. J. Chau 等研究了外加磁场对在稠密的亚波长尺寸的铁磁性 Co 微粒体系中传输的太赫兹辐射脉冲的影响。太赫兹辐射脉冲振幅的衰减和时间延迟强烈地依赖于外加磁场的方向。实验中,外加磁场为 0.18 T,当磁场方向与太赫兹辐射脉冲的电场极化方向平行时,太赫兹辐射脉冲出现衰减和延迟现象;当两者垂直时,则观察不到太赫兹辐射脉冲的衰减和延迟现象。如果将样品换成同样尺寸的非磁性金属 Cu 微粒,当磁场方向与太赫兹辐射脉冲的电场极化方向平行时,仍然观察不到衰减和延迟现象。实验结果表明,THz波的衰减和延迟与样品的铁磁性直接相关。

如图5-6(a)所示,C. A. Baron等设计了一个由亚波长铁磁金属(Co)和蓝宝石微粒混合而成的具有折射率梯度的人工材料。如图5-6(b)中的插图所示,通过将材料中Co微粒所占体积比例(φ_M)设置为0.67~1,得到了一个线性的有效折射率梯度(Co比例大的地方折射率小)。通过施加平行于THz电场极化方向的外加磁场可以使有效折射率梯度减小,从而使偏转角Θ减小。太赫兹探测器可以放置在样品周围的任意角度θ上。图5-6(c)为不同外加磁场下,通过材料后THz透射信号在不同探测角度上的时间平均能流密度。当外加磁场从0 mT增加至78 mT时,透过人工材料的太赫兹信号的偏转角Θ从5.7°减小至0.7°,如图5-6(d)所示。由此,实现了通过外加磁场对太赫兹信号传输方向的控制。

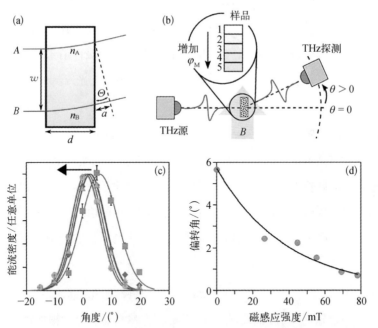

（a）铁磁性人工材料中由于折射率梯度而引起的太赫兹信号传输方向的偏移;（b）实验装置图;（c）THz透射信号在不同探测角度上的时间平均能流密度;（d）THz辐射脉冲的偏转角与外加磁场的关系

图5-6
基于铁磁性人工材料的磁控太赫兹功能器件

2007年K. J. Chau等研究了外加磁场对在涂覆有纳米Au(厚度约45 nm)的磁性Co颗粒体系中传输的线偏振太赫兹波衰减的影响,如图5-7(a)所示。

无外加磁场条件下,太赫兹辐射脉冲的衰减随着 Au 层所占颗粒表面积比例的增加而增加,当 Au 层所占颗粒表面积比例从 0% 增加至 77% 时,透射的太赫兹辐射脉冲的振幅约衰减 91%,如图 5-7(b)所示。

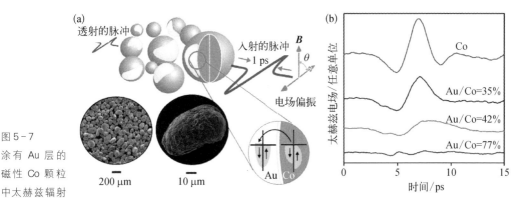

图 5-7
涂有 Au 层的磁性 Co 颗粒中太赫兹辐射脉冲的传输实验

(a) 太赫兹辐射脉冲在涂有 Au 层的磁性 Co 颗粒体系中的传输示意图,在两种金属的界面上,由自旋积累效应引起磁调制的界面电阻;(b) 无外加磁场条件下,传输通过 3 mm 厚的具有不同比例的 Au 涂层的磁性 Co 颗粒体系的太赫兹时域信号

如图 5-8(a)(c)(e)所示,当外加磁场 $\boldsymbol{B}_\perp$ 与 THz 的电场偏振方向垂直时,观察到的 THz 衰减和脉冲的形变可以忽略不计,然而,当外加磁场 $\boldsymbol{B}_{/\!/}$ 与 THz 的电场偏振方向平行时,可以观察到明显的 THz 衰减和波形发生形变[图 5-8(b)(d)(f)]。图 5-8(d)(f)分别显示的是相比于不加磁场时的 THz 辐射脉冲,在外加磁场 $\boldsymbol{B}_{/\!/}=150$ mT 时,Au/Co(35%)和 Au/Co(42%)要比单一的 Co 颗粒表现出更强的磁诱导衰减、形变和时间延迟。当 $\boldsymbol{B}_{/\!/}$ 从 0 mT 增加到 150 mT 时,Co、Au/Co(35%)和 Au/Co(42%)的 $|\boldsymbol{E}_t(t)|$ 分别降低了(28±3)%、(54±3)%和(73±3)%。实验结果表明 THz 辐射脉冲振幅的衰减、形变和时间延迟程度都随着非磁性的 Au 的覆盖层的增加而增加,这表明观察到的现象源自 Au/Co 颗粒磁电阻的变化增强。另外,如图 5-8(g)所示,θ 为太赫兹辐射脉冲电场偏振方向与外加磁场方向之间的夹角,当施加 160 mT 的外加磁场时,经 Co 和 Au/Co 微粒体系传输的 THz 透过脉冲的归一化振幅(施加外加磁场与不施加外加磁场时的 THz 透射振幅之比)均与 θ 呈 $\cos 2\theta$ 的函数关系。然而,相比于 Co 颗粒,Au/Co 颗粒有一个与 θ 无关的偏移量,这表明在 Au/Co 颗粒中存在增强的、各向同性的、磁场依赖的损耗。当 $\boldsymbol{B}_\perp$ 与 THz 的电场偏振呈 90° 时,各

向异性磁阻效应最小，可以在此情况下研究自旋的累积效应。当 $\boldsymbol{B}_\perp$ 从 0 mT 增加到 150 mT 时，Au/Co(35%) 和 Au/Co(42%) 的 $|\boldsymbol{E}_t(t)|$ 分别下降了 $(25\pm3)\%$ 和 $(52\pm3)\%$。

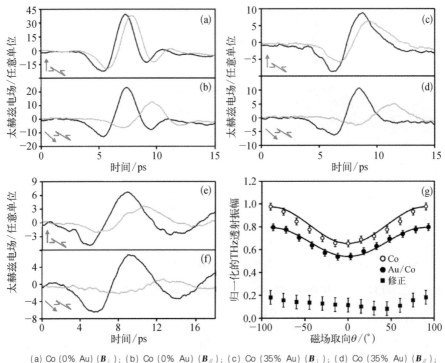

(a) Co (0% Au) ($\boldsymbol{B}_\perp$)；(b) Co (0% Au) ($\boldsymbol{B}_{/\!/}$)；(c) Co (35% Au) ($\boldsymbol{B}_\perp$)；(d) Co (35% Au) ($\boldsymbol{B}_{/\!/}$)；(e) Co (42% Au) ($\boldsymbol{B}_\perp$)；(f) Co (42% Au) ($\boldsymbol{B}_{/\!/}$)，图中紫色曲线是外加磁场为零时的 THz 时域光谱信号，黄色曲线是外加磁场为 150 mT 时的 THz 时域光谱信号；(g) Co 和 Au/Co 归一化的 THz 透射振幅[施加外加磁场 ($\boldsymbol{B}=160$ mT)与不施加外加磁场时的 THz 透射振幅之比]

图 5-8 不同样品和实验构置下透射的 THz 时域光谱信号

2012 年 C. J. E. Straatsma 等进一步研究了在更大范围的外加磁场（0～500 mT）下，铁磁性 Ni 颗粒（尺寸约为 146 μm）和 Co 颗粒（尺寸约为 73 μm）上不同的非铁磁性涂层（Ag、Al、Au）对线偏振太赫兹辐射脉冲的衰减和延迟效应。如图 5-9(a)(b)所示，在垂直于 THz 辐射脉冲的电场极化方向上施加外加磁场，THz 辐射脉冲在所有样品中的衰减均出现磁滞现象，并且不同材料的非磁性涂层导致不同程度的额外衰减。其中，黑色实线表示无涂层，蓝色虚线表示 Ag 涂层，绿色虚线表示 Al 涂层，红色虚线表示 Au 涂层，涂层厚度为 45 nm，箭头指示了外加磁场的扫场方向。实验结果表明，Au 涂层产生的额外衰减最大。

例如，在 500 mT 的外加磁场下，相对于经过 Ni 微粒体系的 THz 透射脉冲的振幅，经过 Ni/Au 微粒体系的透射脉冲的振幅约衰减了 52%。

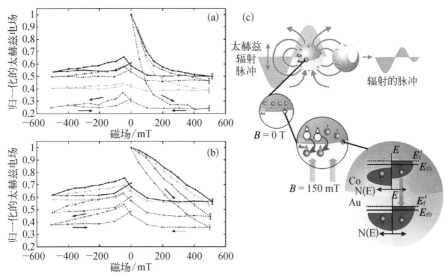

图 5-9
外加磁场对
THz 透过率
调制

不同外加磁场下，传输经 Ni(a)和 Co(b)微粒体系归一化的太赫兹电场峰值振幅；(c) THz 电磁场激发亚波长自旋等离子体结构(Co 粒子涂上一层非磁性 Au 层)示意图

值得注意的是，与纯的铁磁或者非磁性金属颗粒相比，THz 波沿着铁磁/非磁性异质结构传播时，会迅速地增大与磁场相关的衰减程度。如图 5-9(c)所示，从物理本质上理解实验现象，将一个单周期的太赫兹辐射脉冲入射在涂有非磁性纳米层的亚波尺寸铁磁颗粒中，THz 电磁场诱导自旋极化电流从 Co 颗粒注入 Au 层，由于自旋的累积效应，将产生一个自旋依赖的界面电阻，这一界面电阻可以转化为场的调制，再次辐射的电磁波表现为增强的磁致衰减。这一工作为设计下一代光电子器件提供新的自由度。

5.2　自旋分辨的电子输运参数的 THz 光谱研究

正如 5.1 节所述，利用铁磁/非磁性金属微颗粒实现了自旋依赖的 THz 传播，然而并没有定量地研究超短时间尺度上 THz 频率的自旋输运过程。本节利用 THz-TDS 光谱，研究了与器件密切相关的巨磁阻结构中，费米能级处电子自旋依赖的本征自旋输运参数。

5.2.1 巨磁阻效应

对于非磁性金属,其费米面上自旋向上和自旋向下的电子态密度相等,因此铜等金属不显磁性。然而,对于铁、钴、镍等磁性金属而言,由于强的交换相互作用,其 d 电子能带发生劈裂,使得自旋向上电子的 d 带向下移动,低于费米面,而自旋向下电子的 d 带被钉扎在费米面处。从电子数量上可以看出自旋向上的电子数多于自旋向下的电子数,因此材料对外显示磁性,并且有了多数载流子和少数载流子之分。如图 5 - 10 所示,从能带结构上看,d 轨道上的电子是相对局域的,它们决定了材料的磁性,然而对材料的导电性而言,它们并不起决定性作用。相对而言,铁磁性材料的sp 轨道不存在明显的自旋分裂。从能带结构可以看出,相比于 d 电子而言,sp电子更加离域,sp 带上的电子质量更小,它们决定了铁磁性金属的导电性。

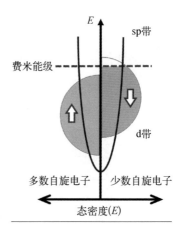

图 5 - 10
铁磁性材料费米能级处 d 带和 sp 带的自旋电子态密度示意图

我们知道,电子的散射概率正比于态密度(电子将要散射到的态)。散射概率的增加势必降低电子的迁移率。对自旋向下的电子而言,sp 电子可以占据 d 轨道上剩余的空态,因此高的散射概率会降低其电导率。相反地,由于自旋向上的 d 轨道已经被填满,sp 轨道上自旋向上的电子不能散射到自旋向上的 d 轨道上,这使得自旋向上的电子保持较高的迁移率,因此,导致了费米面上电子动量散射的自旋不对称性,即 $\tau_\uparrow > \tau_\downarrow$,$\tau_\uparrow$ 和 $\tau_\downarrow$ 分别为多数载流子和少数载流子的动量散射时间。

当环境温度远小于铁磁性样品的居里温度,且不考虑电子的自旋向上和自旋向下之间的翻转时,通过样品的电流可以认为是自旋向上和自旋向下的电子各自电流的并联。图 5 - 11(a)为铁磁过渡金属的双电流模型,也称为莫特(Mott)模型。用电阻网络表示双电流模型,总电阻是自旋向上和自旋向下两部分电阻的并联,也可以写成电导率的形式:

$$\sigma_{FM} = \sigma_\uparrow + \sigma_\downarrow = \frac{e^2}{m^*}(N_\uparrow \tau_\uparrow + N_\downarrow \tau_\downarrow) \qquad (5-3)$$

式中，e 为基本电荷；m^* 为电子的有效质量；$N_\uparrow$、$N_\downarrow$ 和 $\tau_\downarrow$、$\tau_\uparrow$ 为基本磁输运参量，分别表示多数自旋和少数自旋电子的密度和动量散射时间，这里的动量散射时间 τ 从未被准确地测量。式中用了经典的德鲁德模型描述导电电子，这一模型能很好地应用于很多金属中。电导率是载流子浓度与散射时间的乘积。此外，用常规的测量直流电导率的方法不能直接区分载流子密度 N 和动量散射时间 τ。同时，常规静电测量方式会使实验所得的数据受接触电阻效应等的影响，原因在于触点附近有不可避免的自旋累积效应。

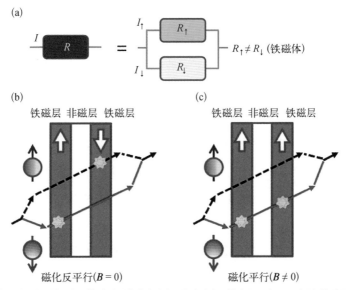

图 5-11
巨磁阻效应原理示意图

（a）铁磁过渡金属的双电流模型，电流包含自旋向上和自旋向下的电子运动；（b）反平行铁磁层，自旋向上和自旋向下的电子均经历强散射；（c）平行铁磁层，自旋向上的电子通过多层膜时几乎没有被散射，而自旋向下的电子在两个铁磁层中均经历强散射

自旋依赖的磁输运在 20 世纪 80 年代有了巨大的应用价值，彻底变革了信息处理与存储模式。2007 年的诺贝尔物理学奖授予了法国物理学家阿尔贝·费尔（Albert Fert）和德国物理学家彼得·格伦贝格（Peter Grünberg），以表彰他们在铁磁和非铁磁薄膜交替组成的人工超晶格中发现了巨磁阻效应。瑞典诺贝尔奖委员会认为："这是一次好奇心驱动的发现，应运而生的应用是革命性的，它使计算机硬盘的容量从几百兆、几千兆，一跃提高几百倍，达到几百吉甚至上千

吉。巨磁阻效应还打开了通向自旋电子学的大门。"由 S. N. Mott 于 1935 年提出的"双流"模型成功解释了巨磁电阻(GMR)效应。这里简要介绍一下 GMR 的工作原理。如图 5-11(b)(c)所示,这里选取了一个 GMR 结构样品作为原理演示实验。GMR 结构通常也称自旋阀,由两层铁磁性材料中间夹一层非磁的金属薄膜构成。当外加磁场为零(即没有施加磁场的情况)且满足 RKKY 关系时,两层铁磁薄膜的磁化矢量方向相反。在这种情况下,自旋向上的电子在第一层铁磁体中是多数自旋载流子,所受的散射较少,因此具有高的电导率。当电子通过金属薄层进入第二层铁磁体中时,由于其自旋取向与磁化方向相反,成了少数自旋载流子。此时,其散射概率增大,电导率因此下降。类似地,对自旋向下的电子而言,它在第一层铁磁体中具有大的散射概率,而在第二层铁磁体中的散射概率较小。如图 5-11(c)所示,对样品施加足够强的磁场,使得其两层铁磁体中的磁化方向平行排列,在这种情况下,对自旋向上的电子而言,它在整个自旋阀结构中总是多数自旋载流子,受到较弱的散射。相反地,自旋向下的电子总是少数自旋载流子,受到较强的散射。可以用电阻网络模型来描述自旋阀单元结构。反平行构置下,多层膜结构体系的电阻高,而平行构置下其电阻低,这就是巨磁阻效应。

研究样品为高电阻的单晶硅基片上生长三明治型的 NiCoFe/Cu 多层膜结构,其中 NiCoFe 铁磁层的厚度约为 2 nm,Cu 非磁层的厚度约为 1 nm。种子层用来缓冲薄膜生长过程中来自衬底的应力,Ta 金属覆盖层用来避免样品的氧化,样品的具体结构如图 5-12(a)所示。图 5-12(b)为用标准的四探针方法测得的外加磁场作用下的静态磁阻率。实验结果表明,磁性/非磁性多层膜结构的电阻值依赖于其中的铁磁层自旋取向。在没有外加磁场的情况下,反平行的自旋构置导致高电阻。当外加磁场足够大,使得自旋平行于外加磁场方向时,这一构置下样品的电阻变小。室温下,静态磁阻率写为 $MR(\boldsymbol{B}) = [\sigma(\boldsymbol{B}_{max}) - \sigma(\boldsymbol{B})]/\sigma(\boldsymbol{B})$,磁场 $\boldsymbol{B}$ 的施加范围为 $-150\sim150$ mT。实验中 $\boldsymbol{B}_{max} = 150$ mT 可以实现自旋的平行排列,得到 $MR = 22\%$,且获得最高的电导率。

静态磁阻率不仅反映电子自旋的非对称性,还会受到"电接触效应"的影响。因此,对于本征莫特电导的测量产生巨大的挑战,主要体现在:① 测量首先要以非接触的方式进行;② 对电流的测量要在电子-电子散射(约 100 fs)时间尺度上

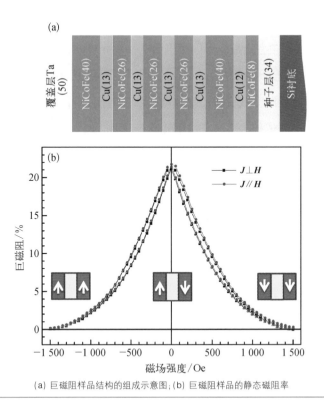

图 5 - 12　　　　　　　　　　　(a) 巨磁阻样品结构的组成示意图;(b) 巨磁阻样品的静态磁阻率

进行;③ 电导响应的变化要在热动力学的平衡状态(即没有外部的各种光或热的激发)下进行;④ 最重要的是能定量地区分不同自旋方向的载流子密度 N 和动量散射时间 τ。这些挑战用普通直流或静态光学方法是不能完成的,也不能用超快光谱的方法实现,但可以利用 THz 辐射脉冲光谱来实现磁输运参数的探测。

5.2.2　磁输运参数的 THz 探测

　　THz 时域光谱是一种非接触式的测量手段。THz 波的振荡周期相应于电子-电子散射时间尺度。THz 波的能量在 meV 量级,不会有热电子激发,因此探测的是费米面附近电子的电导率。最关键的一点是,THz 光谱可以同时且独立地决定若干载流子的输出参数。比如金属材料的德鲁德型电导率

$$\sigma(\omega) = \frac{\sigma_{\mathrm{dc}}}{1 - \mathrm{i}\omega\tau} \qquad \sigma_{\mathrm{dc}} = \frac{e^2 \tau N}{m^*} \tag{5-4}$$

式中,直流电导率 σ_{dc} 和载流子动量散射时间 τ 可以同时且独立地确定下来。$\omega/2\pi$ 为 THz 波的频率。最终可以把直流电导率分解成载流子浓度 N 和动量散射时间 τ,这是直流的输运测量做不到的。此外,THz 时域光谱结合电导率理论模型不仅可以有效区分载流子浓度和动量散射时间各自的贡献,更重要的是可以进一步得到自旋依赖的载流子浓度和动量散射时间。

THz 磁输运测量装置如图 5 - 13(a)所示,外加磁场 $0\sim100$ mT 施于样品表面上,与 THz 波电场分量的偏振方向共线。图 5 - 13(b)表示 THz 经过衬底和衬底/GMR 结构后的时域光谱。记录下时域光谱上样品的 THz 透过率,如图 5 - 13(c)所示,THz 波电场的振荡诱导一个时间变化的电流,它会使透过样品的 THz 波电场发生衰减和相移。当外加磁场的强度增加至 100 mT 时,GMR 结构使 THz 波电场的透过率下降约 20%。THz 波的吸收正比于样品的电导率,实验结果定性表明样品的电导率随磁场强度的增加而增加。

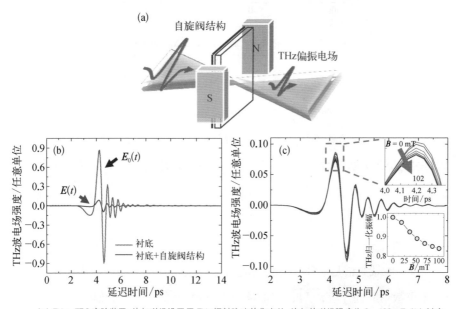

(a) THz - TDS 实验装置,外加磁场设置于 THz 辐射脉冲的焦点处,施加的磁场强度为 $0\sim100$ mT;(b) 衬底和衬底上的 GMR 样品的 THz 透过脉冲;(c) 随着磁场强度的增加,THz 的透过率与外加磁场的关系　　　　图 5 - 13

根据第 3 章所述的数据处理方法,通过对入射和透射 THz 信号进行傅里叶变化,并计算得到不同的外加磁场下 GMR 结构的复电导率谱。这里并没有观察到任何电或磁的非线性,说明该测量是一个线性的非接触的复电导率测量。图 5-14(a)为不同的面内磁场下,GMR 结构在 0～2.5 THz 波段的复电导率谱(包括实部和虚部)。从图中可以看出,外加磁场显著地提升了样品复电导率的实部(更多的在低频波段)和虚部(更多的在高频波段)。图中的实线是德鲁德模型的拟合结果。值得一提的是,德鲁德模型可以描述许多特定金属的高频电导率,但它并不能应用于所有复杂的金属结构。

通过德鲁德模型拟合,图 5-14(b)中总结了复电导率 $\sigma_{s,dc}(B)$ 和电子动量散射时间 $\tau(B)$ 与磁场的依赖关系。此时 GMR 多层膜结构被认为是一个有效磁阻媒介。当 $\sigma_{s,dc}$ 从 106 mS 增加 25% 至 133 mS 时,电子动量散射时间从 25 fs 增加 64% 至 41 fs。可以看到这两个量随磁场的增加而增加,$\sigma_{s,dc}(B)$ 和 $\tau(B)$ 都表现出与直流方法测到的 GMR 相似的饱和效应。GMR 作为有效磁阻媒介,其电子动量散射时间正好落在构成自旋阀的材料 Cu 层和 NiCoFe 层中电子的动量散射时间值之间。

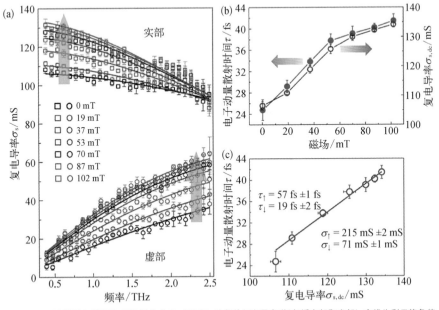

图 5-14
太赫兹波段巨
磁阻效应

(a) 不同的面内磁场下,GMR 结构在 0～2.5 THz 波段的复电导率谱(包括实部和虚部),实线为利用德鲁德模型的拟合结果;(b) 复电导率 $\sigma_{s,dc}(B)$ 和电子动量散射时间 $\tau(B)$ 与磁场的依赖关系;(c) 电子动量散射时间与复电导率之间的线性关系

图 5-14(c)所示为电子动量散射时间与复电导率之间的线性关系。线性关系表明磁场诱导的复电导率的变化只来自电子动量散射时间的变化。通过得到的 $\sigma_{s,dc}(B)$ 可以计算出纯的磁阻率，$MR(B)=[\sigma_{s,dc}(B_{max})-\sigma_{s,dc}(B)]/\sigma_{s,dc}(B)$，在 $0\sim100$ mT 的磁场范围内，当 $B=100$ mT 时得到最大的 $MR(26\%)$，这已经超过静态测量下 $B_{max}=150$ mT 时的 $MR(22\%)$。当 $B=100$ mT 时，直流测到的 MR 仅为 20%。这里做简单的对比，表明用 THz 光谱得到的复电导率所计算出来的磁阻率变化值比相同条件下静态测量得到的值高。这说明 THz 时域光谱可以避免许多直流测量中不可避免的寄生效应。

刚刚把整个 GMR 结构作为一个有效媒介得到了载流子浓度和电子动量散射时间，那么可以进一步获得独立的、自旋分离（或依赖）的磁输运参数，即 $\tau_{\uparrow\downarrow}$ 和 $N_{\uparrow\downarrow}$。根据莫特双流模型，自旋阀在铁磁层磁化反平行和平行状态下，都可用等价电阻模型表示。反平行和平行状态下 GMR 结构的电导率可以写为

$$\sigma_{\uparrow\downarrow}=2\frac{\sigma_{\uparrow}\sigma_{\downarrow}}{\sigma_{\uparrow}+\sigma_{\downarrow}} \tag{5-5}$$

$$\sigma_{\uparrow\uparrow}=\frac{\sigma_{\uparrow}+\sigma_{\downarrow}}{2} \tag{5-6}$$

莫特双流模型可以区分自旋向上和自旋向下电子各自的贡献，而德鲁德模型可以把电导率分解为载流子浓度和电子动量散射时间这两个独立的量。可以同时使用德鲁德模型和莫特双流模型作用到整个测量的数据上，通过"全局模型"来拟合测到的 $\sigma(\boldsymbol{B})$。数据拟合中，还考虑了铁磁层中磁化强度有夹角时电导率的情况，最终得到了自旋依赖的直流面电导率，发现自旋向上和自旋向下的电子的直流面电导率之间存在 3 倍的关系，即 $\sigma_{\uparrow,dc}=215$ mS±2 mS、$\sigma_{\downarrow,dc}=71$ mS±1 mS。同时可以获得自旋依赖的电子动量散射时间，多数载流子的电子动量散射时间约为少数载流子的 3 倍，即 $\tau_{\uparrow}=57$ fs±1 fs、$\tau_{\downarrow}=19$ fs±2 fs。假设导电 sp 带电子的有效质量 $m^*=m_0$，可以得到费米面上对应的多数自旋和少数自旋电子数密度分别为 $N_{\uparrow}=(1.35\pm0.002)\times10^{20}$ m^{-2} 和 $N_{\downarrow}=(1.36\pm0.10)\times10^{20}$ m^{-2}，这表明在误差范围内，费米面处自旋向上和自旋向下的 sp 电子的载流子浓度几乎是相等的。此外，还可以得到自旋的非对称参数 $\alpha=\tau_{\uparrow}/\tau_{\downarrow}=$

3.00 ± 0.10，这是 GMR 效应的关键参数，这一值大于直流测到的 $\alpha = \sigma_\uparrow / \sigma_\downarrow =$ 2.45。这一结果将激发 THz 自旋电子学领域更多新的基础科学和技术的发展。

5.3　THz 频段的反常霍尔效应

5.3.1　霍尔效应、反常霍尔效应与自旋霍尔效应

1879 年，Edwin Hall 发现了霍尔效应，即处在磁场中的非磁性金属或者半导体材料中的载流子受到洛伦兹力的影响偏向材料的一边，产生一个可测量的霍尔电压，如图 5-15(a)所示。其在确定半导体的导电类型、测定载流子浓度和迁移率、制作霍尔传感器等方面具有广泛的应用。

对于铁磁性金属，即使没有外加磁场，但由于其本征的磁化强度可以达到与霍尔效应类似的效果，称之为反常霍尔效应，如图 5-15(b)所示。反常霍尔效应基于铁磁材料自发的时间反演对称破缺，且强烈地依赖于温度。反常霍尔效应是探究铁磁性金属中巡游电子输运特性的重要工具，应用于自旋电子学领域。

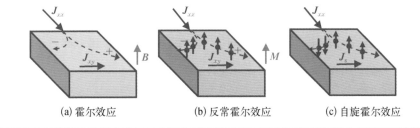

图 5-15
三类霍尔效应
示意图

| (a) 霍尔效应 | (b) 反常霍尔效应 | (c) 自旋霍尔效应 |

20 世纪 70 年代，Dyakonov 和 Perel 从理论上预言了自旋霍尔效应（Spin Hall Effect，SHE），即在垂直于电荷流和自旋极化方向上产生自旋流。自旋霍尔效应与反常霍尔效应类似，如图 5-15(c)所示。自旋霍尔效应可以认为是非磁有序材料中的反常霍尔效应。在这些材料中存在自旋依赖的散射，即自旋向上和自旋向下的电子朝相反的方向散射，从而产生一个净自旋流。尤其是金属 Pt，具有相当大的自旋-轨道相互作用。没有电荷流只有自旋流称为纯自旋流。当同时存在电荷流和自旋流时，称为自旋极化电流，如图 5-16 所示。

纯自旋流有趣的地方在于它不受电阻的影响，能极大提高数据处理效率。

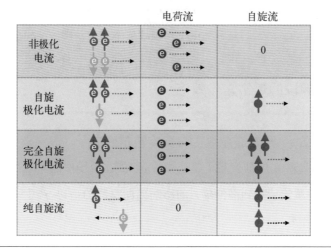

		电荷流	自旋流
非极化电流			0
自旋极化电流			
完全自旋极化电流			
纯自旋流		0	

图 5 - 16
自旋流和电荷流分类示意图

实验中,利用磁光克尔效应和自旋发光二极管可以在半导体材料中观察到自旋霍尔效应。在半导体中的电子自旋扩散长度能达到 1 μm,可以利用光学手段进行探测。而在重金属中,由于强自旋-轨道耦合,电子自旋扩散长度只有约 10 nm,传统的光学实验手段并不适用。近年来,人们在金属薄膜中观察到自旋流可以转化为电荷流,从而实现了自旋流的电学测量,这种效应被称为逆自旋霍尔效应(inverse spin Hall effect, ISHE)。在 Al、Au、Pt 等金属中都已经观察到 ISHE。关于利用 THz 时域光谱研究逆自旋霍尔效应将在第 6 章详述。

5.3.2 磁光效应与反常霍尔效应的理论联系

我们首先讨论法拉第旋光效应与反常霍尔效应的关系。由第 3 章可知,介质的介电常数与其电导率的关系为

$$\varepsilon = \varepsilon_\infty + i\frac{\sigma(w)}{\omega\varepsilon_0} \tag{5-7}$$

因此,可以得到介电常数的对角张量元(ε_{xx})、非对角张量元(ε_{xy})与电导率(σ_{xx},σ_{xy})的关系为

$$\varepsilon_{xx} = \varepsilon'_{xx} + i\varepsilon''_{xx} = \varepsilon_\infty + i\frac{\sigma_{xx}}{\omega\varepsilon_0} \tag{5-8}$$

$$\varepsilon_{xy} = \varepsilon'_{xy} + i\varepsilon''_{xy} = \varepsilon_{\infty} + i\frac{\sigma_{xy}}{\omega\varepsilon_0} \tag{5-9}$$

$$\sigma_{xx} = \sigma_{yy} = \frac{1 - i\omega\tau}{(1 - i\omega\tau)^2 + (\Omega_c\tau)^2}\sigma_0 \tag{5-10}$$

$$\sigma_{xy} = -\sigma_{yx} = \frac{\Omega_c\tau}{(1 - i\omega\tau)^2 + (\Omega_c\tau)^2}\sigma_0 \tag{5-11}$$

式中，$\Omega_c = eH/m^*$ 为回旋频率，e 为载流子的电荷，H 为外加磁场，m^* 为载流子的有效质量；σ_0 为直流电导率；τ 为动量散射时间。对于 THz 时域光谱测量，得到的是 THz 波段的透过率(t)和反射率(r)：

$$t_{\pm} = \frac{2}{n + 1 + Z_0 G_{\pm}} \tag{5-12}$$

$$r_{\pm} = \frac{n - 1 - Z_0 G_{\pm}}{n + 1 + Z_0 G_{\pm}} \tag{5-13}$$

式中，$G_{\pm} = \sigma_{\pm} d = G_{xx} \pm iG_{xy} = d(\sigma_{xx} \pm i\sigma_{xy})$，$d$ 为样品厚度。

复法拉第旋转角($\Phi_F = \theta_F + i\eta_F$)为

$$\tan(\Phi_F) = i\frac{t_+ - t_-}{t_+ + t_-} \tag{5-14}$$

复克尔旋转角($\Phi_K = \theta_K + i\eta_K$)为

$$\tan(\Phi_K) = i\frac{r_+ - r_-}{r_+ + r_-} \tag{5-15}$$

综合上述公式，复法拉第旋转角可以写为

$$\tan(\Phi_F) = \frac{Z_0 G_{xy}}{n + 1 + Z_0 G_{xx}} \tag{5-16}$$

当反射发生在待测薄膜和衬底界面时，复克尔旋转角为

$$\tan(\Phi_K) = \frac{2nZ_0 G_{xy}}{n^2 - 1 - 2Z_0 G_{xx} - Z_0^2(G_{xx}^2 + G_{xy}^2)} \tag{5-17}$$

当反射发生在待测薄膜和真空界面时，复克尔旋转角为

$$\tan(\Phi_K) = \frac{2Z_0 G_{xy}}{1 - n^2 - 2nZ_0 G_{xx} - Z_0^2(G_{xx}^2 + G_{xy}^2)} \tag{5-18}$$

对于狄拉克(Dirac)半金属(石墨烯、Cd_3As_2 等)、拓扑绝缘体($HgTe$、Bi_2Se_3)等薄膜,通过 THz 时域光谱并结合外加磁场可以研究这些量子材料的二维电导态和三维电导态,及其量子霍尔电导态。在外加磁场作用下,薄膜样品的复电导率 $G_\pm = \sigma_\pm d = G_{xx} \pm iG_{xy}$,可以写为

$$G_{xx} = \frac{\omega_p^2/(4\pi)(\Gamma - i\omega)}{(\Gamma - i\omega)^2 - \omega_c^2} \tag{5-19}$$

$$G_{xy} = -\frac{\omega_p^2/(4\pi)\omega_c}{(\Gamma - i\omega)^2 - \omega_c^2} \tag{5-20}$$

式中,ω_p 为德鲁德电子的等离子体频率;Γ 为阻尼系数;自由电子的回旋共振频率 $\omega_c = eB/m^*$,B 为外加磁场;m^* 为载流子的有效质量。可见,外加磁场可以改变电子回旋共振频率,进而改变 G_{xx} 和 G_{xy}。由式(5-16)~式(5-18)可知,通过测量薄膜样品的复法拉第/克尔的旋转角与外加磁场的关系,可以得到样品的复电导率(G_{xx} 和 G_{xy})。从另一个角度看,m^* 的大小与载流子散射率($1/\tau$)和迁移率(μ)成反比,$m^* = e\tau/\mu$。因而,回旋共振频率还可以表示为 $\omega_c = \mu B/\tau$,显然 ω_c 与载流子的迁移率成正比。对于 $HgTe$、$InSb$ 和石墨烯等高迁移率半导体,在一般的磁场强度下 ω_c 就可以达到 THz 频段。考虑到 THz 光谱的非接触性、非破坏性和可以同时给出振幅和相位变化的特点,因而基于 THz 磁光效应为研究这类半导体的磁光响应提供了非常有效的光谱学手段。从应用角度看,这类介质在室温下通常都能表现出巨复法拉第/克尔效应[韦尔代(Verdet)常数可高达 $10^4 \sim 10^6$ rad/(T·m)],是研制宽带 THz 调制器、隔离器和单向器等的理想候选材料。另外,值得一提的是,对于拓扑绝缘体介质,如 Bi_2Se_3 和 Bi_2Te_3 等,其表面/界面态由于受到拓扑保护而呈现出金属导电性,磁光 THz 光谱可以用来研究拓扑表面态的自旋、角动量量子化、量子相干和非平衡载流子动力学等。

5.3.3 反常霍尔效应的 THz 探测

从以往的经验得知,无论是磁输运测量还是法拉第效应,都表现出与磁的亚晶格的敏感性。2017 年,荷兰内梅亨大学的 T. J. Huisman 等利用 THz 时域光谱研究了亚 100 ps 时间尺度上的 THz 频段的反常霍尔效应。图 5-17(a)描述

了 4f 3d 金属合金 $Gd_{0.25}(FeCo)_{0.75}$ 样品在 THz 波段的平均法拉第旋转角与温度的依赖关系。温度从 250 K 升高到 265 K 的过程中，法拉第旋转角的符号发生从负到正的改变，这表明在室温和低温下，两套磁晶格中的一套占主导作用。需要注意的是，THz 波的峰值透过率在 150～300 K 几乎与温度无关。为了更好地分辨磁补偿温度，图 5-17(b) 显示了当固定 THz 偏振片为正交取向时，不同温度下的磁场扫描结果。从图中可以明显看出，在 256～260 K，矫顽场发生偏离，且观察到法拉第旋转角的符号发生变化。

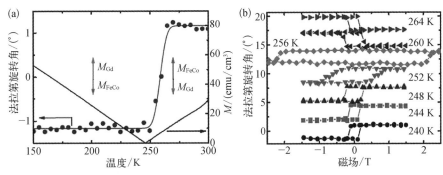

图 5-17 不同温度下 $Gd_{0.25}(FeCo)_{0.75}$ 样品的 THz 法拉第旋转角静态测量

静态的 THz 磁光效应敏感于磁性样品的磁亚晶格，外加一束飞秒激光，可以研究激光诱导的反常霍尔效应的动态变化，如图 5-18(a) 所示，线栅偏振片 WP_1、WP_2 和 WP_3 用于测量 THz 波的法拉第旋转角。图 5-18(b) 中的实心圆圈表示抽运光脉冲到达样品之前的 THz 辐射脉冲透过波形，而空心圆圈表示抽运光脉冲到达样品后 600 ps 时刻的 THz 辐射脉冲的透过波形。从图 5-18(b) 的上半部分可以看出，当 WP_1 和 WP_2 平行取向时，无论是正向磁场还是反向磁场，飞秒激光的激发都没有显著改变 THz 的透过波形。图 5-18(b) 的下半部分表明，重复一样的实验，只是让 WP_1 和 WP_2 呈 90°正交取向，可以观察到抽运光脉冲和外加磁场都可以使 THz 透过波形发生变化。实验数据清晰地显示当抽运光脉冲到来 600 ps 后，抽运光脉冲显著地调制了 THz 法拉第效应，在接近 THz 辐射脉冲峰值的地方尤为明显。

图 5-18(c) 的上半部分表示光诱导的瞬态透过率与抽运-探测延迟时间的函数关系，瞬态透过率反映的是激光诱导的电子动力学过程。由图可见在起初

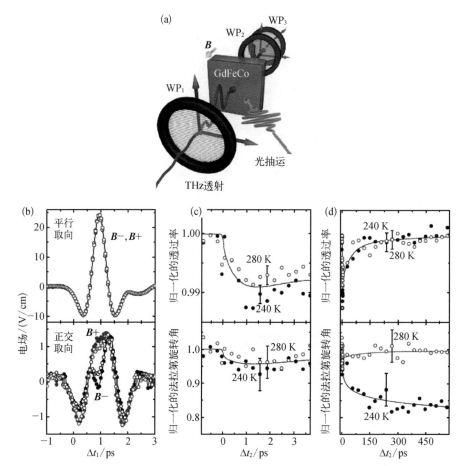

(a) 室温下光诱导 GdFeCo 铁磁薄膜的 THz 波的法拉第旋转角变化的示意图；(b) WP₁ 和 WP₂ 平行取向（上图）以及 WP₁ 和 WP₂ 呈 90°正交取向（下图），蓝色圆圈和黑色圆圈分别对应施加＋1 T 和－1 T 的磁场，实心圆圈表示抽运光脉冲在 THz 辐射脉冲通过样品后 20 ps 到达样品，而空心圆圈表示抽运光脉冲在 THz 辐射脉冲通过样品之前 600 ps 到达样品，样品的温度设为 235 K；短扫（c）和长扫（d）情况下的透过率（上半部分）和法拉第旋转角 θ_F（下半部分）随抽运-探测延迟时间的动力学过程

图 5－18
光诱导反常霍尔效应 THz 动态探测

的几个皮秒内，抽运光脉冲诱导瞬态透过率仅改变了 1%。由图 5－18(d) 的上半部分可知，这 1% 的改变量的恢复时间接近 100 ps。图 5－18(c)(d) 的下半部分测量的是当 THz 偏振片正交时，法拉第旋转角 θ_F 随抽运-探测延迟时间的演化过程。法拉第旋转角的改变量有几个百分点。法拉第旋转角的变化可能既包含有电子又包含有自旋动力学过程。这与典型的时间分辨的超快磁动力学实验相似，不同点在于现在所用的探测光是在 THz 频段。

从图 5-18(b)还可以看出，无论是低于磁补偿温度还是高于磁补偿温度，法拉第旋转角 θ_F 都有一个快速减小的过程。这一法拉第旋转代表的是激光诱导电子和自旋动力学导致的反常霍尔效应。值得注意的是，相比于瞬态透过率，在更长的延迟时间尺度上，高于磁补偿温度和低于磁补偿温度时的法拉第旋转角表现出不同的动力学过程。这表明法拉第旋转角信号不仅受光诱导电导率的影响，还受到磁有序动力学的影响。磁化矢量在激光激发之后应该弛豫到某一磁亚稳态。从实验结果看，当温度高于磁补偿温度时，法拉第旋转信号在几百皮秒后回到初态。然而，当温度低于磁补偿温度时，在相同的时间尺度上，自旋系统弛豫到另一个磁亚稳态上。时间依赖的 THz 法拉第信号与激光诱导磁化翻转的动力学的实验结果一致。这一研究工作表明，时间分辨的 THz 法拉第旋转角可以用来研究磁场或者超短激光脉冲对自旋电子学器件中电流在 THz 波段上的控制或者调制。

6

基于电子自旋的
THz辐射特性

20 世纪 80 年代,基于超快光子学方法的太赫兹技术诞生,引起了科学家们的广泛兴趣。尤其是在 THz 光谱和成像等技术被开发出来以后,THz 科学和技术表现出极大的应用前景。然而,THz 波在最近十多年才受到广泛的关注,因此 THz 波段的各种光子学器件还十分缺乏,尤其是微型化、芯片级 THz 发射器。现有的 THz 发射器主要有基于真空电子技术的太赫兹源、基于半导体电子技术的级联太赫兹源和基于超快光子学技术的太赫兹源。其中,基于飞秒激光脉冲的光电导天线可以产生毫瓦量级的 THz 波辐射,但因其制备工艺复杂、外置辅助设备庞大等,难以实现 THz 发射器的小型化生产。同样地,非线性晶体和真空电子波荡管也难以实现小型化生产。量子级联 THz 激光器虽然可以克服以上缺点实现 THz 波的调谐,但其发射效率较低且需要在极低的温度下工作。要解决现有 THz 源的发射带宽窄、转换效率低、功率低、灵敏度低、构成的 THz 系统复杂不易调节、成本较高以及基于光电导天线和光整流方法产生 THz 波的带宽极限小于 5 THz 等问题,亟须考虑新的材料体系、新的物理起源、新的微纳器件构造理念来发展 THz 宽带相干光源。此外,减小发射器件的体积也成为开发 THz 辐射芯片亟待解决的问题。

早在 2004 年,法国科学家就已经开展了磁性薄膜发射 THz 波的理论与实验研究,然而基于亚皮秒超快退磁的 THz 波辐射效率很低。2013 年,德国科学家 T. Kampfrath 等在铁磁/非磁性金属薄膜异质结构中,通过自旋电子的非对称光激发,产生非零的扩散自旋电流。借助铁磁性材料能带结构的自旋相关性,飞秒激光激发的多数自旋电子能跃迁到迁移率高的能带,而少数自旋电子则跃迁到迁移率较低的能带。这一非对称光激发,能有效地产生纯自旋流。由于逆自旋霍尔效应(自旋-轨道耦合使电子偏离),当自旋流注入异质结构的金属层后,便转换成瞬态横向电荷流,以辐射 THz 电磁脉冲,可以获得 $0.3 \sim 20$ THz 的宽频 THz 辐射脉冲。通过改变异质结构,如选择低迁移率金属(Ru)或者高迁移率金属(Au)作为覆盖层,可以有效调控飞秒激光所诱导的自旋流向电荷流的转化,从而改变 THz 辐射脉冲的形状。2016 年,T. Seifert 等又进一步将双层结构优化为三层结构(W/CoFeB/Pt),使得 THz 波的发射效率得到进一步提升,该方法已经可以与传统的 THz 光子学发射方法相媲美,并具备了一定的实用化条件。优化和提高基于自旋流的相干 THz 辐射脉冲的产生效率,实现 THz 辐射脉冲的相干控制已成为各国研究人员的研究重点。与此同时,许多光与电子的自旋相互作用的新物理现象也有待进一步探索,一些物理概念的新内涵有待丰富,相应的新实验技术也亟待开发。本章介绍了近年来国内外课题组利用电子自旋实现 THz 辐射,以及利用 THz 辐射脉冲发射光谱研究超快磁动力学,包括超快退磁、自旋流-电荷流转换以及光诱导的反铁磁共振等方面的最新成果。

6.1　铁磁薄膜超快退磁 THz 辐射

1996 年,E. Beaurepaire 等用 60 fs 的激光脉冲,首次成功得到了 22 nm 厚的 Ni 薄膜的瞬态透过率和时间分辨的磁光克尔效应(MOKE),如图 6-1(a)所示。通过唯象"三温度"模型定性解释了这一超快退磁过程,如图 6-1(b)所示。从瞬态反射率估算电子的热化时间约为 260 fs,电子温度的衰减寿命为 1 ps。自旋温度可以通过时间分辨的磁滞回线估算,在 2 ps 左右达到最大值。实验结果得到了电子和自旋不同的动力学行为。

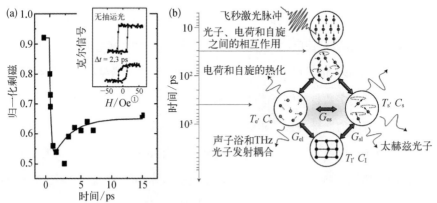

(a) 60 fs 激光激发后,Ni 薄膜的剩磁关于时间的函数;(b) 唯象"三温度"模型,超快退磁过程伴随着 THz 波辐射

图 6-1
超快时间尺度上的电子-自旋-晶格相互作用

---

①　1 Oe$=\dfrac{1\,000}{4\pi}$ A/m。

2004 年，E. Beaurepaire 等首次利用线偏振飞秒激光脉冲激发 Cr(3 nm)/Ni(4.2 nm)/Cr(7 nm)薄膜产生皮秒量级电磁辐射。他们认为这种电磁辐射来自磁性材料的超快退磁。在飞秒激光脉冲与铁磁性材料相互作用时，铁磁性材料中的 d 轨道电子吸收光子能量，使电子温度升高，导致铁磁性材料的磁化强度减弱（退磁过程）。随着热电子和晶格温度的下降，材料的磁化强度随之恢复。在亚皮秒时间尺度上对磁化强度(M)进行调制，磁偶极子会在远场辐射 THz 波，$E_{THz} \propto \partial^2 M/\partial t^2$。图 6-2(a)就是 E. Beaurepaire 等首次观测到飞秒激光与铁磁性薄膜材料相互作用产生的 THz 辐射脉冲自由空间电光取样信号。同年，D. J. Hilton 等利用飞秒激光脉冲激发 12 nm 厚的 Fe 薄膜也观测到了 THz 辐射脉冲现象，图 6-2(b)为他们观测到的 Fe 薄膜辐射 THz 波的时域波形信号。实验结果表明 Fe 薄膜中的 THz 发射有两部分贡献，一是与抽运光偏振有关的非线性光整流效应，另一个是与抽运光偏振无关的起源于超快退磁的部分。2012年，J. Shen 等报道了 Ni-Fe 合金薄膜中基于超快退磁辐射的 THz 波。通过比较不同样品中产生的 THz 辐射脉冲振幅的峰值和样品的吉尔伯特阻尼常数，发现铁磁薄膜的吉尔伯特阻尼越大，产生的 THz 信号就越强。2015 年，N. Kumar 等发现飞秒激光脉冲激发 Co 薄膜也可以辐射 THz 波，当薄膜厚度小于 40 nm 时，磁化方向主要是面内磁化；当薄膜厚度大于 40 nm 时，面外磁化开始形成，从而解释了 Co 薄膜厚度与 THz 辐射强度之间的关系。

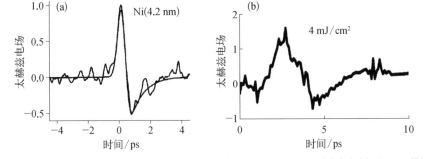

图 6-2
飞秒激光脉冲
辐照铁磁薄膜
产生 THz 辐射
脉冲

　　(a) 飞秒激光脉冲辐照 4.2 nm 厚的面内磁化 Ni 薄膜的 THz 辐射脉冲；(b) 飞秒激光脉冲辐照 12 nm 厚的 Fe 薄膜的 THz 辐射脉冲

　　尽管铁磁性薄膜的超快退磁效应辐射 THz 波已经在 Fe、Co、Ni 等薄膜中被广泛研究，但这些材料的自旋极化度相对较低。Fe、Co、Ni 的自旋极化度分别为

0.44、0.34、0.45。近期有文章报道,超快退磁效应辐射 THz 波的电场强度与铁磁薄膜的自旋极化度相关。我们希望有一种自旋极化度较高的材料来提高辐射 THz 波的电场强度。霍伊斯勒合金是一种半金属铁磁材料,理论上霍伊斯勒合金的自旋极化度高达 100%。

基于超短飞秒激光脉冲激发铁磁半金属霍伊斯勒合金 Co_2MnSn 薄膜实现了宽带 THz 辐射。单晶霍伊斯勒合金 Co_2MnSn 薄膜由脉冲激光沉积法制备在 MgO(001)衬底上(厚度为 0.5 mm),Co_2MnSn 的厚度为 25 nm,并且覆盖有一层 2 nm 的 MgO 作为保护层,以防止合金在空气中氧化,其自旋极化度高达 0.927。实验中所使用的钛蓝宝石激光脉冲(中心波长为 800 nm,重复频率为 1 kHz,脉冲宽度为 120 fs)激发产生 THz 辐射脉冲的实验示意图如图 6-3(a)所示。

图 6-3(b)为实验得到的 Co_2MnSn 薄膜的 THz 辐射信号,抽运光从霍伊斯

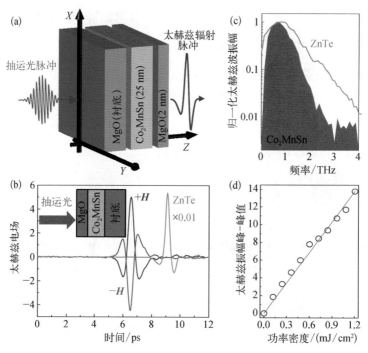

(a) 霍伊斯勒合金 Co_2MnSn 薄膜辐射 THz 波示意图,沿 y 方向的外加磁场强度为 200 mT;(b) 在正向外加磁场 (+**H**) 和反向外加磁场 (-**H**) 下 Co_2MnSn 薄膜的 THz 辐射信号,橘黄色曲线为相同泵浦功率(0.24 mJ/cm²)下 1 mm 厚度 ZnTe 辐射的 THz 辐射信号;(c) 红色区域: Co_2MnSn 薄膜[(b)中蓝色]的归一化傅里叶频谱 $|E_x(\omega)|$,红色曲线: ZnTe 晶体[(b)中红色曲线]的归一化傅里叶频谱 $|E_x(\omega)|$;(d) Co_2MnSn 薄膜太赫兹波振幅峰-峰值与抽运光功率密度的依赖关系,红色实线为线性拟合结果

图 6-3
典型的霍伊斯勒合金 Co_2MnSn 薄膜辐射 THz 辐射脉冲

勒合金薄膜面激发样品。通过研究外加磁场、样品对称性和激光功率对 THz 辐射脉冲的影响，实验结果证实了 THz 辐射脉冲起源于磁偶极子跃迁，即光诱导亚皮秒超快退磁。通过傅里叶变换时域信号 $E(t)$ 得到相应的振幅频谱 $|E_x(\omega)|$。图 6-3(c) 是 Co_2MnSn 薄膜和 ZnTe 晶体的归一化傅里叶频谱 $|E_x(\omega)|$。ZnTe 晶体所辐射的 THz 频率范围(0.1~3 THz)较 Co_2MnSn 薄膜的(0.1~2 THz)更宽一些。从应用角度看，Co_2MnSn 薄膜辐射的 THz 波的强度与标准样品 1 mm 厚的 ZnTe 晶体通过光整流效应辐射的 THz 波相比还是较低，如图 6-3(b) 中红色曲线所示。图 6-3(d) 表明 THz 波振幅峰-峰值随着抽运光功率密度的增加，而呈线性增加。假设 THz 辐射脉冲的电场强度正比于激光诱导样品磁化强度的湮灭，Co_2MnSn 薄膜磁化强度的改变量也将正比于抽运光功率密度。因此，THz 发射光谱能够被用来重构光诱导的亚皮秒磁动力学。此外，S. N. Zhang 等还研究了光激发 Co_2MnSn 薄膜的瞬态电导率的弛豫过程，不同于半导体材料中光激发诱导电导率的增加，光激发半金属霍伊斯勒合金薄膜增加了电子的散射概率，从而降低了材料的电导率。

6.2 瞬态逆自旋霍尔效应实现高功率 THz 辐射

2013 年，德国科学家 T. Kampfrath 等通过飞秒激光脉冲(10 fs, 800 nm, 2.5 nJ)激发铁磁/重金属异质结构。异质结构中，铁磁层中光诱导的自旋流注入非铁磁层，基于逆自旋霍尔效应(ISHE)，皮秒尺度的自旋流转化为电荷流，从而辐射 THz 电磁脉冲。如图 6-4(a) 所示，双层结构由铁磁层 Fe(10 nm) 和非铁磁层 Au(2 nm) 或 Ru(2 nm) 组成。当一束飞秒激光脉冲将铁磁层中的电子激发到高于费米能级的能态时，自旋向上和自旋向下电子的输运特性是不相等的。多数载流子的迁移率要比少数载流子的高，这将在铁磁层中产生净自旋流，并由铁磁层向非铁磁性金属覆盖层注入。自旋霍尔效应指的是移动的电子受到自旋轨道耦合的影响，自旋向上和自旋向下的电子向不同的方向偏转，从而产生自旋流。相反地，逆自旋霍尔效应将纵向的自旋流 (j_s) 转化为横向的电荷流 (j_c)。将自旋向上和自旋向下的电子偏转的角度定义为自旋霍尔角，如图 6-4(b) 所

示。在 ISHE 中,自旋流 $\boldsymbol{j}_s$、电荷流 $\boldsymbol{j}_c$ 与自旋霍尔角 γ 三者的关系为 $\boldsymbol{j}_c = \boldsymbol{j}_s \times \gamma \boldsymbol{M}/|\boldsymbol{M}|$。由纵向的自旋流转换而成的横向超快电流会对外产生电磁辐射,所产生的电磁波在 THz 波段,从而可以作为 THz 辐射源。

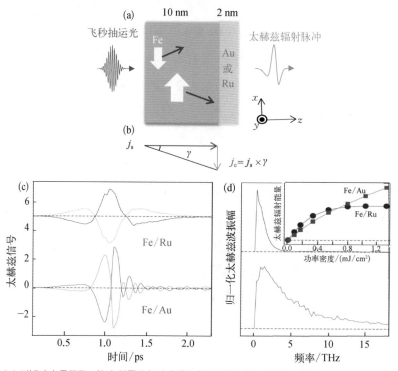

（a）（磁化方向平行于 y 轴,与纸面垂直）白色箭头表示自旋向上和自旋向下的电子;（b）ISHE 示意图,自旋流 $\boldsymbol{j}_s$ 转化为电荷流 $\boldsymbol{j}_c$;（c）磁化方向为正向和反向时,Fe/Ru 和 Fe/Au 的 THz 发射信号;（d）将（c）中的时域电场进行傅里叶变换后的频谱图,插图为 THz 辐射能量与抽运光功率密度的依赖关系

图 6-4
飞秒抽运光脉冲激发铁磁/非铁磁性金属薄膜异质结构辐射 THz 波

图 6-4(c)比较了 Fe/Ru 和 Fe/Au 在正向、反向磁场下得到的 THz 发射信号。当 M 反向时,THz 辐射脉冲都完全翻转,这有力证明了 THz 发射和样品的磁化有着密切的联系。将 THz 发射信号进行傅里叶变换,如图 6-4(d)所示,可以发现,Fe/Ru 的 THz 辐射范围为 0.3～4 THz,Fe/Au 的 THz 辐射光谱宽度接近 20 THz。插图表明两个样品的 THz 辐射能量对抽运光功率密度的依赖关系明显不同。对于 Fe/Ru 结构,THz 的辐射强度在抽运光功率密度达到 1 mJ/cm^2 时趋于饱和,而对于 Fe/Au 结构,THz 的辐射强度几乎呈线性增长。作者将这一现象解释为 Ru 层较 Au 层而言,有显著的自旋积累效应。Zhang 等通过设计不

同的非铁磁层(Pd 或 Ru)和铁磁层(CoFeB 或 CoFe)异质结构对 THz 辐射脉冲进行了优化。实验中发现 CoFeB/Pd 样品 THz 辐射的饱和效应小于 CoFeB/Ru 的。THz 辐射光谱已经成为一个快速有效且非破坏性的超快自旋行为探测器，被用来定性观测异质结的自旋积累效应。

基于逆自旋霍尔效应辐射的 THz 辐射脉冲的电场表达式可以写成

$$E(\omega) = Z(\omega)e\int_0^d \mathrm{d}z \gamma(z) j_s(z, \omega) \qquad (6-1)$$

式中，d 为薄膜的厚度；e 为基本电荷。根据广义的欧姆定律，辐射的 THz 电场等于电荷流 $-e\int \mathrm{d}z\gamma j_s$ 乘以阻抗 $-Z(\omega)$，式(6-1)量化了电荷流转变为电磁辐射的效率。$1/Z(\omega)$ 可理解为所有金属层与邻近的衬底以及空气并联的有效电导。根据式(6-1)，在给定的激光功率下，通过优化 Z、γ 和 j_s 可以获得最大化的 THz 输出。2016 年，T. Kampfrath 课题组通过改变异质结构中铁磁(FM)层和非铁磁(NM)层材料、样品的总厚度等对所辐射的 THz 辐射脉冲进行优化。

THz 辐射脉冲的振幅强烈地依赖于非铁磁层材料的选择，Pt 和 Pd 可以获得相对较大的 THz 发射强度。图 6-5(a)详细比较了双层异质结构辐射 THz 波的振幅特性。从图中可以看出，选择 W 作为非铁磁层材料时，所获得的 THz 强度与 Pd 相当，然而 THz 辐射脉冲的相位却翻转 180°。自旋霍尔电导率的第一性原理计算结果表明，Pd 与 W 的自旋霍尔电导率的符号与 THz 的相位相对应。符号的改变也与先前的报道一致，解释为 W 的 d 带电子是半满的，而 Pt 的 d 带电子是全满的。此外，当选用不同的铁磁材料组成双层异质结构时，如图 6-5(b)所示，$Co_{20}Fe_{60}B_{20}$ 组成的异质结构所辐射的 THz 波振幅大于 Fe、Ni、Co、Fe-Co 合金或 $Ni_{81}Fe_{19}$ 所组成的异质结构。

图 6-6(a)为 THz 辐射信号的振幅与 NM/FM 层异质结构总厚度 d(FM 层和 NM 层的厚度大致保持相等)与之间的函数关系。随着 d 从 25 nm 开始减小，THz 辐射信号的振幅逐渐增大，当 $d=4$ nm 时其值达到最大，然后迅速减小。2018 年 G. Torosyan 课题组基于逆自旋霍尔效应，利用生长在 MgO 和蓝宝石

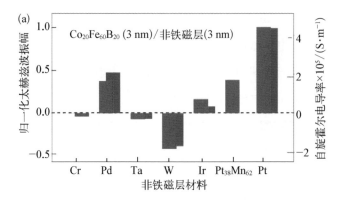

(a)

(b)

样品结构 $Co_{20}Fe_{60}B_{20}(3)/NM(3)$	归一化 THz 波振幅	样品结构 FM(3)/Pt(3)	归一化 THz 波振幅
$Co_{20}Fe_{60}B_{20}(3)/Cr(3)$	$-0.046\ 2$	$Ni(3)/Pt(3)$	0.094
$Co_{20}Fe_{60}B_{20}(3)/Pd(3)$	0.364	$Ni_{81}Fe_{19}(3)/Pt(3)$	0.604
$Co_{20}Fe_{60}B_{20}(3)/Ta(3)$	$-0.061\ 5$	$Fe(3)/Pt(3)$	0.642
$Co_{20}Fe_{60}B_{20}(3)/W(3)$	-0.41	$Co_{70}Fe_{30}(3)/Pt(3)$	0.679
$Co_{20}Fe_{60}B_{20}(3)/Ir(3)$	0.154	$Co(3)/Pt(3)$	0.698
$Co_{20}Fe_{60}B_{20}(3)/Pt_{38}Mn_{62}(3)$	0.385	$Co_{20}Fe_{60}B_{20}(3)/Pt(3)$	0.981
$Co_{20}Fe_{60}B_{20}(3)/Pt(3)$	1	$Co_{40}Fe_{40}B_{20}(3)/Pt(3)$	1

(a) $Co_{20}Fe_{60}B_{20}(3\ nm)$/非铁磁层(3 nm)异质结构中,THz波振幅与不同非铁磁层材料的依赖关系(橘色),并与第一性原理计算得到的自旋霍尔电导率(蓝色)做比较;(b) 不同 NM 层和 FM 层异质结构辐射的归一化 THz 波振幅(将 CoFeB/Pt 异质结构的辐射强度作为1),括号中的数字为 FM/NM 层的厚度,单位是 nm

图 6 - 5
非铁磁层优化
太 赫 兹 辐 射
信号

上的 Fe/Pt 双层膜,研究了飞秒激光诱导产生的宽带 THz 辐射脉冲。从层厚、生长参数、衬底和几何构置等方面对 THz 辐射脉冲进行了优化,系统地研究了在 0.5 mm 厚的 MgO 衬底上外延生长的 Fe/Pt 异质结构的 THz 辐射信号的振幅分别与 Pt 层厚度和 Fe 层厚度的依赖关系,如图 6 - 6(b)(c)所示。图 6 - 6(b)表明,对于 Fe(12 nm)/Pt(x nm)结构,保持 Fe 层厚度为 12 nm,Pt 层厚度从 0.25 nm 增加到 12 nm。实验发现,所产生的 THz 辐射信号的振幅最大时的最佳 Pt 层厚度在 2～3 nm。以最优化的 Pt 层厚度来确定最佳的 Fe 层厚度,从而设计 Fe(x nm)/Pt(3 nm)结构,此时,Pt 层厚度确定为 3 nm,Fe 层厚度从 1 nm 增加到 12 nm,如图 6 - 6(c)所示,随着 Fe 层厚度的减小,THz 辐射信号的振幅逐渐增加。然而,对于厚度小于 2 nm 的 Fe 层,THz 辐射信号的振幅明显快速减小。该减小过程归因于 Fe 层磁性的逐渐减弱,并得到临界厚度为 $d_0 = 0.9$ nm。该实验最终得到 THz 发射的最佳异质结构为 Fe(2 nm)/Pt(3 nm)。Fe 层厚度和 Pt 层厚度依赖的 THz 辐射信号的振幅可由下式描述:

$$E_{THz} \propto \frac{P_{abs}}{d_{Fe} + d_{Pt}} \cdot \tanh\left(\frac{d_{Fe} - d_0}{2\lambda_{pol}}\right) \cdot \frac{1}{n_{air} + n_{MgO} + Z_0 \cdot (\sigma_{Fe} d_{Fe} + \sigma_{Pt} d_{Pt})} \cdot$$

$$\tanh\left(\frac{d_{Pt}}{2\lambda_{Pt}}\right) \cdot \exp[-(d_{Fe} + d_{Pt})/S_{THz}] \qquad (6-2)$$

式中,P_{abs} 为 THz 发射器吸收激光的功率;n_{air}、n_{MgO}、Z_0 分别为空气的折射率、MgO 的折射率和真空阻抗。这一模型能很好地解释两个实验结果:① 在特定 Fe 层厚度以上 THz 辐射脉冲才开始产生;② 在相对小的层厚度上 THz 辐射脉冲达到最大值。式(6-2)中的连乘表明 THz 辐射脉冲强度的贡献分成了以下若干项:第一项为金属层对飞秒激光的吸收;第二项为自旋流从 Fe 流向 Pt 时的产生与扩散,考虑到当 Fe 层的厚度小于某一个特定值后磁性将消失,这里引入临界厚度 d_0,λ_{pol} 描述了当 Fe 层的厚度超过临界厚度 d_0 时,自旋极化的饱和特征常数;第三项和第四项为双曲正切函数除以总的阻抗,表示 Pt 层中的自旋积累依赖于自旋流在 Pt 中有限的扩散长度 λ_{Pt},σ_{Fe} 和 σ_{Pt} 分别为 Fe 薄层和 Pt 薄层的电导率;最后一项描述了 THz 在金属层中传播的衰减,S_{THz} 是金属层的有效 THz 衰减系数的倒数。

在考虑金属薄膜内 THz 辐射的振幅与金属层厚度 d 的依赖关系时,还不能忽略一个著名的光学效应,即法布里-珀罗谐振腔效应,如图 6-7(a)所示。该效应将共振地加强抽运光和所辐射的 THz 波。当腔长 d 远小于实验所涉及的波长时,腔内的反射回波将相干相长。随着腔长的逐渐缩短,在光波衰减之前将出现更多的回波,结果甚至会加强 THz 波的辐射。然而,在临界厚度 d_c 以下,腔表面处的反射损耗远超过金属块体的吸收。当 $d < d_c$ 时,抽运光和 THz 电场的增强效应将饱和,不再对 THz 发射器体积的缩小进行补偿。因此,实验测到的 THz 辐射信号的振幅随着 d 的减小先增加,在达到最大值后迅速减小,这与实验观察到的结果一致。

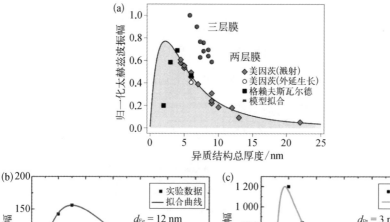

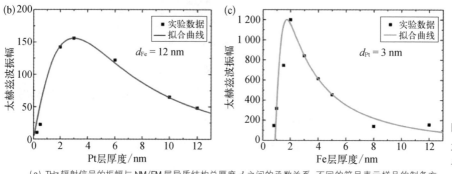

（a）THz 辐射信号的振幅与 NM/FM 层异质结构总厚度 d 之间的函数关系,不同的符号表示样品的制备方法不同,实线是拟合曲线;（b）当 $d_{Fe} = 12$ nm 时,THz 辐射信号的振幅与 Pt 层厚度的依赖关系;（c）当 $d_{Pt} = 3$ nm 时,THz 辐射信号的振幅与 Fe 层厚度的依赖关系,（b）（c）中的实线为式（6-2）的拟合曲线

图 6-6 太赫兹辐射信号的振幅与铁磁异质结构厚度的依赖关系

对铁磁/非铁磁金属双层膜 THz 发射源进行优化后,T. Kampfrath 课题组利用背向传输的自旋流,设计并制备了三层膜 THz 发射结构,即 W/$Co_{20}Fe_{60}B_{20}$/Pt,如图 6-7（b）所示。由于 W 和 Pt 的自旋霍尔角相对较大且符号相反,对于相同方向传播的自旋流将产生相位相反的 THz 辐射脉冲。然而,相反传播的自旋流在 W 层和 Pt 层中将产生相同方向的电荷流,从而产生相同相位的 THz 辐射脉冲,这将有效提高 THz 辐射脉冲的振幅。实验发现,总厚度为 5.8 nm 的三层膜结构 W（2 nm）/$Co_{20}Fe_{60}B_{20}$（1.8 nm）/Pt（2 nm）所辐射 THz 波的振幅比最优的双层结构 CoFeB/Pt 高 40%。三层膜结构的厚度比二层膜结构的厚度大约 50%。也就是说,通过背向传输自旋流产生的 THz 辐射脉冲能够弥补金属厚度对 THz 辐射脉冲的吸收。如图 6-7（c）所示,将三层膜 THz 发射器与 0.25 nm 厚的 GaP（110）、1 nm 厚的 ZnTe（110）、光电导开关三种传统的 THz 发射器进行比较,在相同的实验条件下,所有的发射器的 THz 波振幅都随着抽

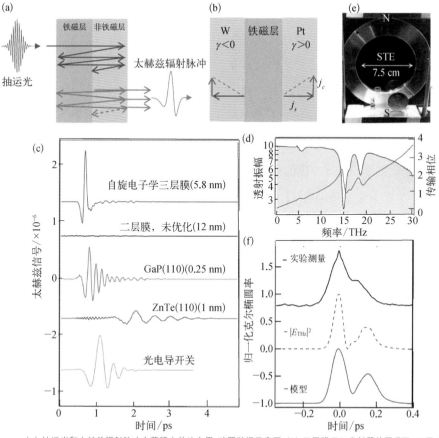

(a) 抽运光 铁磁层 非铁磁层 太赫兹辐射脉冲

(b) W γ<0 铁磁层 Pt γ>0 j_c j_s

(e) N STE 7.5 cm S

(c) 太赫兹信号/×10⁻⁶

自旋电子学三层膜(5.8 nm)

二层膜，未优化(12 nm)

GaP(110)(0.25 nm)

ZnTe(110)(1 nm)

光电导开关

时间/ps

(d) 透射振幅 传输相位 频率/THz

(f) 归一化克尔椭圆率

— 实验测量

— $-|E_{THz}|^2$

— 模型

时间/ps

图 6-7
飞秒激光在铁磁/非铁磁性金属异质结构中增强 THz 波

(a) 抽运光和太赫兹辐射脉冲在薄膜中的法布里-珀罗谐振示意图;(b) 三层膜 THz 发射器的原理图,W 层和 P 层的自旋霍尔角符号相反,将产生同一方向的瞬态电荷流;(c) 自旋电子学 THz 发射器与光电导天线、ZnTe 和 GaP 所产生的 THz 信号进行对比;(d) 厚度为 7.5 μm 的聚四氟乙烯薄膜的宽带 THz 透射振幅(黑色曲线)和传输相位(红色曲线);(e) 大尺寸的自旋电子学 THz 发射器照片,标有 N 和 S 的条形磁铁提供了不小于 10 mT 的磁场,图中用一个 2 欧元的硬币作为尺寸的比例参考;(f) 金刚石的 THz 克尔效应,用 (e) 中所示的高强度 THz 抽运光脉冲诱导经过金刚石的近红外探测脉冲的瞬态椭圆率(黑色实线所示),图中也分别给出了 THz 电场的平方(灰色虚线所示)和模拟的克尔椭圆率(红色实线所示),为了清晰起见,对所有的曲线进行了归一化和偏移处理

运光功率的增加而线性增加。对于 ZnTe 晶体和 GaP 晶体,THz 电光信号由快、慢两部分振荡组成,分别对应于低于晶体和高于晶体的声子能带。损耗区对 THz 波强的吸收导致 ZnTe 的振幅谱上 3～10 THz 的带隙的产生,而 GaP 的振幅谱上的带隙位于 7～13 THz。相比之下,5.8 nm 厚的 $W/Co_{20}Fe_{60}B_{20}/Pt$ 三层膜产生的 THz 辐射脉冲覆盖了 2.5～14 THz。此外,光电导天线和自旋电子学 THz 发射器在时域上的 THz 波振幅接近,更重要的是它们的性能在频谱上是互补的。在激光振荡器相同的驱动条件下,自旋电子学 THz 发射器在带宽、振

幅、灵活性和成本方面都优于 ZnTe(110)晶体 THz 发射器。

基于自旋电子学的 THz 光源已经可以开展超带宽 THz 光谱学的研究。厚度为 7.5 μm 的聚四氟乙烯薄膜的宽带 THz 透射振幅和传输相位如图 6-7(d)所示。聚四氟乙烯在 6 THz、15 THz 和 18 THz 处的共振吸收与先前通过空气等离子体产生的 THz 光谱实验结果是一致的。然而，空气等离子体产生 THz 波所需的激光脉冲能量比自旋电子学 THz 发射器所用的振荡器激光脉冲能量高五个数量级。值得一提的是，自旋电子学 THz 发射器具有宽带和无能隙的 THz 频谱，这是其他固态 THz 发射器都很难得到的。

2017 年 T. Seifert 课题组利用飞秒激光脉冲（能量为 5.5 mJ、持续时间为 40 fs、波长为 800 nm）激发大尺寸玻璃衬底（直径为 7.5 cm、厚度为 500 μm）上的三层膜结构 W(1.8 nm)/ $Co_{20}Fe_{60}B_{20}$(2 nm)/Pt(1.8 nm)，如图 6-7(e)所示。实验得到 THz 辐射脉冲的持续时间为 230 fs，峰值电场达到 300 kV · cm^{-1}，脉冲能量为 5 nJ。无能隙的频谱覆盖 1~10 THz。在这个频段内，亚皮秒时间尺度上，足以对物质进行非线性控制。图 6-7(f)为金刚石中，THz 辐射脉冲所诱导的探测脉冲的椭圆率变化，与 THz 电场的平方类似，样品的响应属于 $\chi^{(3)}$ 型（三阶）非线性光学效应。为了更好地说明这一点，M. Sajadi 等在考虑抽运光与探测光束之间的相位失配后，模拟了克尔型抽运-探测信号，如图 6-7(f)中的红色实线所示。理论计算结果与实验测量的数据吻合，之间细微的差异可能是由在测量中紧聚焦的 THz 辐射脉冲光束导致的棱镜效应，以及金刚石在 THz 波段的折射率色散导致的。目前所观察到的 THz 克尔效应表明，自旋电子学 THz 发射器可以作为 THz 强场光源。

2017 年 Y. Wu 等在柔性衬底上制作了性能优异的自旋电子学 THz 发射器，如图 6-8(a)中的插图所示。Pt/Co 双层结构制备于聚对苯二甲酸乙二醇酯(PET)柔性衬底上，在四种不同的弯曲曲率下测得 THz 发射信号，如图 6-8(a)所示。在弯曲曲率较大的情况下，器件性能并没有进一步恶化。在柔性衬底上自旋电子学 THz 发射器的高性能与机械稳定性，为未来实现可穿戴设备提供了可能。

2017 年 Y. Sasaki 等通过改变 CoFeB 层的厚度和退火温度，研究了 Ta/

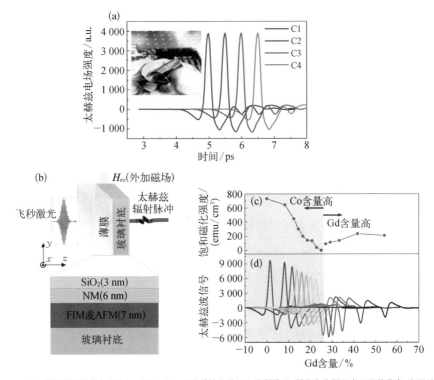

图6-8
THz辐射脉冲
的调控实验

(a) 柔性 PET 衬底上 Pt (4 nm)/Co (4 nm)异质结构的 THz 发射信号,样品弯曲到四个不同的程度,为了清晰起见,对数据进行了水平移动,插图是自旋电子学 THz 发射器弯曲的照片;(b) 薄膜堆叠结构和 THz 发射实验示意图,实验中 800 nm 的线偏振抽运光脉冲从薄膜面入射,沿 x 轴方向测量所发射的 THz 信号,沿 y 轴方向施加外加磁场 (H_{ex} = 1 000 Oe);(c) 振动样品磁强计测量的饱和磁化强度;(d) CoGd/Pt样品的 THz 波信号与 Gd 含量的关系,其中阴影部分为 Co 含量高的区域,白色部分为 Gd 含量高的区域,所有的 THz 波信号都有相同的延迟时间,根据相应的 Gd 含量进行了水平移动,曲线的最大峰或谷的位置表示 Gd 的含量

CoFeB/MgO样品的 THz 辐射特性。值得注意的是,CoFeB 层经过退火处理后,样品的 THz 辐射强度明显优于未经过退火处理的样品。当退火温度为 300℃、CoFeB层的厚度为 1 nm 时,样品的 THz 辐射强度是未退火处理、相同厚度样品的 1.5 倍。这是由于在 MgO 层作用下,退火处理使得 CoFeB 层结晶,增加了该层中热电子的平均自由程,导致 THz 辐射的增强。随着退火温度的增加,THz 辐射强度随之先增加,达到一个最大值后,逐渐减小。随着 CoFeB 层厚度的增加,THz 辐射强度的最大值出现在更高的退火温度处。

近年来,作为 THz 光源的铁磁/非铁磁异质结构受到了广泛的研究,THz 发射光谱也已经在揭示 THz 频率范围内的自旋动力学方面发挥了重要的作用。除了铁磁材料,其他有趣的磁有序材料,比如亚铁磁和反铁磁材料的超快动力学在 THz 范围内,也吸引了科研人员的研究兴趣。

2018 年,M. J. Chen 课题组研究了亚铁磁性(FIM)的 Co‐Gd 合金和反铁磁性的 IrMn 组成的异质结构的 THz 发射情况。详细研究了 Co‐Gd/Pt 异质结构的组分和温度依赖的 THz 辐射脉冲。实验发现 THz 辐射脉冲取决于激光诱导自旋流的净自旋极化,而不是材料的净磁矩。实验装置如图 6‐8(b)所示,实验中沿 y 轴施加约 1 000 Oe 的外加磁场,使用能量为 220 μJ 的线偏振抽运光脉冲激发样品。将 7 nm 厚的 $Co_{1-x}Gd_x$ 亚铁磁层($x=0\%\sim50\%$)沉积于玻璃衬底上,非磁金属层为 6 nm 的 Pt,并在表面覆盖了 3 nm 的 SiO_2 保护层。FIM/NM 双层异质结构的 THz 发射结果如图 6‐8(c)(d)所示。如图 6‐8(c)所示,利用振动样品磁强计测量样品的饱和磁化强度 M_s,从而判断样品的补偿点为 $x\approx26\%$。当 $x<26\%$ 时,FIM 合金中 Co 的含量占支配地位。此时,Co 晶格的磁矩与外加磁场平行,而 Gd 的磁矩与外加磁场反平行。当 $x>26\%$ 时,合金中 Gd 的含量占支配地位。此时,Co 晶格的磁矩与外加磁场反平行,而 Gd 的磁矩与外加磁场平行。THz 发射光谱实验结果如图 6‐8(d)所示,THz 波信号的强度随着 Gd 含量的增大而减小,而饱和磁化强度 M_s 随 Gd 含量的增大先减小,当 $x>26\%$ 时 M_s 随 Gd 含量的增大而增大。在补偿点 $x=26\%$ 处,M_s 接近零。然而,THz 信号在 $x=26\%$ 处发生了符号反转,THz 辐射脉冲并没有消失。实验结果表明,样品的净磁化强度似乎与 THz 信号强度没有很强的关联性。此外,M. J. Chen 等在反铁磁的 $Ir_{25}Mn_{75}$/Pt 双层异质结构中没有观察到激光诱导的 THz 辐射脉冲。与之对应地,在净磁化强度为零的 FIM/NM 双层膜中可以实现光诱导的自旋流激发。实验结果表明,亚铁磁体不仅可以用于强 THz 发射,THz 发射光谱也为磁补偿点附近的自旋动力学提供了一种新的研究方法。

目前的铁磁/非铁磁异质结 THz 发射器的设计主要通过优化样品材料、厚度、尺寸和结构来增强其 THz 辐射强度。然而,从飞秒激光脉冲吸收与利用的角度看,现有的设计有超过 50% 的脉冲能量被浪费,从而限制了 THz 波产生效率的提高。为了解决这一问题,最近 Z. Feng 和 W. Tan 等构建了一种金属‐电介质光子晶体结构的 THz 发射器。利用激光在光子晶体结构中的多重散射和干涉,同时抑制磁性金属层对激光的反射和透射,成倍地提升了激光的吸收率,从而提升了 THz 波的产生效率。金属-电介质光子晶体结构的自旋电子学 THz 发射器如图 6-9(a)所示,其由周期性的金属-电介质薄膜组成$[\text{SiO}_2/\text{NM}_1/\text{FM}/\text{NM}_2]_n$,$n$ 为周期数,采用 Pt(1.8 nm)/Fe(1.8 nm)/W(1.8 nm)作为 THz 发射器。利用转移矩阵模型分别优化了光子晶体的周期数 n 和介质层厚度 d 来提高其对飞秒激光的吸收率,如图 6-9(b)中的实线所示。当 $n=1$ 时,光子晶体对飞秒激光的吸收率随着介质层厚度 d 的增加缓慢增加,当 $d=100$ nm 时达到最大值,然而最高的吸收率仍低于 50%。当 $n=2$ 和 $n=3$ 时,吸收率随着 d 的增加急剧增加,n 越大吸收率的最大值也越大。当 $n=3$ 时,吸收率超过了 90%,是 $n=1$ 时最大值的两倍以上。为了验证理论计算结果,作者通过磁控溅射法在 MgO 衬底上生长了一系列不同介质层厚度和周期数的光子晶体样品。在飞秒激光辐照下,测试了样品的透过率与反射率,从而获得了样品对飞秒激光的吸收率。图 6-9(b)中的实心符号表示光子晶体对飞秒激光的吸收率与其介质层厚度和周

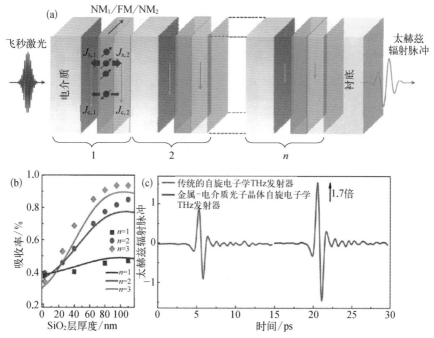

图 6-9
典型的铁磁/
非铁磁金属-
电介质光子晶
体结构的太赫
兹辐射实验

(a) 金属-电介质光子晶体结构($[\text{SiO}_2(d)/\text{Pt}(1.8 \text{ nm})/\text{Fe}(1.8 \text{ nm})/\text{W}(1.8 \text{ nm})]_n$)的自旋电子学 THz 发射器示意图;(b)当 $n=1,2,3$ 时,光子晶体对飞秒激光的吸收率与 SiO_2 层厚度的依赖关系,实心符号为实验结果,实线为理论计算结果;(c) $n=3$, $d=110$ nm 的光子晶体(红色线所示)与三层膜结构($n=1$, $d=2$ nm)(蓝色线所示)的 THz 辐射信号

期数的依赖关系，可见实验结果与理论计算结果符合得很好。当 $n=2$ 和 $n=3$ 时，光子晶体的吸收率最大值分别达到了 82% 和 93%。相比于之前报道的自旋电子学 THz 发射器（$n=1$，$d=2\,\mathrm{nm}$），光子晶体对飞秒激光的吸收率提高了 2 倍多。实验结果表明，激光的吸收率和 THz 波强度相对应，并与理论计算结果高度吻合。如图 6-9(c) 所示，金属-电介质光子晶体（$n=3$，$d=110\,\mathrm{nm}$）的 THz 波峰值强度比原先的三层膜 THz 发射器（$n=1$，$d=2\,\mathrm{nm}$）大 1.7 倍。光子晶体结构为提高 THz 发射效率提供了一种新的手段。

除了对 THz 辐射脉冲的优化，也可以通过外加磁场、微纳加工、制备光子晶体等手段来调控自旋电子学 THz 发射器所辐射的 THz 波。2016 年，Yang 等利用微纳加工技术实现 Fe/Pt 样品辐射 THz 波的调制，如图 6-10(a)(b) 所示。图 6-10(c) 是条纹结构的光学显微图，铁磁条纹宽度和间隔宽度皆为 $5\,\mu\mathrm{m}$。固定外加磁场的方向不变，定义外加磁场方向与条纹方向之间的夹角为 θ。在方位角 θ 从 $0°$ 增加到 $90°$ 的过程中，Fe/Pt 条纹结构样品辐射的 THz 信号逐渐增

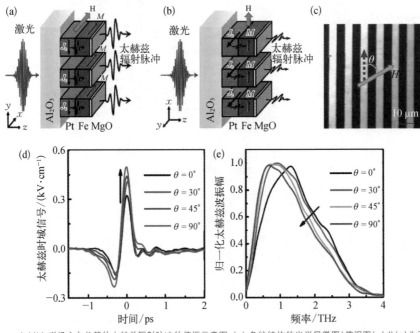

（a）（b）磁场方向依赖的太赫兹辐射脉冲的偏振示意图；（c）条纹结构的光学显微图（俯视图）；（d）（e）为不同条纹方向下的 THz 时域信号和频域信号，方位角 θ 为外加磁场方向与条纹方向之间的夹角，黑色箭头表示方位角 θ 从 $0°$ 增加到 $90°$

图 6-10 典型的 Fe/Pt 条纹结构异质结的太赫兹辐射脉冲实验

大,如图 6 - 10(d)所示。$\theta=0°$的 THz 辐射脉冲强度比在 $\theta=90°$时的小了将近 40%。在频域上,当 θ 从 0°增加到 90°时,归一化的 THz 信号频谱发生红移,峰值频率从 1.3 THz 减小到 0.6 THz,如图 6 - 10(e)所示。实验中各向异性的 THz 辐射脉冲被定性地理解为条纹结构对电流的限制效应。当 $\theta=0°$时,外加磁场方向沿着条纹方向,Pt 层中产生的瞬时电荷流方向垂直于条纹方向,这会导致在条纹边缘发生电荷积累。电荷积累会在条纹中产生一个反向的瞬态电磁场,这会减弱和改变最初激光诱导的电荷流。当 $\theta=90°$时,外加磁场方向垂直于条纹方向,瞬时电荷流方向平行于条纹方向,此时电荷流限制效应可以忽略不计。因此,瞬态的电荷流限制效应导致观测到的 THz 信号强度改变和频谱移动。从应用角度看,通过旋转 Fe/Pt 条纹结构,可有效调节 THz 辐射脉冲的强度与中心频率。实验结果表明,微纳加工为制备宽带可调谐的自旋电子学 THz 发射器提供了一种可行的方案。

6.3 Rashba 界面上的 THz 辐射

除了自旋霍尔效应外,界面 Rashba 自旋轨道耦合效应同样可以实现自旋流-电荷流转换。Rashba 自旋轨道耦合本质上是电子所处环境的空间反演对称性破缺的相对论表现。无外加磁场情况下,一个在电场中运动的电子会在自己的本征坐标系内感受到一个等效磁场作用。等效磁场的方向和电子的动量方向有关,由此导致的能带结构如图 6 - 11(a)所示,结果表明一定方向的动量对应着一定方向的自旋极化。当有电子流动时,界面上电子的动量将在某个方向产生不平衡,由于动量方向和自旋极化方向的高度相关性,动量的不平衡必然导致自旋极化的不平衡,从而产生自旋积累,这种效应称为 Rashba - Edelstein 效应(简称"REE")。和自旋霍尔效应相似,Rashba - Edelstein 效应也存在逆效应,称为逆 Rashba - Edelstein 效应(简称"IREE")。自旋积聚会导致电子动量的不平衡,从而产生电流。值得一提的是,自旋霍尔效应是体效应,而 Rashba - Edelstein 效应只发生在界面上。

2013 年,J. C. R. Sánchez 课题组在 Ag/Bi 界面中发现了 IREE。具体实验

中,利用自旋泵浦效应注入自旋流。当 Ni－Fe 合金处于铁磁共振状态时,由于界面的角动量转换,Ni－Fe 合金中不断进动的磁矩使自旋流源源不断地注入 Ag/Bi 界面。由于 Ag/Bi 界面处存在 Rashba 自旋轨道耦合,将自旋和动量锁定在一起。注入的自旋流使界面发生自旋积累,造成原本关于原点对称的自旋能带结构发生位移,自旋分布不再关于原点对称。自旋分布的不对称性必然在电荷动量的层面上导致不对称,这就等价于电子的集体运动表现出方向性,即产生电流。在 Ag/Bi 界面测量得到的电压信号相比于单独的 Ag 和 Bi 有明显的增强,这正是由界面的 Rashba 自旋轨道耦合所引起的。目前科研人员只在输运实验和微波至几个吉赫兹测试中尝试研究 IREE,极少在 THz 波段进行研究。

最近来自美国阿贡国家实验室和中国复旦大学/电子科技大学的两个独立课题组分别利用飞秒激光实现了 Ag/Bi 界面上基于 IREE 的超快自旋流-电荷流转换,可以描述为 $j_c \propto \lambda_{IREE} j_s \times Z$,其中,$\lambda_{IREE}$ 是 IREE 系数,且正比于 Rashba 系数;j_s 为自旋流;Z 是电位梯度的方向(垂直于界面),如图 6－11(b)所示。实验结果表明,IREE 可以工作于飞秒时间尺度,并辐射宽带 THz 辐射脉冲。

图 6－11(c)(d)比较了双层参考样品包括 CoFeB/Bi、CoFeB/Al 和三层参考样品 CoFeB/Ag/Al、MgO/Ag/Bi、CoFeB/Ag/Bi 的 THz 辐射时域波形和频域波形。对于 CoFeB/Al 而言,由于 Al 几乎没有逆自旋霍尔效应,覆盖层 Al 只是起到了防止氧化的作用。在没有铁磁层 CoFeB 的 MgO/Ag/Bi 样品中没有观察到 THz 发射信号,说明参考样品中的 THz 发射信号都与铁磁层 CoFeB 相关。三层参考样品所辐射的 THz 波的电场强度超过双层参考样品 2 个数量级以上。实验结果表明 Ag/Bi 界面在 THz 辐射脉冲产生过程中的重要性。当反转磁场方向时,THz 信号有 180°的相移,如图 6－11(c)中的插图所示。此外,Zhou 等比较了 Fe/Ag/Bi 和 Fe/Bi/Ag 的实验结果,发现更换了 Ag 层和 Bi 层的顺序,也会使 THz 发射信号发生 180°的相移,如图 6－11(e)所示。施加磁场的方向依赖和激发层顺序依赖的 THz 发射实验结果都支持基于 IREE 机制产生 THz 辐射脉冲。

图 6－11(f)所示为对光强归一化后的 Fe/Ag/Bi 和 Fe/Bi/Ag 三层样品的 THz 峰峰值与 Bi 厚度的依赖关系。由图可知,当 Bi 层厚度大于 0.5 nm 时,

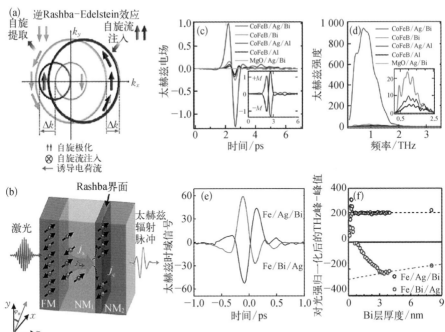

图 6-11
典型的基于
IREE 的太赫兹
辐射实验

(a) IREE 示意图；(b) 基于 IREE 的超快激光 THz 辐射示意图；Ag/Bi 界面和其他参考样品的太赫兹时域信号(c)和频域信号(d)；(e) Fe/Ag/Bi 和 Fe/Bi/Ag 结构在时域上的 THz 辐射信号；(f) 对光强归一化后的 Fe/Ag/Bi 和 Fe/Bi/Ag 三层样品的 THz 峰-峰值与 Bi 层厚度的依赖关系，黑色虚线为常数拟合，红色虚线为指数拟合

Fe/Ag/Bi 的 THz 发射信号几乎与 Bi 层厚度无关，这符合对 IREE 机制实现 THz 发射的预期。然而 Fe/Bi/Ag 的 THz 发射信号却随着 Bi 层厚度的增加而减小，尽管当 $d_{Bi} > 3$ nm 时，已经很好地形成了 Rashba 界面，这一实验结果可以合理地解释为自旋流在流经 Bi 层时的衰减。根据 $j_s(d_{Bi}) \propto \exp\left(-\dfrac{d_{Bi}}{\lambda_s^{Bi}}\right)$，可以估算出 Bi 层中自旋的扩散长度 λ_s^{Bi} 约为 17 nm。另一个值得注意的问题是，对于这两个三层样品，在 d_{Bi} 约为 0.3 nm 时，都出现了 THz 发射信号的迅速上升和下降。这可以解释为在 Ag 上沉积前几个 Bi 单层膜时，可能会出现具有强自旋轨道耦合的 AgBi 表面合金。因此，当 $0 < d_{Bi} < 0.5$ nm 时，所观察到的 THz 发射信号是 IREE 和自旋霍尔效应(SHE)的叠加效果。这一叠加状态可以通过控制 Ag/Bi 界面的对称性来调控，这也很好地解释了 Fe/Bi/Ag 中 THz 发射信号的符号变化。

实验中，M. B. Jungfleisch 等所观察到的 THz 辐射脉冲的偏振方向几乎与磁化矢量的方向垂直(记为 E_x)。相比之下，在与磁化矢量平行的方向上所观察到的 THz 发射信号 E_y 的大小为 E_x 的百分之几。更有趣的是,实验还发现 E_y 受激发光圆偏振特性的控制,即左旋圆偏振光和右旋圆偏振光激发产生的 THz 辐射 E_y 具有 $180°$ 相移。值得注意的是:① 在 CoFeB/Pt 和其他参考样品中都没有观察到任何依赖圆偏振激发光的 E_y 分量;② 参考样品的 THz 辐射 E_x 都不存在圆偏振依赖关系;③ 在 CoFeB/Ag(2)/Bi 中由 IREE 机制产生的 THz 信号并不依赖于抽运光的偏振特性。作者排除了光吸收的圆偏振依赖性,将实验结果解释为逆法拉第效应的贡献。逆法拉第效应可能表现出平行于磁化矢量、圆偏振依赖的 THz 信号,具体描述为

$$j \propto n \times (M \times \sigma) \tag{6-3}$$

式中,j 为光电流;n 为垂直于界面的单位矢量;M 为磁化矢量;σ 为平行或反平行于光传播方向的轴向单位矢量。实验结果表明,在 Rashba 界面上自旋流转换的复杂性,同时开启了界面上自旋输运过程的相干光控制研究。此外,作者提出鉴于拓扑绝缘体的金属表面态具有本征的自旋动量锁定特性,利用铁磁/拓扑绝缘体异质结构可以进一步放大超快自旋-电荷的转换效率。

6.4 飞秒激光诱导反铁磁晶体的窄带 THz 辐射特性

铁磁材料在某一频率微波场的激发下,磁化强度矢量偏离平衡位置,随后该矢量将围绕有效磁场进动,这种现象称为铁磁共振。与之类似地,反铁磁材料也存在共振现象,即反铁磁共振,其共振频率处于 THz 频段。已知的反铁磁材料 NiO、MnO 和 MnF$_2$ 的反铁磁共振频率分别为 1 THz、0.83 THz 和 0.25 THz。

如第 4 章所述,利用 THz 波激发反铁磁共振时,THz 波被吸收,自旋亚晶格的磁化强度矢量 M_1 和 M_2 围绕易轴进动。这一过程存在逆过程,即利用其他方式激发反铁磁共振,当 M_1 和 M_2 进动时,可看作一个等效的磁偶极子 m(t)以共振频率振荡。由经典电磁场理论可知,磁偶极子振荡产生电磁波,由于振荡频率处于 THz 频段,因此产生 THz 波辐射。本节主要介绍利用飞秒激光脉冲激发反铁磁共振,实现单频 THz 波辐射。

2010 年,J. Nishitani 等利用飞秒激光脉冲激发 NiO 单晶的反铁磁共振从而产生 THz 波。实验中,利用线偏振的飞秒激光脉冲入射到反铁磁的 NiO 单晶上,通过 ZnTe 自由空间电光取样技术探测所产生的 THz 波。图 6 - 12(a)为测量得到的 THz 波时域波形,波形呈周期性振荡。对时域波形进行傅里叶变换得到其对应的频谱,振荡频率为 1 THz,如图 6 - 12(b)所示。1 THz 刚好是 NiO 单晶的反铁磁共振频率,这说明 THz 波的产生来源于反铁磁共振。利用飞秒激光脉冲照射反铁磁 MnO 单晶,也观测到频率为 0.83 THz 的单频 THz 辐射脉冲,与其反铁磁共振频率对应。

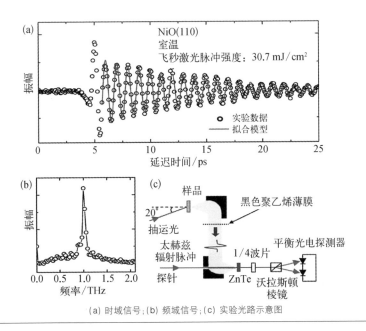

图 6 - 12
基于飞秒激光脉冲激发 NiO 单晶的反铁磁共振的 THz 波产生

(a) 时域信号;(b) 频域信号;(c) 实验光路示意图

单频 THz 波辐射的激发机制也吸引了人们广泛的研究兴趣。对于反铁磁体而言,自旋之间的交换相互作用的对角部分对应于磁有序,其哈密顿量写成 $\hat{H}_{ex}=J\Sigma_{i,j}(\hat{S}_i \cdot \hat{S}_j)$,其中,$J$ 为交换积分,$\hat{S}_i$ 和 $\hat{S}_j$ 为邻近的第 i 个和第 j 个磁性离子的自旋。交换相互作用是最强的量子效应之一,强度达到 10^3 T。与之对应地,反对角部分的哈密顿量写为 $\hat{H}_{DM}=2D \cdot \Sigma_{i,j}(\hat{S}_i \times \hat{S}_j)$,其中,$D$ 为 DM 相互作用参数,因此会产生具有倾角反铁磁的铁氧化物。利用光来控制交换相互作用吸引了包括量子计算、强关联材料等许多领域的研究兴趣。光诱导热化和光掺杂被认为可以调控交换相互作用,然而它们依赖于光的吸收,即只存在于特定的材料中,并非直接和瞬时的。一种直接的光电场的超快效应作用于交换相互作用,且对任意对称性的材料都是可行的,这种各向同性的光磁效应称为逆磁折射(inverse magneto-refraction,IMR)效应。IMR 效应可以形象地描述为,在光与物质相互作用的哈密顿量中引入一个各向同性项,即

$$\hat{H}_{\text{IMR}} = I_{\text{opt}}\alpha\Sigma_{i,j}(\hat{S}_i \cdot \hat{S}_j) + 2I_{\text{opt}}\beta \cdot \Sigma_{i,j}(\hat{S}_i \times \hat{S}_j) \qquad (6-4)$$

式中,I_{opt} 为光强;α 和 β 分别为标量系数和矢量系数。$\hat{H}_{\text{IMR}}$ 自身代表了磁折射,描述了折射率依赖于磁化强度的大小。由于光诱导的交换耦合参数的扰动所产生的作用于自旋上的力矩为

$$T_i = -\gamma\left(\mathbf{S}_i \times \frac{\partial\hat{H}_{\text{IMR}}}{\partial\mathbf{S}_i}\right) = -\gamma\Delta J(\mathbf{S}_i \times \mathbf{S}_j) - 2\gamma[\mathbf{S}_i \times (\mathbf{S}_i \times \Delta\mathbf{D})]$$

$$(6-5)$$

式中,γ 为旋磁比的绝对值;$\Delta J = \alpha I_{\text{opt}}$ 为光强依赖的海森堡交换积分;$\Delta\mathbf{D} = \beta I_{\text{opt}}$ 为光强依赖的 DM 矢量。当反铁磁材料中的自旋处于共线构置时,由于 $(\mathbf{S}_i \times \mathbf{S}_j) = 0$,上述的转矩 $T_i = 0$。与自旋-轨道相互作用的光扰动或者瞬态磁场不同,逆磁折射效应与光的偏振态无关。2015 年,R. V. Mikhaylovskiy 等研究了通过交换相互作用实现光电场与自旋的耦合,如图 6-13 所示。对稀土铁氧体(具有倾角自旋结构)的自旋共振超快光激发所产生的 THz 发射进行研究,从实验上证实了各向同性的光磁效应——逆磁折射效应。根据 THz 辐射强度进行估算,可知能量密度约为 1 mJ/cm² 的激光脉冲可以实现交换相互作用的亚皮秒调制,相当于一个 0.01 T 的脉冲有效磁场。

反铁磁性铁氧体具有弱铁磁性,比如硼酸铁 $FeBO_3$、稀土铁氧体 $RFeO_3$

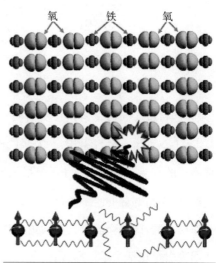

图 6-13 稀土铁氧体内飞秒激光脉冲调控交换相互作用机制示意图

等都是观察超交换相互作用的超快光调制的候选材料。在这些化合物中 Fe^{3+}（自旋量子数 $S=5/2$，轨道量子数 $L=0$）形成两套磁亚晶格，它们的自旋反平行耦合。由于存在 DM 反对角交换相互作用，导致反平行的自旋取向有 $0.5°\sim1°$ 的轻微倾斜。倾斜程度由 D/J 的值决定。交换耦合参数的超快调制将改变 D/J 的值，从而通过式(6-5)描述的转矩触发准铁磁共振模式。这一模式对应于弱磁矢量大小的振荡，然而并不改变其方向。所激发的振荡磁偶极子将辐射 THz 波。需要指出的是，辐射的磁偶极子必须处于样品的面内，也即垂直于光的传播方向。

如图 6-14(a)所示，为了说明 IMR 激发机制是各向同性的，R. V. Mikhaylovskiy 等详细研究了不同温度下 $FeBO_3$ 和 $TmFeO_3$ 产生的单频 THz 波辐射。图 6-14(b)(c)分别为温度小于等于 170 K 时 $FeBO_3$ 在不同温度下的 THz 发射的时域数据和频域数据，零延迟点对应于任意的起点位置。图 6-14 (d)(e)为 $TmFeO_3$ 在温度小于等于 52 K 时的发射谱及其对应的频谱。对时域数据进行傅里叶变换后得到的频谱数据可以用洛伦兹函数拟合。通过激光脉冲功率依赖和偏振依赖的实验，发现 THz 发射信号的振幅与抽运光强度成正比，与抽运光偏振无关。此外，实验还证实了 THz 激发机制关于抽运光的传播方向也是各向同性的。只有当磁化方向翻转时，THz 振荡信号的相位发生 π 相移，这证实了 THz 发射信号的磁起源。飞秒激光所激发的准反铁磁共振的光诱导转矩由自旋的取向决定，与光的偏振无关。

实验结果排除了基于逆法拉第效应（依赖于抽运光的椭圆偏振性）和逆 Cotton-Mouton 效应（依赖于光的偏振面与磁化方向的夹角）产生 THz 辐射脉冲的可能性。值得一提的是，在立方绝缘体 NiO 和 MnO 中，没有 DM 反对称交换相互作用。NiO 和 MnO 的 THz 发射机制中不包含相对于抽运光偏振各向同性这一项。在外加磁场为零的情况下，式(6-5)中的转矩为零。此外，实验所观察到的现象不能归因于光诱导的磁晶各向异性，如石榴石和 $TmFeO_3$ 中所报道的，因为这一机制只能激发低频的准铁磁模式。在缺少显著的面内各向异性的 $FeBO_3$ 中观察到单频 THz 波辐射也进一步证实了光诱导的逆磁折射效应。理论研究进一步表明，飞秒激光脉冲可以控制磁体中电子跳跃的速度，从而调控交

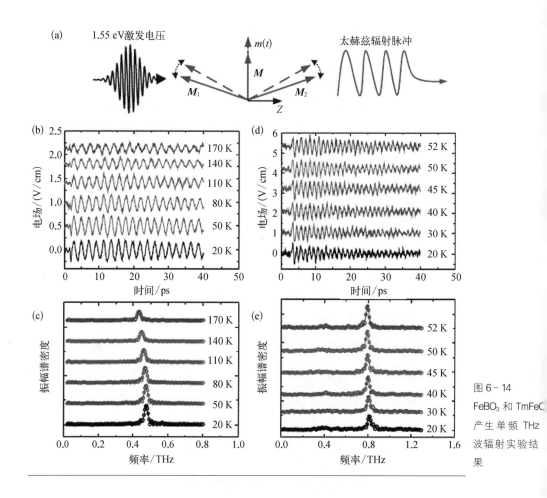

图 6－14
FeBO₃ 和 TmFeO
产生单频 THz
波辐射实验结
果

换相互作用强度。

　　最早观察到超快激光激发 $DyFeO_3$ 的准铁磁模式和准反铁磁模式,是由于 $DyFeO_3$ 具有极强的各向异性,其产生机制是光偏振依赖的逆法拉第效应和逆 Cotton－Mouton 效应。之后的研究表明,圆偏振飞秒激光可以激发 $TmFeO_3$、$HoFeO_3$、$FeBO_3$、$ErFeO_3$ 和 $SmPrFeO_3$ 中的准铁磁模式。通过光诱导热化和随后的自旋重取向相变,在 $TmFeO_3$、$ErFeO_3$ 和 $SmFeO_3$ 中报道了准铁磁模式的超快激发。之所以没有观察到与偏振无关的各向同性的逆磁折射效应,主要是因为之前的实验是基于依赖于磁光系数的磁光法拉第效应的,属于自旋动力学的间接测量。然而,THz 发射光谱作为探测磁振荡信号的直接方法,可以用来指认光激发的准反铁磁自旋共振中各向同性的贡献。需要特别指出的是,通过逆法拉第效应激发的准反铁磁模式只能在磁化方向为面外的样品中实现。然而在这种构型下,样品不能产生 THz 波,因此在 THz 发射光谱中并没有观察到逆法拉第效应的贡献。当然,无论是激光抽运-探测光谱还是 THz 发射光谱都将推动基于光控磁的新型技术的开发,并将有望引导自旋电子器件的发展。

6.5 顺磁性晶体的 THz 切连科夫辐射

正如第 4 章所述,圆偏振的飞秒激光已经被用于触发稀土铁氧体中的自旋振荡和实现亚铁磁合金中的磁矩翻转。然而,亚皮秒时间尺度上逆法拉第效应的物理机制依然存在争议。通常利用激光抽运-探测光谱和 THz 发射光谱来研究超快的光磁现象。最近,通过激光抽运-探测光谱的实验技术,圆偏振的飞秒激光已经被证实可以在铽镓石榴石(TGG)晶体中诱导瞬态的磁化。这里从光诱导磁化的移动脉冲中可以得到 THz 切连科夫辐射,进一步证明了 THz 发射光谱已经被认为是一种研究超快光磁现象的有效实验手段。

圆偏振抽运光脉冲沿着光学透明的磁光材料表面传播,通过 IFE 产生超快磁化。移动的磁矩在紧贴于 TGG 表面的输出棱镜中产生 THz 辐射脉冲的切连科夫锥。分析由此产生的 THz 波形,可对研究超快磁动力学提供有价值的信息。THz 波的正负极性反应了磁光费尔德常数的符号。Bakunov 等的理论工作预言,毫焦量级的放大器激光脉冲在 TGG 中能产生可测量的 THz 辐射脉冲。2013 年,俄罗斯科学家 S. D. Gorelov 等观察到了利用圆偏振飞秒激光脉冲通过逆法拉第效应在 TGG 晶体中产生传播的磁矩,从而发射 THz 切连科夫辐射,如图 6 - 15 所示。

实验过程中,在 TGG 薄片和 Si 棱镜之间加入一层铌酸锂电光材料作为实验中的参考信号用以调节光路,方便寻找 TGG 所产生的微弱 THz 发射信号,如图 6 - 15(a)所示,TGG 的厚度为 2 mm,LN 的厚度为 35 μm,高阻 Si 的顶角为 41°,抽运光的焦点为一条约 8 μm×6 mm 的线,THz 辐射脉冲由 1 mm 的 ZnTe 晶体通过自由空间电光取样技术探测。图 6 - 15(b)为三种不同偏振态的抽运

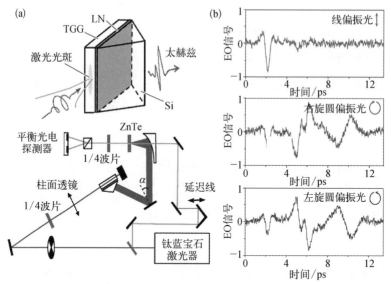

(a) 实验装置示意图，插图为 TGG - LN - Si 样品的三明治结构；(b) 分别在线偏振光、右旋圆偏振光和左旋圆偏振光激发下三明治结构所辐射的 THz 波形

图 6 - 15
TGG 晶体产生太赫兹切连科夫辐射实验

光产生的 THz 波形。由图可知，对于线偏振光激发，只能在 1～4 ps 延迟时间上观察到来自 LN 层的 THz 辐射脉冲，THz 发射信号来自抽运激光束的边缘。对于圆偏振光激发，所产生的 THz 波形由 LN 产生的 THz 参考信号（相比于线偏振光激发，其强度减小了一半）和 TGG 产生的 THz 发射信号（在大于 4 ps 的延迟时间上）组成。实验结果表明，由 TGG 所产生的 THz 波形的极性依赖于圆偏振光的旋性，这是非热光磁效应的标志。通过详细的分析可以知道，THz 发射信号的光磁部分是移动的超快磁矩的切连科夫辐射（4～8 ps）和 TGG 薄片瞬态发射信号（>8 ps）的叠加信号。实验中，通过重新调节平面镜，改变 α 约 7° 就能消除参考信号和瞬态辐射信号，只留下 TGG 产生的 THz 切连科夫辐射。此时，辐射 THz 光谱的带宽对应于有效光脉冲持续时间 τ_{eff}（400～500 fs），这与经过 TGG 晶体的光的脉冲宽度一致。

根据实验结果，THz 切连科夫辐射的极性取决于磁化矢量 $\boldsymbol{M}$ 的取向、抽运光脉冲的圆偏振特性和费尔德常数 V 的符号：

$$\boldsymbol{M} = \pm \hat{\boldsymbol{Z}} V \omega_{\text{opt}}^{-1} I \qquad (6-6)$$

式中，$\hat{Z}$ 是抽运光脉冲传播的单位矢量；ω_{opt}^{-1} 为光学频率；I 为光脉冲强度的包络线；费尔德常数 $V > 0$ 和 $V < 0$ 分别对应于抗磁性（与稀土离子的激发态的劈裂相关）和顺磁性（与稀土离子的基态劈裂相关）。通过对比参考样品 LN - Si 所辐射的 THz 波形，得到 $V < 0$，即 TGG 晶体中的超快 IFE 瞬态磁化具有顺磁性本质。基于实验测量，TGG 晶体在皮秒时间尺度的费尔德常数为其准静态值的 $0.1 \sim 0.3$。THz 发射光谱实验结果有助于阐明超快 IFE 的物理机制，特别是实验上证实了 TGG 为顺磁性介电体。

6.6　本章小结

本章回顾了近年来利用超快自旋动力学过程产生 THz 辐射脉冲的研究进展。首先介绍了飞秒激光脉冲在铁磁薄膜中的超快退磁诱导的 THz 辐射脉冲。其次详细介绍了基于逆自旋霍尔效应和逆 Rashba - Edelstein 效应的瞬态自旋-电荷转换，实验结果表明铁磁/非铁磁性异质结构已被用于设计低成本、高效率的 THz 辐射源。基于国内外最近的研究成果，科研人员通过优化铁磁/非铁磁金属膜厚、生长条件、衬底及结构，可进一步提高基于自旋电子学的 THz 发射器的效率和带宽。然后介绍了飞秒激光诱导反铁磁晶体 $RFeO_3$ 和 NiO 中窄带的 THz 辐射特性。最后，简要介绍了基于顺磁性的 TGG 晶体，以及切连科夫辐射机制产生 THz 辐射脉冲。本章介绍的结果表明不同的磁有序材料可以应用于新型的 THz 辐射源的设计与开发。

7

THz强场与磁有序
介质的非线性作用

随着飞秒激光技术的发展,产生电场强度高于 1 MV/cm(通常为 0.1～3 THz 的低频段),乃至高达数个 GV/cm(通常在频率为数十太赫兹的中红外频段)的 THz 辐射脉冲已经可以在实验室中获得,这为研究 THz 辐射脉冲与物质的非线性响应提供了可靠的光源。基于 THz 辐射脉冲电场与物质相互作用的研究包括 THz 诱导双折射现象、THz 强场诱导有质动能、THz 强场驱动的弹道输运特性、THz 强场驱动结构相变,以及 THz 强场诱导高次谐波产生等。

本章主要阐述 THz 强磁场与磁有序介质相互作用的动力学过程,重点综述最近几年有关 THz 强磁场与反铁磁介质的非线性相互作用。尽管人们很早就对反铁磁介质有所认识,但是就信息存储而言,正如 20 世纪 70 年代奈尔所宣称:"有趣但无用"。随着人们对反铁磁介质的深入研究,逐渐认识到利用反铁磁介质作为信息存储介质,有望克服目前广泛使用的基于铁磁材料的信息存储的瓶颈:存储密度和读写速度。反铁磁体对外不显磁性,因而不易受外加磁场的干扰,信息存储更安全。反铁磁的存储单元不易受到其邻近磁单元的影响。原则上,基于反铁磁体的数据存储密度可以达到每个原子作为一个存储字节,可极大地提高信息的存储密度。此外,反铁磁体具有较高的本征磁共振频率,一般位于 THz 频段,这比一般铁磁介质的磁共振频率高 2～3 个量级,可以极大地提高信息的读写速度。由于反铁磁体的磁共振频率位于 THz 频段,利用 THz 光谱研究 THz 辐射脉冲与反铁磁介质的非线性相互作用,探索磁振子的 THz 辐射脉冲非线性调控,既具有较高的学术价值,也具有非常广阔的应用前景。

对于 THz 辐射脉冲,其电场强度(E,单位为 V/m)与磁感应强度(B,单位为 T)的关系为 $B=E/c$,$c=3\times10^8$ m/s 为真空光速。本章第一节讨论 THz 强磁场诱导非线性塞曼转矩及其弛豫动力学;第二节讨论强 THz 辐射脉冲驱动反铁磁晶格声子振动,通过自旋-晶格耦合效应实现对反铁磁模式的非线性调控;第三节讨论强 THz 辐射脉冲或中红外脉冲诱导反铁磁介质产生有效磁场,进而实现反铁磁模式的非线性调控;第四节主要讨论强 THz 辐射脉冲诱导磁有序介质中二次谐波的产生。

7.1 THz 强磁场诱导非线性塞曼转矩

7.1.1 THz 强磁场诱导反铁磁非线性磁化动力学

本节仍然以稀土铁氧化物（$RFeO_3$）为研究对象。如第 4 章所述，可以用简化的双自旋模型很好地描述稀土铁氧化物晶胞中 Fe^{3+} 的自旋结构。用 S_1 和 S_2 表示相邻两个 Fe^{3+} 的自旋磁矩。在室温下，S_1 和 S_2 沿着 x 方向（对应晶体的 a 轴）反向排列的同时，每个自旋磁矩取向都偏离 a 轴约 1 mrad，因此，晶体沿 c 方向显现弱的宏观磁化。S_1 和 S_2 的大小均为 M。定义 $F = S_1 + S_2$，$G = S_1 - S_2$，矢量 F 对应 $RFeO_3$ 单晶中 Fe^{3+} 自旋体系的铁磁分量，矢量 G 为相应的反铁磁分量。当 THz 辐射脉冲入射到 $RFeO_3$ 晶体上时，THz 辐射脉冲的磁场分量 $H_{THz}(t)$ 诱导的自旋进动可以由 LLG 方程唯象地描述：

$$\frac{\partial}{\partial t}S_i = -\gamma S_i \times (H_{THz}(t) + H_i^{eff}) + \alpha S_i \times \frac{dS_i}{dt}(i = 1, 2) \qquad (7-1)$$

式中，γ 为旋磁比；α 为自旋进动阻尼系数；H_i^{eff} 为作用在第 i 个磁矩上的有效磁场，$H_i^{eff} = -\partial F / \partial S_i$，$F$ 为 Fe^{3+} 系统的磁自由能。

$$F = JS_1 \cdot S_2 + D \cdot (S_1 \times S_2) + A_{aa}(S_{1a}^2 + S_{2a}^2) + A_{cc}(S_{1c}^2 + S_{2c}^2) \qquad (7-2)$$

式中，J 和 D 分别为 $RFeO_3$ 系统的对称交换能和反对称交换能；A_{aa} 与 A_{cc} 为系统沿 a 轴和 c 轴的二阶磁各向异性能，其大小与温度有关。一般地，J 的数值是 D 的数十倍到数百倍，而 D 的数值则为 A_{aa} 和 A_{cc} 的数十倍到数百倍。比如对于 $HoFeO_3$ 晶体而言，$J = 640$ T，$D = 15$ T，$A_{aa} \sim A_{cc} = 0.02 \sim 0.1$ T（大小与温度密切相关）。

THz 辐射脉冲磁场 $H_{THz}(t)$ 与系统磁矩的塞曼作用由式(7-1)右边第一项所描述，如果 $H_{THz}(t)$ 比较小，这种塞曼转矩是线性的，这就是第 4 章所描述的准铁磁模式和准反铁磁模式的激发。如果 $H_{THz}(t)$ 足够大，将导致非线性塞曼转矩。这种非线性塞曼转矩仍然可以用式(7-1)来唯象地描述。一般地，基于飞秒激光脉冲的光整流效应产生的 THz 辐射脉冲的峰值场强很难高于 1 MV/cm，相应的磁场峰值约为 0.3 T，这样大小的磁场很难产生非线性塞曼转矩。为了获得更高的峰值磁场强度,日本京都大学的 Tanaka 研究组首先采用局域场增强方案获得强的局域磁场。其方案是在 RFeO$_3$ 单晶表面设计制作 THz 超结构,并使超结构的共振频率接近衬底的磁共振频率。这样,入射到样品表面的 THz 电场将产生一环形电流,根据毕奥-萨伐尔定律,环形电流感应出感生磁场,该感生磁场方向与环形电流垂直。对于特定形状和结构的 THz 超材料,THz 波诱导的感生磁场在特定位置处的增强高达 50 倍。因此,在特定位置处,可望获得高达数个特斯拉的瞬态 THz 磁场。如此高的瞬态 THz 磁场所产生的非线性塞曼转矩可以用来研究 RFeO$_3$ 磁共振的非线性响应。

RFeO$_3$ 介质一般具有较大的磁光系数,一般利用法拉第效应(透射构置)或磁光克尔效应(反射构置)来探测 THz 波对反铁磁介质中自旋波模式的激发及其弛豫动力学。当然,利用透射式 THz-TDS 系统,基于自由感应衰减过程,也可以获得自旋波模式的激发与弛豫动力学过程。不过,由于 THz 波的波长远长于可见光波长,因而其衍射极限光斑尺寸远远大于可见光。所以基于 THz-TDS 光谱的自由感应衰减测量方式只能获得数毫米尺寸范围的平均值,而利用可见光的磁光效应可以得到具有 1~2 μm 空间分辨率的自旋进动模式,极大地提高了自旋波的空间分辨率。尤其是基于超结构材料与 RFeO$_3$ 的复合体系,磁场增强只发生在很小的区域内(局域场增强),因而利用可见光的磁光效应探测自旋波模式的激发和弛豫动力学具有非常大的优越性。

下面以在 c-切的 HoFeO$_3$ 表面上制作一层 THz 超材料(开口谐振环 SRR 结构)的复合结构为例,讨论 THz 强磁场诱导自旋波模式的非线性响应。室温下,HoFeO$_3$ 的两个自旋波模式分别为准铁磁模式:$\nu_{q\text{-}FM} = 0.37$ THz 和准反铁磁模式:$\nu_{q\text{-}AFM} = 0.575$ THz。THz-SRR[图 7-1(a)左上角]的共振频率设计为 $\nu_{SRR} = 0.56$ THz,接近 HoFeO$_3$ 晶体的 q-AFM 模式。入射的 THz 辐射脉冲(场强为 610 kV/cm)电场将在 SRR 表面产生环形电流,此环形电流感应出感生磁场,其方向垂直于 SRR 所在平面。感生磁场选择性地激发 HoFeO$_3$ 的 q-AFM 模式,引起宏观磁化强度 M 沿着 $c(z)$ 轴方向动态变化,即 $\Delta M_z(t)$。由于 400 nm 的探测光垂直入射到 SRR 表面,对 $\Delta M_z(t)$ 敏感。$\Delta M_z(t)$ 随时间的进动通过探测光的磁光克尔旋转角(或椭圆率)直接探测。值得一提的是,入射的 THz 辐射脉冲磁场分

量可以激发 $HoFeO_3$ 的 q-FM 模式。鉴于 $HoFeO_3$ 的 $\nu_{q\text{-}FM}=0.37\ THz$,远离 SRR 的共振频率(0.56 THz),因此,q-FM 模式的激发与 SRR 无关。一方面,q-FM 模式的激发对应于 ΔM_x(ΔM_y)的变化,而图 7-1(b)中的磁光克尔构置对 ΔM_x(ΔM_y)不敏感,仅对 ΔM_z 敏感。另一方面,q-FM 模式的强度远小于 q-AFM 模式的强度。综上所述,THz 电场在 SRR/$HoFeO_3$ 界面产生的感生磁场频率与 $HoFeO_3$ 的 q-AFM 模式本征频率接近,进而激发 $HoFeO_3$ 的 q-AFM 模式。值得一提的是,基于 SRR 产生的感生磁场只能激发在 SRR/$HoFeO_3$ 界面附近的 q-AFM 模式,而磁光克尔效应则刚好探测界面处的磁化进动动力学过程。

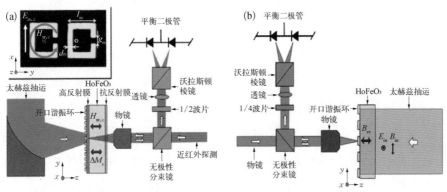

（a）THz 抽运-近红外法拉第旋转角探测试验装置示意图,左边蓝色为入射到样品的强 THz 辐射脉冲,右边为紧聚焦的近红外飞秒脉冲,样品为 $HoFeO_3$ 单晶,在一个表面（左面）上制作特定结构 THz 超结构（SRR）,在另一个表面（右面）上镀一层 800 nm 增透膜;（b）THz 抽运-可见光磁光克尔效应探测装置示意图,强 THz 辐射脉冲由右边入射到样品,可见光磁光探测则由左面入射至 $HoFeO_3$ 表面实现自旋波模式探测,在 $HoFeO_3$ 单晶一面（左面）上制作一层 THz 超结构,用于实现 THz 磁场增强效应

图 7-1
基于磁光克尔效应探测自旋波模式

THz 电场在 SRR 中诱导的磁场不均匀分布导致某些位置处磁场增强[图 7-2(a)中的红色圆圈圈出处]。图 7-2(b)是 FDTD 模拟结果,从图中可以看到峰值增强可以达到 4 倍,THz 近场磁场峰值强度 $\boldsymbol{B}_{nr}$ 为 0.91 T。由于近场的磁增强来源于 SRR 的环形电流,当 THz 辐射脉冲消失后,其持续时间大约保持 25 ps,如图 7-2(b)中黑色实线所示。图 7-2(c)是实验上测得的时间分辨的磁光克尔旋转角。由图可知磁光克尔旋转角的振荡周期约为 2 ps,对应于 $HoFeO_3$ 的 q-AFM 模式,因而磁光克尔效应来源于 THz 近场磁场激发 $HoFeO_3$ 的 q-AFM 模式的磁共振。

图 7-3(a)为模拟的 THz 强磁场时域波形图,图 7-3(b)为磁光克尔效应所

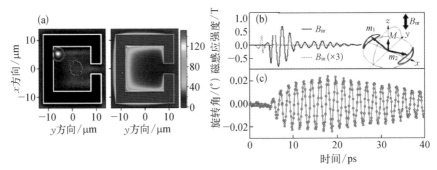

(a) FDTD 模拟的 SRR/HoFeO₃ 界面处的 THz 磁场分布,磁场在"开口环"的拐角处(红色圆圈圈出处)有较大增强,而在中心处(蓝色圆圈圈出处)几乎没有增强;(b) 蓝色虚线是根据电光取样结果估算的入射 THz 磁场波形,黑色实线是由 FDTD 模拟得到的 SRR/HoFeO₃ 界面处 THz 近场磁场 B_{nr} 的波形,对应于(a)中红色圆圈附近的磁场,插图描述了 q-AFM 模式的磁化进动;(c) 时间分辨的磁光克尔旋转角

测得的磁化进动过程,从图 7-3(c)(d)的实验数据看,在 THz 辐射脉冲强磁场作用下,HoFeO₃ 的磁化强度变化高达 40%[图 7-3(d)],并且 q-AFM 模式的磁共振频率随入射 THz 光强的增强而发生"红移"。模式的"红移"在强 THz 磁

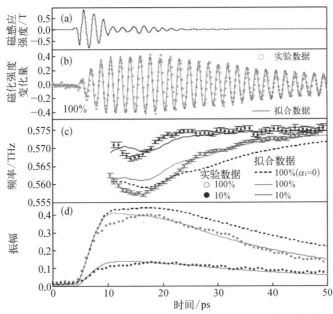

(a) FDTD 模拟的抽运 THz 的近场磁场 B_{nr} 的波形(光强为 292 μJ/cm²);(b) 瞬态磁化强度变化量与时间的依赖关系,灰色圆圈为实验结果,红色实线为基于 LLG 方程的模拟结果;(c) 抽运光强为 292 μJ/cm²(100%)和 29.2 μJ/cm²(10%)的激发下,HoFeO₃ 的 q-AFM 模式的瞬时频率随时间变化的关系;(d) 抽运光强为 292 μJ/cm²(100%)和 29.2 μJ/cm²(10%)的激发下,光谱振幅随时间变化的关系,其中,圆点为根据实验数据计算得到的结果,基于 LLG 方程的模拟结果用实线(阻尼系数 $\alpha_1 = 10^{-3}$)和虚线($\alpha_1 = 0$)表示

脉冲存在时(磁脉冲持续时间为 25 ps)最为显著,当 THz 辐射脉冲消失后,q - AFM模式的磁共振频率的"红移"现象逐渐恢复至初始状态,其恢复时间为 40~50 ps[图 7 - 3(c)]。此外,为了进一步证明 q - AFM 模式的软化的确来自 SRR 诱导的近场磁场增强效应,作者将探测光脉冲置于超结构的中心位置 [图 7 - 2(a)中蓝色圆圈圈出处],此处几乎没有近场磁场增强效应。尽管用最 强的 THz 光强激发,也并没有观测到磁共振模式的"红移"现象。THz 辐射脉冲 强诱导磁有序介质的非线性磁化进动对进一步探索 THz 辐射脉冲驱动磁化翻 转的速度和效率具有重要的借鉴意义,在磁信息存储和信息处理等方面具有十 分广阔的应用前景。

7.1.2 THz 强磁场驱动自旋磁化翻转

利用全光学方法实现磁有序介质的磁化翻转在铁磁和亚铁磁介质中均有报 道。其基本原理是利用圆偏振飞秒脉冲所携带的光子角动量驱动磁有序介质的 磁化翻转(逆法拉第效应)。但是,近年来对激光脉冲驱动磁有序介质的磁化翻 转机理仍存在较大争论:由于激光脉冲携带的光子能量较高,将导致样品热化, 进而引起超快退磁现象,如何区分激光脉冲对样品的热化效应和基于光子角动 量的逆法拉第效应一直是争论的焦点。值得注意的是,THz 辐射脉冲具有极低 的光子能量(1 THz 对应的光子能量为 4.1 meV),THz 辐射脉冲与磁有序介质 的相互作用可以忽略飞秒激光的热化效应,因而利用 THz 辐射脉冲驱动磁有序 介质的磁化翻转一直是学术界所关心的问题。尤其是反铁磁介质,其磁共振频 率位于 THz 波段,而且反铁磁介质一般为非金属材料,完全可以忽略 THz 波对 介质的热化效应。

如第 4 章所述,外场(如温度、磁场等)可诱导稀土铁氧化物的自旋重取向相 变(SRPT),即宏观磁化强度 M 由高温下沿晶体 c 轴方向转向低温下沿 a 轴方 向。一般地,SRPT 主要源于外场诱导稀土离子的 $4f$ 电子的重新布局,导致其 磁各向异性变化。在自旋重取向温度区间附近,q - FM 模式出现软化,宏观磁 化强度 M 仍然处于晶体的 ac 面内,此时外场很容易改变宏观磁化强度 M 的取 向。日本东京大学的 T. Kurihara 等提出将 $RFeO_3$ 晶体温度冷却至自旋重取向温度区间附近,结合 SRR/RFeO$_3$ 界面处磁场增强效应,利用一束同步的飞秒抽运光脉冲作用于晶体,从而实现对 RFeO$_3$ 的宏观磁化取向的翻转控制。

图 7-4(a)给出了激光脉冲诱导磁化翻转的工作原理:在自旋重取向温度区间附近,入射的 THz 磁场激发 RFeO$_3$ 的 FM 模式,$\boldsymbol{M}$ 在 x-y 平面内进动导致 $\boldsymbol{M}$ 在 $c(z)$ 方向有一较小的磁分量 $\boldsymbol{M}_z$,利用沿晶体 $c(z)$ 方向入射的探测脉冲的磁光法拉第效应,可得到其磁化动态的进动过程。同时,入射一束飞秒抽运光脉冲,样品吸收抽运光后升温,发生自旋重取向效应,宏观磁化强度 $\boldsymbol{M}$ 将随机地沿着 $\pm c(z)$ 方向取向,通过改变抽运光与 THz 辐射脉冲的延迟时间,可以相干地控制 $\boldsymbol{M}$ ∥ $+c$ 方向和 $\boldsymbol{M}$ ∥ $-c$ 方向。Kurihara 等选择厚度为 $100~\mu m$ 的 c-切向 ErFeO$_3$ 单晶作为研究对象,ErFeO$_3$ 晶体的自旋重取向温度区间为 $85\sim$ 96 K。为了实现 THz 磁场增强效应,如图 7-4(b)所示,在 ErFeO$_3$ 表面上制作 SRR 结构,入射的 THz 电场诱导的 SRR 模式共振伴随着垂直于晶体表面的感应磁场。如前所述,该磁场在 SRR 的拐角处具有极大值。

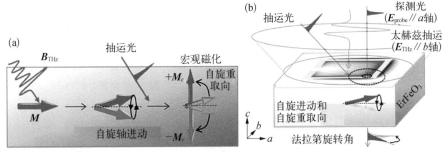

图 7-4
激光与太赫兹
辐射脉冲诱导
磁化翻转的实
验示意图

(a) 基于温度诱导 RFeO$_3$ 自旋重取向原理,利用 THz 磁脉冲实现对 RFeO$_3$ 宏观磁化强度 $\boldsymbol{M}$ 的控制示意图;(b) 实验构置,在 ErFeO$_3$ 基底上制备开口谐振环 SRR 结构,THz 辐射脉冲入射在 SRR 结构中诱导的面外加磁场 $\boldsymbol{B}_{SRR}$ ∥ $+c$ 方向(红色箭头)或 $\boldsymbol{B}_{SRR}$ ∥ $-c$ 方向(蓝色箭头)

首先,当温度略低于晶体的自旋重取向温度($T=84$ K)时,晶体处于 Γ_2 相,这时晶体的 q-FM 模式的共振频率 $\nu_{q\text{-}FM}=0.06$ THz,表面 SRR 的最低阶共振频率也设计为 $\nu_{SRR}=0.06$ THz,入射 THz 波通过 SRR 结构激发其 q-FM 共振,如图 7-5(a)中的黑色实线所示。同步抽运光脉冲与 THz 辐射脉冲延迟时间设在 d$t=57$ ps 时(对应于 q-FM 模式振荡的峰值位置),抽运光脉冲的作用使 ErFeO$_3$ 晶体发生自旋重取向,使晶体处于 Γ_4 相,其宏观磁化强度 $\boldsymbol{M}$ 沿着 $+c$ 方向，自旋重取向后法拉第旋转角有 2 个量级的增强[图 7-5(a)中的红色实线]。如果抽运光脉冲延迟时间 dt 为 63 ps，与 FM 模式振荡的谷值对应，如图 7-5(a)中的蓝色实线所示，其对应的抽运光脉冲诱导的 $ErFeO_3$ 晶体宏观磁化强度 **M** 沿着 $-c$ 方向，其法拉第旋转角与无抽运光时相比有 2 个量级的增强。显然，通过同步调节抽运光脉冲与 THz 辐射脉冲的延迟时间，可以实现对 $ErFeO_3$ 晶体宏观磁化取向的控制。

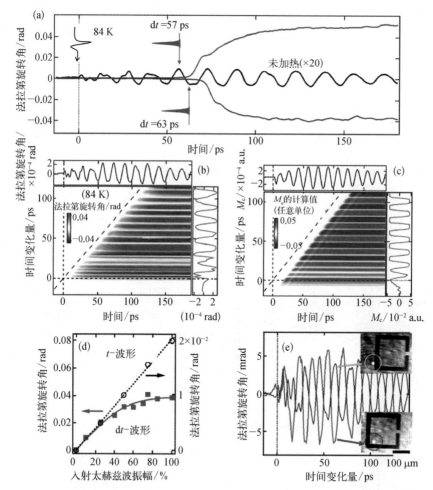

（a）抽运光延迟时间 dt＝57 ps（红色实线）和 dt＝63 ps（蓝色实线）激发下法拉第旋转角随时间变化的关系，其中黑色实线为无抽运光时法拉第旋转角随时间的变化；（b）（c）为法拉第信号与探测光延迟时间（t）和抽运光延迟时间（dt）的关系图，其中（b）为实验结果，（c）为基于 LLG 方程的模拟结果，（b）与（c）的上侧为无抽运光时法拉第信号与探测光延迟时间（t）的关系（t-波形），右侧为抽运光诱导下法拉第信号与抽运光延迟时间（dt）的关系（dt-波形）；（d）t-波形（黑线）和 dt-波形（红线）的法拉第旋转角与入射太赫兹波振幅的依赖关系（其中 t＝387 ps，dt＝38 ps）；（e）在 SRR 环内和环外测量的 t-波形，插图给出了实际测量的位置

图 7-5
激光脉冲翻转
实验结果

图 7-5(b)为实验上测得的法拉第信号与探测光延迟时间(t)和抽运光延迟时间(dt)的关系图。图中上侧的黑色实线为无抽运时法拉第信号与探测光延迟时间(t)的关系,图中右侧的红色实线为抽运光诱导下法拉第信号与抽运光延迟时间(dt)的关系。图 7-5(c)是基于 LLG 方程的模拟结果。从图 7-5(d)可以看到,无抽运光时法拉第旋转角与入射太赫兹波振幅呈线性关系,而有抽运光时,磁化的终态随入射太赫兹波振幅达到饱和。图 7-5(e)给出了 SRR 环内和环外的法拉第信号,显然,SRR 环内外的信号反相,这表明法拉第信号来源于 SRR 感生的磁场所诱导的 FM 模式进动。图 7-5 的实验结果和数值模拟结果清楚地表明,通过抽运光可以使 $ErFeO_3$ 晶体发生自旋重取向,Γ_4 相的宏观磁化取向可以通过抽运光来选择性地操控。

前期的理论分析指出,要实现反铁磁介质中自旋重取向的翻转,其瞬态外加磁场要高达数十特斯拉。在这项工作中,作者巧妙地将温度诱导自旋重取向与 THz 辐射脉冲磁场诱导磁化进动结合起来,并结合同步抽运光脉冲的热化效应,实现了一般强度的 THz 辐射脉冲对反铁磁自旋极化的翻转控制,为进一步探索 THz 辐射脉冲的非热翻转自旋极化原理和方案提供了借鉴和参考。

7.1.3 自旋-轨道矩驱动反铁磁共振的 THz 光谱探测

一般材料中,电子是自旋简并的,而在某些材料中,由于自旋-轨道耦合(spin-orbit coupling, SOC)的影响,电子运动过程中会受到 SOC 产生的等效磁场的作用。不同自旋方向的电子受到的等效磁场方向不同而产生分流现象。即当电流流过时,部分电荷流会转化为横向的纯自旋流。自旋流的自旋极化方向、电荷流方向和自旋流方向相互垂直。流动的电荷(电流)会产生垂直于电荷流动方向的自旋流,称为自旋霍尔效应。而在某些对称性破缺的材料体系中,电子不再自旋简并,该体系的等效哈密顿量出现了与 SOC 相关的额外项,和自旋霍尔效应类似,同样涉及电荷流和自旋流的转换,称之为 Edelstein 效应(或称之为逆自旋 galvanic 效应)。这种效应产生自旋-轨道矩(spin-orbit torque, SOT)。对于具有中心对称破缺结构的反铁磁介质(如 CuMnAs 和 Mn_2Au),由于对称性破缺的方向相反,Rashba 自旋-轨道耦合和 Edelstein 效应导致的自旋积累方向是相反的。因此,从整个晶胞的角度来看,尽管总的自旋积累相互抵消,但自旋积累对反铁磁晶格的 SOT 却相互叠加。以 CuMnAs 薄膜为例,Mn-A 原子处积聚的自旋所施加的力矩主要作用在 Mn-A 原子上,Mn-B 原子处积聚的自旋所施加的力矩主要作用在 Mn-B 原子上。而 Mn-A 原子与 Mn-B 原子的自旋取向和自旋积累都满足符号相反,所以自旋转矩的总效果不是相消为零,而是相互叠加。这样电荷流流过反铁磁介质时,在自旋磁矩相反的 Mn 晶格位置上产生局域的交错场,使 Mn 的局域磁矩重新取向[图 7-6(a)]。此外,由于磁电阻的各向异性,当反铁磁中磁晶格的磁化取向在力矩的作用下发生变化时,将会导致电阻值的改变。通过测量电阻的变化,便可探测到由于电流导致的施加于反铁磁磁晶格上的自旋-轨道矩。如图 7-6(b)所示,在 $J_{写入}$ 方向上通入"写入电流",在 $J_{读取}$ 方向上通入"读取电流",并测量其电阻以获取反铁磁磁晶格的磁化状态。图 7-6(c)则记录了"写入电流"脉冲对电阻变化的影响。该实验解决了如何有效地探测并操控反铁磁体中磁矩的状态,为反铁磁存储技术奠定了基础。

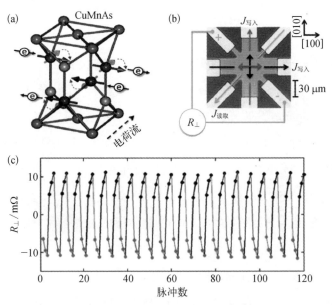

（a）CuMnAs 晶格和自旋结构；（b）通过写入电流的自旋-轨道矩改变 CuMnAs 中的磁结构；（c）读出信号随着写入电流的变化,黑色曲线/红色曲线标明(b)中不同方向的写入电流

图 7-6
反铁磁体系中的自旋-轨道矩

如果要实现数据的快速写入和快速读出,图 7-6(b)所示的写入电流脉冲必须很短。而实际上,很难产生脉宽小于 100 ps 的脉冲写入电流。为了探索具有 THz 频率的数据写入,K. Olejnik 等实现了基于 CuMnAs 反铁磁薄膜的 THz 频率的写入速度。如图 7-7 所示,将峰值电场为 $E_{THz} \approx 0.1 \, \mathrm{MV/cm}$ 的 THz 辐射脉冲(脉冲宽度为 1 ps)入射到装有四个微电极的 CuMnAs 反铁磁薄膜上。微电极结构如图 7-7 右侧示意图所示。THz 电场在 CuMnAs 中诱导的电流密度 J 为 $2.7 \times 10^9 \, \mathrm{A \cdot cm^{-2}}$。具有皮秒脉冲宽度的 THz 波可以得到与外加电流相似的写入功能,而且作者证实其写入的时间是在皮秒时间尺度。通过改变入射 THz 辐射脉冲的偏振,使得读出信号反相,这为基于反铁磁介质实现具有 THz 频率的数据读写提供了实验证据。

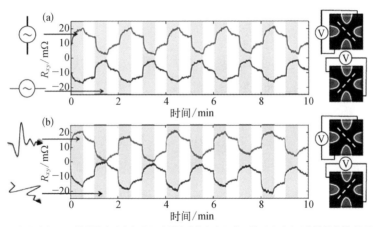

图 7-7
微秒脉冲和皮秒脉冲对反铁磁开关的对比

(a) 重复频率为 1 Hz 的微秒脉冲串实现了对反铁磁的多次可逆开关;(b) 与(a)的情况类似,但写入脉冲为千赫兹重复频率的皮秒脉冲,其中写入的瞬态电流密度约为 $2.7 \times 10^9 \, \mathrm{A \cdot cm^{-2}}$,读出脉冲的重复频率为 8 Hz

　　尽管目前没有成功实现 THz 电场在该类反铁磁介质中驱动交变电流,但通过自旋-轨道矩可驱动反铁磁模式的激发。

　　基于 THz 电场驱动交变电流的 Edelstein 效应(又称 inverse spin galvanic 效应)的奈尔自旋-轨道矩与基于 THz 磁场的塞曼转矩有本质的区别,为探索 THz 场与反铁磁介质的非线性相互作用提供了新的理论基础和实现手段。

7.2　THz强场驱动超快磁动力学

光学取向指的是圆偏振光子的角动量可以转移给电子,这是一种有效研究非平衡自旋极化的方法。在半导体量子阱中,角动量的转移会产生自旋极化电流-自旋光电流,Sergey D. Ganichev等把辐照的量子阱看成"自旋电池"。太赫兹波激发自旋光电流存在两种机制:圆偏振光伏效应(circular photogalvanic effect, CPGE)和光诱导自旋电流效应(spin‐galvanic effect, SGE)。图7-8(a)为CPGE机制的微观模型,入射的偏振光诱导最低子带 e_1 和第一激发子带 e_2 之间的自旋反转跃迁。激发到 e_2 的电子通过发射声子快速失去所有动量,然而留在 e_1 能级的空穴并非如此。因此,在子能带间的非平衡动量分布产生电流。圆偏振光从左旋改变到右旋不仅反转自旋取向,同时反转电流方向。这一机制适用于低对称性的(113)生长的 p‐GaAs 量子阱的正入射。图7-8(b)为入射的THz辐射功率归一化的光电流信号,辐射源是一个由 TEA‐CO$_2$ 激光器抽运的 NH$_3$ 分子激光器,辐射波长为 76 μm,脉冲宽度为 100 ns,峰值功率约为 10 kW。当圆偏振的旋性发生改变(从右旋圆偏振变为左旋圆偏振),自旋光电流的方向从 j 变为 $-j$。光电流的大小正比于旋性。此外,SGE起源于自旋劈裂的导带中非对称的电子弛豫,如图7-8(c)所示。通过四种不同的自旋反转散射跃迁[图7-8(c)中弯曲的箭头所示],从起初的自旋极化态弛豫到右图的平衡态。蓝色实线箭头表示平衡的跃迁,具有相同的跃迁概率,并且保持每一个子带载流子跃迁的对称分布。然而,两个红色虚线箭头表示的散射过程不相等,从而产生了自旋极化电流。散射概率依赖于初态和末态的波矢量。与自旋霍尔效应不同,用太赫兹频段的圆偏振光辐照非对称的量子阱产生自旋极化电流,需要在相反的样品边界上用电流来加速自旋,电子在零偏压下的热化会产生自旋分离。

除了半导体材料,铁磁薄膜中亚皮秒的超快退磁被发现后,磁与光的相互作用受到了广泛的研究,研究发现可以通过飞秒激光来实现超快磁数据的存储与计算。然而,超快磁动力学的基本物理过程至今仍存在争议。研究过程中,人们提出了以下两种主要的自旋耗散机制:① 通过声子辅助的自旋翻转散射实现

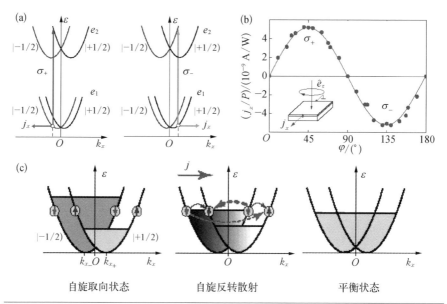

图 7-8
THz 波激发自
旋分离的两种
机制

自旋取向状态　　　　　　　自旋反转散射　　　　　　　平衡状态

自旋角动量耗散到晶格中。通常晶格缺陷的贡献忽略不计,激光退磁主要来自局域的声子散射。② 电子通过形成非局域自旋流实现耗散。尽管有实验证据支持这两种机制,但它们对超快退磁的贡献仍然存在争议,准确描述飞秒激光产生的高度非平衡态仍然是一个重要的挑战。这节中我们将这些有争议的机制置于同等的地位,用单周期的 THz 辐射脉冲来驱动金属性铁磁体中的磁动力学。

7.2.1　相位锁定的强 THz 辐射脉冲诱导非共振磁动力学

2013 年,瑞士保罗谢尔研究所的科学家报道了高场强的单周期 THz 辐射脉冲与铁磁性的钴薄膜磁化之间的相干、锁相的耦合。

图 7-9 为时间分辨的磁光克尔效应装置图,单周期线偏振的 THz 磁场分量的强度为 0.4 T,具有一个保持不变的绝对相位。THz 抽运光脉冲以偏离法线 20° 入射样品(10 nm 的 Co 薄膜),50 fs 的探测光通过 MOKE 时间分辨地测量磁动力学。样品与外加磁场 ($B_{ext}=0.01$ T) 之间的夹角为 10°。通过反转磁场的电流,磁场在下一个抽运-探测周期内反转,以此提高克尔旋转角测量的信噪比。样品静态的 MOKE 磁滞回线如图 7-9 中右下角插图所示,其表现为由于形状

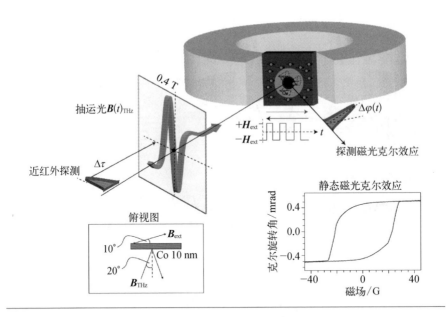

图 7 - 9

时间分辨的磁
光 克 尔 效 应
(MOKE)装置图

各向异性导致的面内磁化。

图 7 - 10(a)为典型的实验结果。图 7 - 10(b)为 MOKE 和 THz 辐射脉冲相应的光谱强度,它们几乎是相同的。实验结果表明 THz 辐射脉冲的磁场分量与磁化矢量的耦合不依赖于任何共振激发或者自旋波。与之前的研究结果不同,磁化动力学不依赖于共振激发或者拉莫尔进动,而完全由 THz 激励脉冲的相位决定。实验结果表明,在没有共振激发和能量耗散的情况下,可观察到磁化动力学随时域上 THz 电磁场的振荡而产生,并紧紧地与 THz 辐射脉冲的相位锁定在一起。

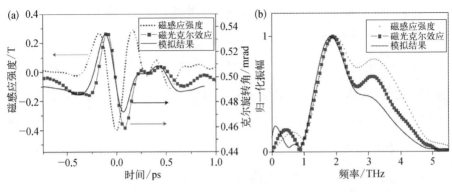

图 7 - 10

THz 强磁场辐
射脉冲引起的
面外磁化动
力学

(a) 时域信号;(b) 频域信号,红色曲线为瞬态磁光克尔效应,蓝色虚线为触发该磁化的单周期 THz 磁场

磁响应发生在激励脉冲的时间尺度上,因此比拉莫尔进动响应快两个数量级。磁进动的演化可由 LLG 方程描述为

$$\frac{\mathrm{d}\boldsymbol{M}}{\mathrm{d}t} = -\gamma(\boldsymbol{M} \times \boldsymbol{B}) - \gamma\alpha\,\frac{\boldsymbol{M} \times (\boldsymbol{M} \times \boldsymbol{B})}{|\boldsymbol{M}|} \tag{7-3}$$

等式右边的第一项描述的是 $\boldsymbol{M}$ 绕有效磁场 $\boldsymbol{B}$ 的进动,拉莫尔频率为 $\gamma|\boldsymbol{B}|$,第二项表示朝着 $\boldsymbol{B}$ 的弛豫过程。式(7-3)中,γ 为旋磁比;α 为经验阻尼系数,取为 0.014,体现了晶格自由度和电子自由度等多种耗散过程。有效磁场 $\boldsymbol{B}$ 包含的贡献来自 THz 辐射脉冲的磁场、外加磁场 0.01 T 和涉及 Co 薄膜形状的退磁场。基于 LLG 方程的微磁学模拟的理论结果与实验结果相符,这说明该模型适用于超快磁动力学。值得注意的是,这里的 LLG 方程显示的是材料的面外磁响应,主要由 LLG 进动项和 THz 磁场的贡献所决定。在磁化动力学的时间尺度上,阻尼效应和薄膜的形状各向异性可以忽略。因此,面外的磁化动力学简化为 $\dfrac{\mathrm{d}\theta}{\mathrm{d}t} \approx -\gamma B_z^{\mathrm{THz}}$,其解为 $\theta(t) \approx \theta(t=0) + \gamma\displaystyle\int_0^t \mathrm{d}t B_z^{\mathrm{THz}}(t)$,其中,$B_z^{\mathrm{THz}}$ 为 THz 的面内磁场,垂直于初始 Co 的磁矢量,$\theta(t)$ 指的是磁化矢量与薄膜平面之间的夹角。模拟得到的面外磁化和实验结果相一致表明,进动和阻尼效应都变化太慢而不能影响 THz 辐射脉冲时间内面外的磁响应。此外,作者认为与 THz 的磁场分量共同传播的强电场分量对这一时间尺度上的磁化响应几乎没有影响。

之所以观察到发生在飞秒时间尺度上的磁化动力学是由于在实验中没有热电子和电离效应。THz 光子的能量比近红外光低了 3 个数量级,这极大程度上避免了额外的热化效应,使发现意想不到的相位和场敏感的磁化相干运动成为可能,称之为“非共振相干磁动力学”。通常基于近红外飞秒激光脉冲所诱导的磁进动会产生高于居里温度的热化效应,从而导致宏观磁化强度 $|\boldsymbol{M}|$ 大小的改变,这里提出的非共振相干耦合只改变 $\boldsymbol{M}$ 的取向,而不改变其大小。

通过改变 THz 电磁脉冲的偏振方向,随着 THz 磁场逐渐指向钴原子的初始磁矩方向,磁化响应减小,如图 7-11(a)所示,当 $\boldsymbol{B}_{\mathrm{THz}}$ 垂直于 $\boldsymbol{M}$(红色曲线)时实现了最大的耦合,当 $\boldsymbol{B}_{\mathrm{THz}}$ 平行于 $\boldsymbol{M}$ 时,克尔旋转角减小到实验噪声的水平。LLG 方程也可以准确地描述这一现象,这表明 THz 磁场和 Co 磁化强度之间夹

角的减小导致更小的转矩,如图 7-11(b)所示。当 B_{THz} 平行于样品的宏观磁化强度时,观测到的 MOKE 信号变化反映了实验的噪声水平。当 B_{THz} 的极性反转[图 7-11(a)中的红色实线和红色虚线所示]时,磁化响应会随之反转,进一步提供了锁相耦合机制的实验证据,而且说明实验中不存在任何的热激励。

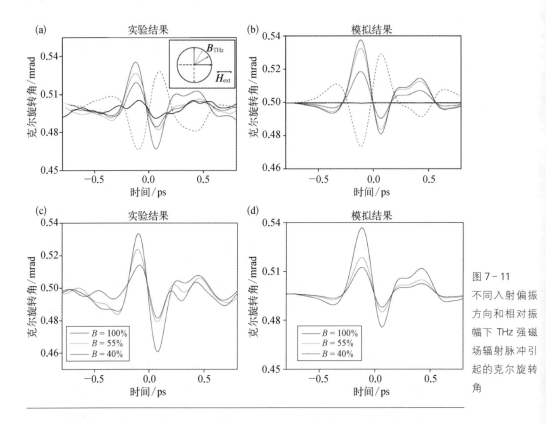

图 7-11
不同入射偏振方向和相对振幅下 THz 强磁场辐射脉冲引起的克尔旋转角

在目前的研究范围内,面外磁化强度与 THz 磁场的大小呈现固有的线性关系。图 7-11(c)记录了三个不同磁场强度($B=100\%$、55%、40%)下的 MOKE 响应。实验结果和模拟结果[图 7-11(d)]表明,THz 磁场的大小与磁化 MOKE 响应之间呈正比关系。当磁场强度变化时,磁化响应的时间尺度和光谱形状都保持不变,这证实了所观察到的现象发生在远离饱和区域,且不存在耗散过程。

该实验研究表明,具有稳定绝对相位的高强度 THz 辐射脉冲为铁磁薄膜中相干飞秒磁化动力学的研究和控制提供了一条全新的实现途径。在强 THz 辐射脉冲和磁化之间建立强锁相耦合,并不涉及共振激发(磁振子、电磁振子和其他模式)和热注入。磁化的演化完全是由 THz 辐射脉冲的幅值和相位所驱动的,因此,观察到了以前不可测的亚周期的磁化动力学。值得注意的是,简单的经典进动模型很好地解释了在这个短时间尺度上的磁化响应。THz 强磁场的锁相磁化控制的新概念为超快数据存储提供了新的机会,进而能探索磁开关的速度极限。

7.2.2　THz 驱动超快自旋-晶格散射

2016 年,瑞典斯德哥尔摩大学和美国 SLAC 国家加速器实验室的科学家利用单周期的 THz 辐射脉冲(60 MV/m)在金属铁磁体中驱动超快自旋流。由于 THz 辐射脉冲的宽度与电子和自旋散射时间具有相同的时间尺度,极有可能获得并准确模拟基本的散射过程对样品磁化的影响。这种实验方法与常见的飞秒激光超快退磁完全不同。

首先需要在时域上区分 THz 辐射脉冲的磁场 (H_{THz})分量和电场 (E_{THz})分量对样品磁化的影响。当样品的磁化方向垂直于样品表面时,利用极向磁光克尔效应,以抽运-探测延迟时间为函数记录磁动力学。在 THz 辐射脉冲时间尺度上,由 H_{THz} 产生的转矩诱导磁进动。这一磁进动大小线性正比于 H_{THz},当 THz 的偏振方向翻转时会改变进动方向。由于 THz 辐射脉冲的单周期性和在亚皮秒时间尺度上几乎不存在能量耗散的特征,当 THz 辐射脉冲离开后,磁进动将停止,如上所述。然而,研究人员发现了样品具有一个长时间缓慢衰减的退磁过程,并将其归因于 THz 驱动的自旋流。这种效应与 THz 场强的平方呈线性关系,因此可以从磁化进动中直接分离出来。借助 THz 电导率测量,S. Bonetti 等将这些观测结果与缺陷诱导的 Elliot‒Yafet 型自旋-晶格散射过程联系起来。

实验中使用的两个样品为:① 9 nm 厚的 Fe 薄膜外延生长于 500 μm 厚的 MgO(001)衬底上,覆盖一层超薄的 MgO 以避免样品在空气中被氧化。② 在 Si 衬底上溅射的无定形的 Al_2O_3(1.8 nm)/CoFeB(5 nm)/Al_2O_3(10 nm)。样品面内的静态磁化被 50 mT 的静磁场饱和在 y 方向上。同时,在 z 方向上施加更大的外加磁场 0.6 T,使得磁化矢量偏离样品表面,这有助于获得更大的进动幅度,如图 7‒12(a)所示。

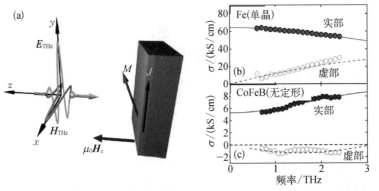

(a) THz 抽运-800 nm 探测的极向 MOKE 实验装置图；(b)(c) 单晶 Fe、无定形 CoFeB 样品的复电导率谱，分别通过德鲁德和德鲁德-史密斯模型拟合实验数据

图 7 - 12
THz 强磁场辐射脉冲诱导 Fe 薄膜和 CoFeB 薄膜的磁化动力学

图 7 - 12(b) 为单晶 Fe 和无定形 CoFeB 样品的复电导率的实部和虚部。单晶的 Fe 薄膜的复电导率可以很好地用德鲁德模型描述，$\sigma(\omega) = \dfrac{\sigma_{DC}}{1 - i\omega\tau}$，其中，$\sigma_{DC} = ne^2\tau/m$，$n$ 为载流子浓度，e 为电荷，m 为电子质量。拟合得到 $\sigma_{DC} \approx 64$ kS/cm，动量散射时间 $\tau = 30$ fs，与文献报道的块体 Fe 的参数 100 kS/cm、25 fs 比较接近。相比而言，样品 CoFeB 的电导行为与 Fe 的非常不一样。首先，其复电导率比 Fe 的小了约一个数量级，并且在低频处被很强地抑制；其次，其复电导率的虚部是负的。实验结果可以用德鲁德-史密斯模型拟合，$\sigma(\omega) = \left(\dfrac{\sigma_{DC}}{1 - i\omega\tau}\right) \times \left(1 + \dfrac{c}{1 - i\omega\tau}\right)$，拟合的结果为 $\sigma_{DC} = 18$ kS/cm、$\tau = 32$ fs、$c \approx -0.7$。实验结果表明在无定形的 CoFeB 薄膜中，杂质或无序带来了大量电子的背散射。通过复电导率数据，可以估算两个薄膜的趋肤深度 $\left(\delta = \dfrac{2}{\sigma\omega\mu_0}\right)$。对这两个薄膜来说，$\delta$ 都为 0.1～1 μm，这表明 THz 辐射脉冲诱导的电流密度在薄膜中可以近似认为是均匀的。通过转移矩阵的计算，估计约有 15% 的入射能量被薄膜吸收。

接下来，我们讨论单周期强 THz 辐射脉冲诱导的磁动力学。图 7 - 13 为样品在 THz 电场作用下的磁响应（对应正负两种偏振态）。对于单晶的 Fe 薄膜的磁化响应，在短的时间尺度上，样品的磁响应保持与 THz 辐射脉冲相同的相位，当 THz 辐射脉冲离开后系统迅速回到 THz 辐射脉冲到来之前的状态。对于无定形的 CoFeB 薄膜,在短的时间尺度上,随着 THz 场极性的反转,磁化响应改变符号。然而,当 THz 辐射脉冲离开后,CoFeB 薄膜的磁化响应并没有回到初态。如图 7-13(b)所示,在 2~10 ps 时间尺度上,磁化响应比 THz 辐射脉冲来之前的值要小,且与 THz 辐射脉冲的极性没有依赖关系。

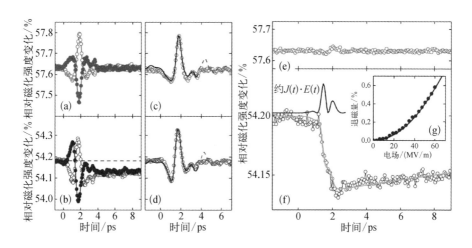

图 7-13　THz 辐射脉冲不同的偏振态下(正的: 空心符号;负的: 实心符号),Fe 单晶薄膜(a)和非晶 CoFeB 薄膜(b)的时间分辨磁光克尔效应响应;(c)(d) (a)(b)中数据的差值,图中的黑色实线是用测量到的 THz 辐射脉冲形状计算出的磁响应过程;(e)(f) (a)(b)中数据的求和值,(f)中的实线为 $J(t) \cdot E(t)$ 的积分,$J(t)$ 是 THz 场驱动的电流,$E(t)$ 是材料中的 THz 电场[黑色实线];(g) THz 峰值强度依赖的 CoFeB 退磁信号和拟合曲线

　　图 7-13(a)(b)中数据的差值与求和值分别如图 7-13(c)(d)以及图 7-13(e)(f)所示。图 7-13(c)(d)表示沿着样品面外的磁化分量 M_z,对应于 THz 的磁场分量。由 Landau-Lifshitz 方程描述为 $\dfrac{\mathrm{d}\boldsymbol{M}}{\mathrm{d}t}=\gamma\boldsymbol{M}\times\boldsymbol{B}$,其中,$\gamma=28\,\mathrm{GHz/T}$ 为旋磁比,$\boldsymbol{B}$ 为有效磁场强度,包括 $\boldsymbol{B}_{\mathrm{THz}}$、所施加的磁场和各向异性场。处于平衡位置时,$\boldsymbol{M}$ 沿着有效外加磁场的方向(此时的外场不包括 $\boldsymbol{B}_{\mathrm{THz}}$)。 当 THz 辐射脉冲通过样品(比如前 4 ps 内)时 $\boldsymbol{B}_{\mathrm{THz}}$ 产生一个附加的转矩诱导磁进动。对于磁化离开平衡位置发生很小的偏离时,Landau-Lifshitz 方程的一个解为 $\boldsymbol{M}(t)=\gamma\sin\theta\displaystyle\int\boldsymbol{B}_{\mathrm{THz}}(t)\mathrm{d}t$,其中,$\theta$ 为 $\boldsymbol{M}$ 和 $\boldsymbol{B}$ 之间的夹角。换句话说,磁化响应是 THz 磁场 $\boldsymbol{B}_{\mathrm{THz}}(t)$ 对整个脉冲持续时间的积分。图 7-13(a)(b)中的 THz 场诱导的 MOKE 信号和 GaP 晶体的自由空间电光取样测到的 THz 场的积分之间很

好的对应关系,有效地证明了这一点。

对于单晶的 Fe 薄膜,Landau－Lifshitz 方程完全可以描述 THz 磁场诱导的磁动力学。当 THz 辐射脉冲离开样品时,磁化强度回到初始位置,因而不能探测到任何时间分辨的 MOKE 信号。如图 7－13(e)所示,在整个时间尺度上,相反的 THz 极性下的磁响应之和为零。这可以理解为在如此短的时间内,磁阻尼的速度不够快,不足以使能量从进动的自旋系统中耗散。与之形成对比的 CoFeB 薄膜的磁动力学则明显不同,从原始数据中可以看出存在台阶式的磁响应。这在数据求和之后,看得更清楚,如图 7－13(f)所示。作者将这一现象指认为 THz 场诱导材料中产生的电流实现的超快退磁。由于 CoFeB 是铁磁体,这一电流必定是自旋极化的。图 7－13(g)描述的是 CoFeB 退磁信号与 THz 峰值强度的依赖关系,该图清晰地表明,退磁量与 THz 峰值强度的平方成正比。这一比例关系可以解释为退磁是由 THz 场驱动的自旋流的散射过程引起的能量损耗所导致的。平衡态下,导体的焦耳热表示为 $J \cdot E = \sigma E^2$,其中,E 是电场,根据欧姆定律 $J = \sigma E$,THz 电磁场通过散射过程耗散的总能量为 $\int J(t) \cdot E(t)\mathrm{d}t \approx \sigma \int E(t)^2 \mathrm{d}t$,其中,$\sigma$ 可取 $0.5 \sim 1.5$ THz 范围内接近常数的电导率值。需要注意的是,$E(t)$ 是材料内部的电场强度,其大小与入射的 THz 电场 E_{THz} 不同。$E(t)$ 的大小和形状可以由图 7－13(d)中的磁响应曲线获得。

THz 场驱动的自旋流有两种不同的耗散通道。一个耗散通道是电子散射,这也是最主要的耗散通道,此时材料的总自旋极化保持不变,电子散射的特征耗散时间尺度约为 30 fs,这由图 7－12(b)中的复电导率测试给出。另一个耗散通道涉及散射电子的自旋取向发生变化。在电子系统中,如果自旋角动量保持不变,将不会改变 MOKE 所探测到的总磁化强度。然而,通过 Elliot－Yafet 机制,自旋翻转散射将自旋角动量的变化转移到晶格上。通过自旋-晶格散射的能量耗散正比于 $\int E(t)^2 \mathrm{d}t$,这已经由退磁量与 THz 峰值强度的平方的依赖关系所证实[图 7－13(g)]。因此,实验观察的退磁 ΔM 可以表示为 $\Delta M \propto \mathrm{e}^{-t/\tau_{\mathrm{R}}} \int_{-\infty}^{t} E(\zeta)^2 \mathrm{d}\zeta$,其中,指数项中描述磁化的恢复时间常数 $\tau_{\mathrm{R}} = 30$ ps,如图 7－13(f)中的蓝线所示。退磁数据与这一模型匹配,这表明自旋-晶格散射时间尺度与自旋守恒的散射相似(约 30 fs)。更快的 THz 电磁场能更精确地确定这一参数。

THz 辐射脉冲所驱动的退磁更为直接地反映了自旋-晶格散射过程,且可以区分自旋-晶格散射是通过声子还是晶格缺陷实现的。目前,只有富含缺陷的 CoFeB 中才能观察到退磁,而在单晶的 Fe 薄膜中没有发现退磁。实验结果表明,来自原子的无序产生的散射具有强烈的影响,成为将自旋角动量转移到晶格中的关键途径。总而言之,作者证实了 THz 场诱导的自旋流提供了一种新的工具来研究自旋角动量超快转移到晶格中。实验发现,缺陷调制的自旋-晶格散射过程非常快,发生在 30 fs 时间尺度上,这与自旋守恒的电子-电子散射过程相似。这些结果为超快退磁的微观机制提供了新的理论依据和实验依据。

7.3 THz 强场驱动的有效磁场

未来的信息技术,比如超快数据存储、量子计算等都需要光对自旋超快的控制。THz 波段和中红外波段的光场可以直接激发凝聚态物质的集体振动模式,已经发现晶格的激发可以触发绝缘体-金属相变、磁有序的超快退磁,以及增强超导性。强 THz 辐射脉冲与自旋可以实现耦合,原因在于 THz 波的本征能量尺度就在磁激发能量尺度上。本节介绍近年来,利用 THz 抽运光或中红外抽运光驱动的有效磁场来激发反铁磁体中的本征自旋波模式。

7.3.1 THz 场驱动的各向异性场实现非线性自旋控制

2016 年,德国雷根斯堡大学的 R. Huber 教授课题组、弗里茨·哈伯研究所的 T. Kampfrath 教授、内梅亨大学的 A. V. Kimel 教授课题组开展了合作研究。S. Baierl 等研究了一种全新的、通过电偶极调谐的非线性 THz-自旋耦合机制,这远远强于线性的 THz 磁场与自旋的塞曼耦合。实验中,使用了反铁磁 $TmFeO_3$ 单晶。利用材料电子轨道跃迁的 THz 共振抽运来调制 Fe^{3+} 自旋的磁各向异性,从而触发具有极大振幅的自旋共振。这一机制的本质是非线性的,可以通过改变 THz 波的光谱形状对其进行调控,并且,其效率比塞曼转矩提高了一个数量级。由于轨道态支配了过渡金属氧化物的磁各向异性,这一调控机制可以应用于许多其他的磁性材料。

图 7-14 为实验的基本设想。图 7-14(a)为具有扭曲的钙钛矿结构的反铁磁 $TmFeO_3$ 晶体。在每一个单胞中有 4 个铁的自旋,占据两个反铁磁耦合的亚晶格。由于 DM 相互作用,它们的自旋具有一定的倾角。顺磁性的稀土 Tm^{3+} 的 $^3H_6$ 基态完全由晶体场分裂成一系列具有 $1\sim10$ meV 的特征能量间隔的单重态。这些态的角动量与 Fe^{3+} 的自旋通过交换和偶极相互作用耦合,从而产生了磁各向异性。

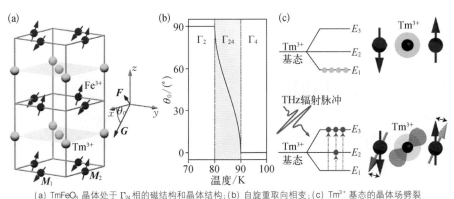

(a) $TmFeO_3$ 晶体处于 Γ_{24} 相的磁结构和晶体结构;(b) 自旋重取向相变;(c) Tm^{3+} 基态的晶体场劈裂

图 7-14 THz 场诱导各向异性转矩实现自旋控制

如图 7-14(b)所示,通过改变温度对 $^3H_6$ 多重态进行热布居,这将改变磁各向异性从而诱导自旋重取向相变。当 $T < T_1 = 80$ K 时,反铁磁矢量沿着晶体的 z 轴方向(Γ_2);当 $T > T_2 = 90$ K 时,反铁磁矢量旋转至沿着晶体的 x 轴方向(Γ_4)。当 $T_1 < T < T_2$ 时,晶体处于 Γ_{24} 相,反铁磁矢量在 x-z 平面内连续旋转。正如第 4 章所述,$RFeO_3$ 的自旋动力学决定了两种本征磁振子模式:准铁磁模式和准反铁磁模式。如图 7-14(c)所示,THz 辐射脉冲诱导 Tm^{3+} 能级的跃迁产生施加于自旋的超快转矩,从而触发自旋进动。

实验中,$TmFeO_3$ 晶体的厚度为 60 μm。所用的强 THz 辐射脉冲产生于波前倾斜的光整流技术。磁场峰值强度高于 0.3 T,如图 7-15(a)所示。THz 辐射脉冲振幅谱中包含了 q-FM 模式、q-AFM 模式和 Tm^{3+} 的能级跃迁,如图 7-15(b)所示。THz 场诱导的超快磁动力学由一个与 THz 辐射脉冲共传播的近红外飞秒探测脉冲、基于法拉第效应的偏振旋转和磁二向色性来记录,如图7-15(c)所示。作者给出了 q-FM 模式和 q-AFM 模式的共振频率与温度的依赖关系。当接近相变区域时,可以观察到 q-FM 模式的软化。当样品的温度 $T = 84.5$ K 时,处于 Γ_{24} 过渡相,在这一区域内稀土离子的激发对磁各向异性具有最大的影响。

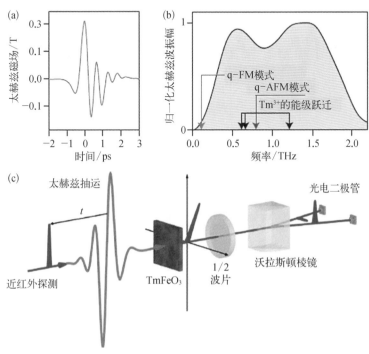

(a) 自由空间电光取样得到的 THz 辐射脉冲波形;(b) THz 辐射脉冲振幅谱;(c) THz 抽运-近红外探测实验光路

图 7-15
THz 抽运-近红外探测实验装置示意图

图 7-16(a)所示为时间分辨的探测光偏振旋转角信号。每一条信号上都携带了两种准单色的频率,分别是 0.1 THz 和 0.82 THz,如图 7-16(b)所示,分别对应于 q-FM 模式和 q-AFM 模式。图 7-16(c)总结了两种模式的振幅随 THz 磁场强度的变化情况。根据塞曼相互作用产生的 q-AFM 模式随 THz 的驱动场的增强线性增加,而 q-FM 模式则表现出与 q-AFM 模式明显不同的非线性增加趋势。峰值强度与 H_{THz} 的依赖关系可由线性函数和非线性函数的叠加函数进行拟合。如图 7-16(d)所示,当晶体的磁结构离开 Γ_{24} 相后,这一非线性过程便会消失。当晶体处于磁相变温度区间时,其静态磁各向异性为零,

q-FM模式磁振子的激发是由瞬态的磁各向异性引起的。实验结果表明,THz辐射脉冲的电场诱导的磁各向异性改变可以驱动大角度的磁晶格激发。

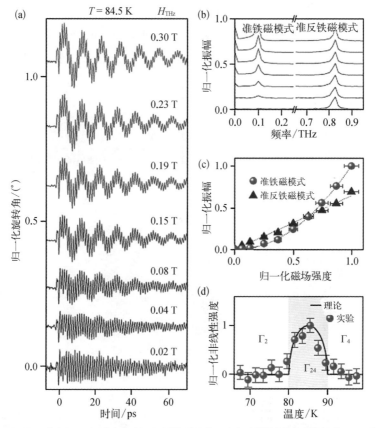

(a) 不同 THz 激发场 (H_{THz}) 激发的磁振子时域振荡曲线;(b) 与时域数据相应的振幅谱,q-FM 模式和 q-AFM 模式的频率分别是 0.1 THz 和 0.8 THz;(c) 准铁磁模式和准反铁磁模式的振幅与入射 THz 辐射脉冲的磁场强度的关系;(d) q-FM 模式的振幅与 THz 磁场强度偏离线性关系的程度(实验)和 THz 场强诱导各向异性转矩(理论)的比较

图 7 - 16
非线性 THz 场-磁振子相互作用

此外,作者还通过改变 THz 光谱的形状来控制其诱导的非线性转矩。实验中,S. Baierl 等选择性地只激发 q-FM 模式或者 Tm^{3+} 的电子跃迁。当只激发 q-FM 模式时,可以观察到磁振子的振幅随 THz 磁场的增强呈线性增加。当光谱只共振地非热布居 Tm^{3+} 的轨道态时,才会产生平方的增长关系。实验结果无疑证实了非线性的自旋激发受稀土离子的调控,从而对 Fe^{3+} 自旋系统施加一个很强的有效转矩。各向异性调制的自旋激发的强度是塞曼相互作用(此时的 THz 辐射脉冲的峰值磁场为 0.3 T)的 8 倍。作者还指出,同样可以在 $DyFeO_3$

晶体中观察到这一非线性的自旋激发。受到这一工作的启发,其他的低能量元激发,诸如激子或声子,也可以用于改变相邻原子的轨道波函数,从而诱导激发磁振子。通过预先制备低能量的非热态的概念可能会在未来自旋电子学器件中有潜在的应用。

7.3.2 光驱动声子产生有效磁场

2017 年,德国马普物质结构与动力学研究所的 T. F. Nova 等利用非线性声子激发作为操控手段,其扮演了一个有效磁场的角色,激发了稀土铁氧体 $ErFeO_3$ 中的自旋波。

如图 7 - 17(a)(b)所示,$ErFeO_3$ 具有扭曲的斜方晶系结构(pbnm 空间群)。实验中使用的中红外飞秒脉冲频率为 20 THz,其可驱动 $ErFeO_3$ 面内的 B_{ua} 声子和 B_{ub} 声子,如图 7 - 17(c)(d)所示。入射线偏振抽运光的偏振方向与晶体的 a 轴和 b 轴呈不同的夹角。沿着两个光轴的红外活性声子模式表现出不同的本征频率和振动强度。即使同时激发两种模式,两种模式间也存在非零相位差,因此导致材料内部总的瞬态晶格极化是椭圆偏振的,如图 7 - 17(d)所示。

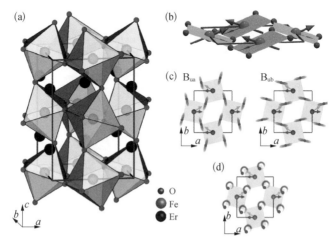

图 7 - 17
$ErFeO_3$ 的晶体结构、磁有序结构和声子模式示意图

(a) $ErFeO_3$ 的晶体结构;(b) Fe 离子的磁结构;(c) 抽运光激发的高频声子的本征矢量,即红外活性的 B_{ua} 声子和 B_{ub} 声子;(d)由于具有红外活性声子模式的非简并特性,离子的相对运动诱导声子场呈现出椭圆偏振特性

图 7-18(a)所示为瞬态双折射实验结果。中红外抽运光激发晶格振动,实验记录了 800 nm 的线偏振探测光的偏振旋转角与抽运-探测延迟时间的函数关系,振荡包含了一系列拉曼活性模式。如图 7-18(b)所示,振荡包括 3.36 THz 的 $A_{1g}+B_{1g}$ 和 4.85 THz 的 B_{1g} 对称的拉曼声子。同时,还观察到了 0.75 THz 的 q-AFM 模式相干磁振子激发,即 $ErFeO_3$ 的铁磁矩沿晶体 c 轴的动态调制。

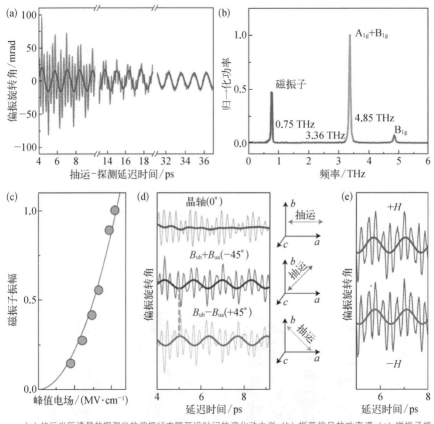

(a) 抽运光所诱导的探测光的偏振状态随延迟时间的演化动力学;(b) 振荡信号的功率谱;(c) 磁振子振幅与抽运光的电场的关系;(d) 在具有不同偏振的抽运光作用下,法拉第旋转角的动态变化;(e) 在正向外加磁场(+H)和反向外加磁场(-H)作用下,法拉第旋转角的动态变化

图 7-18
中红外飞秒脉冲激发 $ErFeO_3$ 晶体的磁振子和拉曼声子模式

如图 7-18(c)所示,磁振子振幅与抽运光的电场呈二次方增加关系,这表明这一响应正比于两个声子坐标的乘积。如图 7-18(d)所示,相干磁振子振荡仅出现在抽运光脉冲的偏振沿+45°和-45°方向,即处于晶体的 a 轴和 b 轴之间。当抽运光的偏振沿着 a 轴或 b 轴的方向时,只能探测到拉曼声子。实验结果表

明,只有当两个不同的正交声子模式都被激发时才能驱动磁响应。此外,当抽运光的偏振从+45°旋转到−45°时,磁振子振荡的相位符号发生反转。实验结果强烈地依赖于两个驱动声子模的相对相位。如图7-18(e)所示,当外加静磁场的方向反转时,磁振子振荡的相位没有发生改变,这表明磁振子的振动方向与初始的自旋倾斜方向无关。

图7-17(d)定性地给出了整个物理图像:氧离子的旋转运动会调制晶体场,从而被八面体中心的 Fe^{3+} 所感受到。这一效应将每一个 Fe^{3+} 的基态电子波函数 $t_{2g}^3 e_g^2$ 与激发态混合,因此自旋-轨道耦合得以加强。运动的离子迅速扰乱 $t_{2g}^3 e_g^2$ 态的角动量,从而触发相干磁振子激发。T. F. Nova 等采用一个有效哈密顿量来描述有效磁场:

$$\boldsymbol{H}_{\mathrm{eff}} = \mathrm{i}\alpha_{\mathrm{abc}}\boldsymbol{Q}_{\mathrm{ua}}\boldsymbol{Q}_{\mathrm{ub}}^* M_{\mathrm{c}} \tag{7-4}$$

式中,α_{abc} 为磁弹系数,其第一对指标具有反对称性,即 $\alpha_{\mathrm{abc}} = -\alpha_{\mathrm{bac}}$。$\boldsymbol{Q}_{\mathrm{ua}}$ 和 $\boldsymbol{Q}_{\mathrm{ub}}^*$ 为声子的本征矢量;M_{c} 为静态磁化率。由此可见,圆偏振极化晶格的运动表现为一个有效磁场,写为

$$-\frac{\partial \boldsymbol{H}_{\mathrm{eff}}}{\partial M_{\mathrm{c}}} = -\mathrm{i}\alpha_{\mathrm{abc}}\boldsymbol{Q}_{\mathrm{ua}}\boldsymbol{Q}_{\mathrm{ub}}^* \tag{7-5}$$

根据温度依赖的实验得以证实,该有效磁场的方向垂直于旋转平面[即图7-17(d)中的 ab 面]。有效磁场的方向依赖于离子的旋转方向。当样品的温度冷却至96 K以下时,$ErFeO_3$ 经历了自旋重取向相变。自旋的取向相对于晶轴发生了连续的旋转。低温下,总的铁磁矩沿着晶体的 a 轴方向。当 $T < T_{\mathrm{SRT}}$ 时,沿着 c 轴的有效磁场不再与铁磁矢量 $(\boldsymbol{S}_1 + \boldsymbol{S}_2)$ 平行,而是平行于反铁磁矢量 $(\boldsymbol{S}_1 - \boldsymbol{S}_2)$。结果此时激发的是另一个自旋模式——q-FM模式。q-FM模式的共振频率强烈地依赖于温度。

T. F. Nova 等在时间和空间上求解麦克斯韦方程,模拟了沿着光轴的晶格极化,如图7-19(a)(b)所示。总极化的旋转程度可由 $\left(\boldsymbol{P}_{\mathrm{ua+ub}} \times \dfrac{\partial \boldsymbol{P}_{\mathrm{ua+ub}}}{\partial t}\right)$ 来估算。根据计算结果,当线偏振光激发声子后,样品表面瞬间产生椭圆形的运动脉

冲,如图 7-19(c)所示。这一动态的晶格旋转以 $0.4×10^8$ m/s(光速的 13%)的速度向材料内部"传播",如图 7-19(d)所示。两支声学极化子的结合携带一个有效磁场,从而导致自旋波的激发。值得注意的是,尽管阻尼减少了环形旋转的振幅,1 ps 后旋转反转了符号,破坏了时间反演对称性。基于理论计算得到时间和空间依赖的有效场,通过 Landau-Lifshitz 方程,可以估算时间和空间上磁振子的振幅演化,如图 7-19(e)所示。

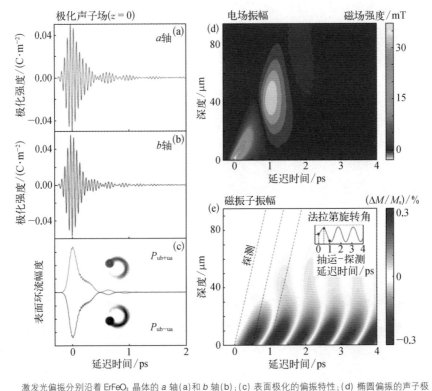

激发光偏振分别沿着 ErFeO₃ 晶体的 *a* 轴(a)和 *b* 轴(b);(c) 表面极化的偏振特性;(d) 椭圆偏振的声子极化激元的传输动力学;(e) 基于 Landau-Lifshitz 方程的数值模拟的 q-AFM 磁振子的传输动力学特性

图 7-19
ErFeO₃ 晶体离子和磁动力学的数值模拟

该项工作通过理论计算和实验结果的对比,获得了磁进动的振幅和有效磁场的强度。能量密度为 20 mJ/cm² 的抽运光产生的有效磁场为 36 mT。通过提高场强、优化声子的共振激发、提高相位匹配等,可以增强在红外频段和 THz 频段上所观察到的现象,从而促进在这一频段上新器件的研发。最后除了应用于磁学,通过声子控制离子的环形旋转,有望应用于材料拓扑性质的调控。

7.4　THz 强场驱动反铁磁体二次谐波产生

电子自旋在超短时间尺度上的选择性控制是凝聚态物理的一个极具挑战性的课题。最近几年,研究人员拓展了多种磁光控制机制,包括逆法拉第效应、拉曼型非线性光学过程,以及交换相互作用的光学调制。尽管这些技术已经革新了我们对超快自旋动力学的理解,然而可见光或近红外抽运光的大部分光子能量在光与自旋的相互作用中处于闲置状态,大量过剩能量的耗散是一个重要课题。正如 7.1 节所述,THz 电磁脉冲与自旋自由度的相互作用更为直接,THz 辐射脉冲的磁场分量在每一个自旋相关的磁偶极子上施加塞曼转矩,THz 频率与集体的磁振子模式共振。塞曼转矩直接与自旋耦合,并不涉及电荷或晶格自由度。对于多铁材料,还可以利用 THz 的电场分量实现自旋的调控。THz 场实现磁调控的研究始于反铁磁材料(最大的一类磁有序物质)。由于磁偶极子耦合非常弱,THz 场驱动的自旋激发仅限于线性的磁光响应区域。将来的磁存储和量子计算都需要非线性的磁光响应。

德国雷根斯堡大学的科学家提出用峰值磁场为 0.4 T 的强 THz 辐射脉冲触发 NiO 中的自旋动力学进入非线性磁光响应区,在两倍于 1 THz(反铁磁共振模式)的地方发现一个相干信号,并将其指认为直接由相干自旋运动所诱导的二阶磁光效应。该工作揭示了超短 THz 强脉冲与磁有序介质非线性相互作用的新物理机制,有效地区分了电子激发或是晶格调制对瞬态磁致双折射(MLB)和瞬态磁二向色性(MLD)的贡献。

实验中,通过波前倾斜光整流方法产生单周期的强 THz 辐射脉冲,频率覆盖范围为 0.3～2 THz(近红外光脉冲能量为 4 mJ,重复频率为 3 kHz)。利用两个线栅偏振器将 THz 的峰值磁场 $B_{峰}$ 从 0.05 T 连续调节到 0.4 T,且不改变 THz 辐射脉冲的形状。当 THz 辐射脉冲聚焦到 ⟨111⟩ 切向的 NiO 窗片上(厚度为 45 μm)时,THz 磁场所施加的塞曼转矩作用在自旋上诱导相干磁进动。可以通过共向传播的探测光脉冲(脉宽为 30 fs,中心波长为 800 nm,焦斑直径为 5 μm)相位和振幅的变化,在时域上获得相应的瞬态磁光效应(包括法拉第效应、MLB 效应和 MLD 效应）。THz 磁场诱导的探测光的偏振变化在两个光电二极管上所产生的光电流之差分信号为 ΔI，实验装置如图 7 - 20(a) 中的插图所示。1/2 波片、沃拉斯顿棱镜和两个光电探头用来记录磁光信号。磁光信号 $\Delta I/2I$（I 为两个光电探测器上的光电流之和）以 THz 抽运光和近红外光探测脉冲之间的延迟时间（t）为函数。

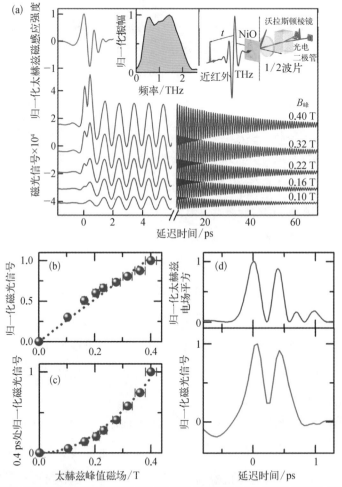

（a）瞬态自旋响应诱导近红外探测脉冲的动态偏振调制，插图为实验中所用的单周期 THz 辐射脉冲及其归一化的 THz 波振幅谱以及实验装置；不同峰值磁场 $B_峰$ 激发的 1 THz 磁共振模式(b)和峰值磁光信号(c)；(d) THz 电场平方(蓝线)和磁光信号(红线)的对比

图 7 - 20
THz 辐射脉冲的磁场通过塞曼转矩诱导磁振子共振实验

　　图 7 - 20(a) 显示的是不同峰值磁场 $B_峰$ 和 THz 场诱导的磁光信号的时域曲线。当 $B_峰 = 0.1$ T（最低强度的曲线）时，显示的是准单频的磁振子振荡，周期

为 1 ps。磁光信号在 THz 辐射脉冲持续时间内建立，随后的衰减时间常数 $\tau = 30.5\,ps$。这是 NiO 单晶的面外反铁磁模式，$\nu = 1.0\,THz$。如图 7 - 20(b)所示，长寿命的单频振荡的振幅与 $B_{峰}$ 呈线性关系。这一线性正比关系表明磁振子的激发源于 THz 辐射脉冲的磁场分量与反铁磁矢量的塞曼作用。由于线性的磁电效应在中心对称的 NiO 中是宇称禁戒的，当 $B_{峰} = 0.4\,T$ 时，从 $\Delta I/2I$ 中提取出的自旋最大偏振角度为 2°。

除了上述共振激发磁振子外，THz 电磁场还诱导了一个非线性的磁光响应，具体表现为在 $t = 0\,ps$ 和 $t = 0.4\,ps$ 时 $\Delta I/2I$ 的两个最大值的振幅与 THz 峰值磁场的平方呈比例关系，如图 7 - 20(c)所示。瞬态磁化 $\boldsymbol{M} = \boldsymbol{S}_1 + \boldsymbol{S}_2$ 沿 x 轴和 z 轴抵消，各向异性场导致沿 y 轴方向存在一个非零的磁化强度。反铁磁矢量 $\boldsymbol{L} = \boldsymbol{S}_1 - \boldsymbol{S}_2$ 在 x-z 平面内振动。这一非线性信号只出现于 THz 场存在的情况下，且它的形状与 THz 辐射脉冲波形的平方吻合，如图 7 - 20(d)所示。在其他材料中，这一准瞬时的 $\chi^{(3)}$ 非线性被归结为 THz 诱导的克尔效应，然而，这一非共振的非线性并不直接与相干自旋运动相关。此外，THz 强场也可能会诱导一个特殊的非线性响应，产生一个长寿命的磁振子。为了说明这一点，当 $B_{峰} = 0.4\,T$ 时，对延迟时间 $t > 4\,ps$（即与 THz 辐射脉冲瞬时相互作用之后）的 $\Delta I/2I$ 的实验数据做傅里叶变换。如图 7 - 21(a)所示，光谱主要表现为一个中心频率 $\nu = 1.0\,THz$ 的洛伦兹型峰，对应于面外磁振子模式。实验中重要的发现是，在 $\nu = 2.0\,THz$ 处，发现一个附加的峰，其频率为磁振子频率的两倍，而它的振幅是 1 THz 处峰值的 1.4%。

如图 7 - 21(a)中的插图所示，二次谐波信号的光谱权重与 THz 磁场的峰值呈平方关系。这一实验发现标志着首个 THz 场诱导的非线性响应，其频率为磁共振频率的两倍。从图 7 - 21(b)可以看出，二次谐波信号的形状与探测光的偏振态密切相关。当固定 THz 抽运光的偏振和晶体的位置时，旋转探测光的偏振，二次谐波信号的形状从一个"峰"逐渐变成一个"谷"，经过 180°周期后，又变回一个"峰"。

尽管在亚铁磁材料中的自旋非线性效应已经得到广泛的研究，但在一个反铁磁材料中观察到二次谐波信号是出乎意料的。为了解释这一实验现象，

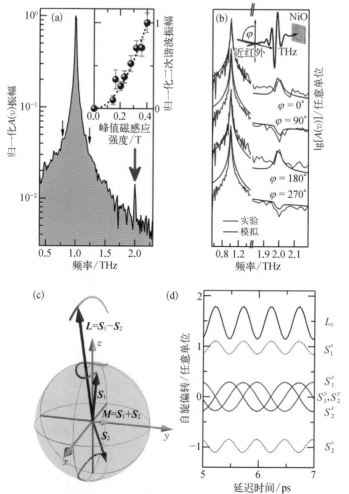

（a）$B_{\text{峰}}$ = 0.4 T，延迟时间 $t > 4$ ps 的磁光信号的归一化谱；（b）不同探测光偏振时的磁振子谱；（c）布洛赫球，它代表两套反铁磁自旋亚格子 S_1 和 S_2 的轨迹；（d）笛卡儿坐标系中 S_1 和 S_2 的分量，以及反铁磁矢量 L 的笛卡儿坐标分量 L_z

图 7-21
THz 场诱导反铁磁体的非线性响应

S. Baierl 等首先分析了自旋自身的运动，发现相应的法拉第信号不能解释实验中的二次谐波信号。在一个完美的反铁磁体中，瞬态磁化的非线性二次谐波信号也被认为相互抵消。因此，S. Baierl 等从微观层面上模拟了 NiO 中 THz 场诱导的自旋动力学。考虑到所有处在两套反铁磁亚格子上自旋整体的进动——集体的长波磁振子模式，这一模型包括交换耦合、各向异性以及 THz 波与自旋的直接塞曼耦合。如图 7-21(c)所示，在 THz 辐射脉冲激发之后，S_1 和 S_2 在布洛赫球上绕着它们的平衡位置（z 轴）进动。沿着 z 轴看，自旋以相反的方向旋转，在〈111〉面内(沿 y 轴和 z 轴)以及面外(沿 x 轴)经历不同的偏转。$\boldsymbol{S}_1$ 和 $\boldsymbol{S}_2$ 的 x 分量之间有 180°的相位差,而 y 分量是同相位的,这是由各向异性场的作用导致的。所有的自旋在 z 分量上都抵消了,因此,法拉第信号正比于 $\boldsymbol{M}$,仅反映沿 y 轴的 1 THz 的振荡。在完美的反铁磁体中,甚至在 THz 强场作用下产生很大的自旋偏转,这一结果也是成立的。因此,在 $B_{\text{峰}}=0.4$ T 的理论计算结果中,瞬态磁化的振幅谱中占主导的是 $\nu=1.0$ THz 的基频峰,并没有出现二次谐波信号。然而计算结果中,在 $\nu=1.23$ THz 和 $\nu=0.77$ THz 处出现的局域极大值是面内磁振子和面外磁振子振动的差频信号与和频信号。实验结果中,在这些光谱位置的确出现了微弱的特征"肩膀",然而基频磁化子峰的宽度阻碍了进一步区分这些极大值的位置。此外,偏振依赖的实验结果,排除了 THz 抽运光脉冲瞬间实现反铁磁对称性破缺产生二次谐波信号的可能。因为对称性的破缺对所有的探测光偏振而言是一样的,S. Baierl 等因此得出的结论是,法拉第旋转探测的自旋动力学(与 $\boldsymbol{M}$ 呈线性关系)并非实验中观察到的二次谐波信号的起源。

S. Baierl 等提出,瞬态磁致双折射和瞬态磁二向色性以二次谐波频率振荡,并且与 THz 磁场的平方成正比,如图 7-21(a)中的实验结果所示。与静态的磁线性双折射和二向色性相比,瞬态的 MLB 和 MLD 相对于探测光偏振是各向异性的。为了证实这一解释,S. Baierl 等引入包含 MLB 和 MLD 的琼斯矩阵,从而拓展了传播模型。如图 7-21(b)所示,该模型不仅描述了 $\nu=2$ THz 处磁光信号的极大值,而且重现了当探测光偏振旋转 90°后,极大值变为极小值这一实验结果。

值得注意的是,瞬态 MLB 和 MLD 与静态的磁线性双折射或二向色性在本质上是不同的。后者基于磁致伸缩,所涉及的弹性晶格形变跟不上超快的 THz 自旋进动。因此,瞬态的二阶磁光效应直接与电子结构依赖的自旋偏转相关,这比静态效应弱得多。当寻常光与异常光之间的相位差达到最大时,瞬态 MLB 在 μrad 的量级上。然而,静态的 MLB 诱导的相位差约为 1 rad。MLD 产生的瞬态吸收系数约为 10^{-4} cm^{-1},然而静态吸收系数约为 400 cm^{-1}。此外,MLB 和 MLD 对非线性二次谐波信号的贡献可以通过改变探测光的波长进行精确调节。

总结该项工作,S. Baierl 等在 NiO 中,除了发现瞬态的 $\chi^{(3)}$ 非线性和两个反铁磁模式的混频外,还观察到一个独特的基频磁振子的二次谐波信号(与 THz

波振幅呈平方关系）。这一新的非线性效应表明，超快磁光效应与纵向自旋分量呈平方关系。目前的实验结果不仅可以区分电子和磁致伸缩各自对相干磁致双折射的贡献，而且有望开辟全自旋的 THz 开关器件研究领域。

7.5　本章小结

本章回顾了近年来，利用 THz 强场和中红外脉冲实现与磁有序介质的非线性相互作用。主要介绍了 THz 的强磁场分量在反铁磁体 $HoFeO_3$ 和 $ErFeO_3$ 中诱导塞曼转矩，实现了反铁磁非线性磁化动力学、自旋翻转和自旋重取向相变等。除了 THz 强场脉冲的磁场分量，通过自旋-轨道转矩，THz 辐射脉冲的强电场分量不仅可以驱动金属性反铁磁介质如 Mn_2Au 的磁化进动，还可以利用其在 CuMnAs 薄膜上诱导具有写入功能的电流。此外，介绍了强 THz 辐射脉冲被用于铁磁薄膜非共振磁动力学的激发与调控，分别在单晶的 Fe 薄膜中实现了超快退磁和在非晶的 CoFeB 薄膜中实现了超快自旋-晶格散射。最近的研究表明，通过预先制备低能量的非热态，比如 Tm^{3+} 的布居数变化，产生有效磁场从而激发 $TmFeO_3$ 晶体中的相干磁振子模式。也可以通过非线性声子激发来操控 $ErFeO_3$ 中的相干磁振子模式。最后，简述了 THz 在 NiO 晶体中诱导产生基频磁振子模式的二次谐波。这一系列崭新的超快物理过程很可能会在未来自旋电子学器件中有潜在的应用。

8

腔结构中磁模式与
THz的非线性耦合

光子与凝聚物质激发态之间的强耦合,如光子与声子、等离激元、超导量子态、激子、磁振子等强耦合,产生杂化激元——极化子。通过对光子与多种元激发的强耦合效应进行研究,一方面,可以将光子耦合到多种元激发量子态中,制备多种单光子纠缠态,这是制备单光子光源的重要方法;另一方面,基于耦合极化激元,既可以通过对各种元激发量子态的人工设计与修饰实现对光量子态的调控,也可以通过对光量子态的剪裁,实现对各种元激发量子态的调控。通过对微观量子态的调控,有望实现对宏观物理特性的人工设计和操控,这也是量子人工调控的重要研究内容。

如前所述,电磁波的磁场分量可以和磁振子(自旋波的量子化,即电子自旋的公有化行为)相互作用,从而实现对自旋波的激发。但是相比于电磁波的电场分量与介质的偶极子相互作用,磁偶极共振作用强度远远小于电偶极共振作用强度。一般地,基于磁偶极共振的吸收系数比基于电偶极共振的吸收系数小 $2\sim3$ 个数量级。要实现电磁波与磁振子间的强相互作用,需要构建合适的腔结构。由于铁磁共振频率一般在微波波段,因此微波场与磁振子间的相互作用首先得到广泛的研究。将铁磁介质置于特定的微波腔中,如果耦合强度(g)高于光腔的光子损耗速率 κ(κ 的大小取决于光腔的品质因子)和磁振子的衰减速率 γ(γ 的大小取决于磁有序介质的阻尼系数),则微波光子与磁振子可以产生强耦合效应,具体表现为当磁共振频率接近腔模式的频率时,出现拉比(Rabi)振荡现象,自旋波的色散关系在磁共振频率附近出现免交叉现象,此时微波光子与自旋波形成量子纠缠态,如图 8-1(a)所示。在此杂化态中,能量可以在微波光子和自旋波间相干转移,这是实现量子存储器和量子换能器等量子器件的重要基础与前提。

图 8-1
光腔中二能级
系统与光子的
强耦合

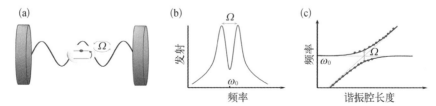

　　(a) 光腔中二能级系统与光子的强耦合示意图,Ω 为耦合强度;(b) 磁共振频率 ω_0 附近的共振劈裂,劈裂宽度正比于耦合强度 Ω;(c) 磁共振频率 ω_0 附近的免交叉色散关系

反铁磁的共振频率位于太赫兹频段,通过设计合适的腔结构,也可以实现 THz 光子与反铁磁磁振子间的强耦合效应。THz 光子与反铁磁磁振子的耦合效应取决于耦合强度 g、光腔损耗速率 κ 和磁振子衰减速率 γ。当 $\gamma < g < \kappa$ 时,光子-磁振子耦合导致产生磁感应透明(MIT)现象;当 $\kappa < g < \gamma$ 时,光子-磁振子耦合出现珀塞尔(Purcell)效应;当 $\kappa < g$ 且 $\gamma < g$ 时,出现了光子-磁振子强耦合现象。THz 光子与反铁磁磁振子的耦合效应如图 8-2 所示。

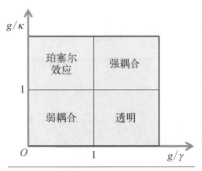

图 8-2
不同耦合强度 g、光腔损耗速率 κ 和磁振子衰减速率 γ 下的光子-磁振子耦合效应示意图

基于微波腔中微波光子与铁磁介质间的强耦合效应的研究有很多,但是基于 THz 光子与反铁磁磁振子间的强耦合效应的研究才刚刚起步。本章主要介绍近年来基于 THz 光子腔结构中 THz 光子与反铁磁磁振子间的强耦合的研究进展。第 1 节简单介绍处理强耦合效应的基本理论,包括经典方法、半经典方法和全量子力学方法。第 2 节介绍一维光腔结构中 THz 光子与反铁磁磁振子间的强耦合效应,包括法布里-珀罗腔中的 THz 极化磁振子和一维光子晶体腔中 THz 光子与二维电子气的朗道能级间的强耦合效应。第 3 节简单介绍基于 THz 超材料组成的二维平面腔与二维电子气的朗道能级间的强耦合效应。第 4 节介绍稀土铁氧化物结构中,强磁场深低温条件下稀土离子能级与磁振子间的强耦合效应。

8.1　强耦合效应理论背景简介

光与物质的强相互作用中,物质既可以是单个或者少数几个的原子系统,也可以是诸如磁振子、声子或表面等离子激元等集体激发。光与物质相互作用的理论模型主要包括经典谐振子模型、半经典模型和全量子力学模型。对于经典谐振子模型,光场用麦克斯韦经典场描述,而物质系统则用经典谐振子模型处理。对于半经典模型,物质系统用量子力学方法处理,也即物质系统可以看成二能级系统,而光场仍然视为经典场。对于全量子力学模型,光场和物质系统被看成一个体系,全部用量子力学方法处理。下面简单介绍一下处理强耦合效应的三个理论模型。

8.1.1 经典谐振子模型

在经典谐振子模型中,相互作用的两个谐振子 $x_1(t)$ 和 $x_2(t)$ 的本征角频率均为 ω,耦合强度为 Ω,则两个谐振子的耦合方程可以写成

$$\frac{\mathrm{d}^2 x_1}{\mathrm{d}t^2} + \omega^2 x_1 + \Omega^2(x_1 - x_2) = 0 \tag{8-1a}$$

$$\frac{\mathrm{d}^2 x_2}{\mathrm{d}t^2} + \omega^2 x_2 + \Omega^2(x_2 - x_1) = 0 \tag{8-1b}$$

上式描述了光场 $[x_1(t)]$ 和偶极子 $[x_2(t)]$ 间的相互作用,其解为

$$x_1(t) = A\sin(\omega_+ t + C) + B\sin(\omega_- t + D) \tag{8-2a}$$

$$x_2(t) = -A\sin(\omega_+ t + C) + B\sin(\omega_- t + D) \tag{8-2b}$$

式中,A、B、C 和 D 是常数,其值取决于初始条件。耦合后出现新的频率:

$$\omega_+^2 = \omega_c^2 + \Omega^2 \tag{8-3a}$$

$$\omega_-^2 = \omega_c^2 - \Omega^2 \tag{8-3b}$$

$$\omega_c^2 = \omega^2 + \Omega^2 \tag{8-3c}$$

两个谐振子频率固定,$\omega = \omega_c$,耦合系统的频率发生劈裂,分别为 ω_+、ω_-。从式 (8-2) 和式 (8-3) 可以得到

$$\sin(\omega_+ t + C) = \frac{1}{2A}[x_1(t) - x_2(t)] \tag{8-4a}$$

$$\sin(\omega_- t + C) = \frac{1}{2B}[x_1(t) + x_2(t)] \tag{8-4b}$$

式中,ω_+ 与 ω_- 包含了耦合信息的单独谐振子的共振频率。显然,耦合后每个单谐振子的频率既和耦合前单谐振子的本征频率有关,又和耦合后的谐振子有关,是一个杂化模式。耦合强度 Ω 决定了两个谐振子模式的杂化程度。两个谐振子的频率分别为 ω_1 和 ω_2,一个谐振子的频率固定在 $\omega = \omega_1 = \omega_c$,调谐另一个谐振子的频率,定义调谐量 $\delta = \omega_2 - \omega_1$,当 ω_2 靠近 ω_c 时,强耦合效应导致出现

图 8‑1 所示的拉比振荡和免交叉现象。

8.1.2 半经典模型

半经典模型是指光场仍用经典电磁波描述，而物质系统用量子力学描述。假设物质为二能级系统，其基态为 $|g\rangle$（本征值为 E_g），激发态为 $|e\rangle$（本征值为 E_e）。光场可以描述为 $\boldsymbol{E}\cos(\omega,t)\mathrm{e}^{k\cdot r}$，其中，$\omega$ 和 $\boldsymbol{k}$ 分别表示光波的频率和波矢，矢量 $\boldsymbol{E}$ 表示光波的电场大小和偏振。相互作用系统的哈密顿量可以写成

$$H=-\frac{-\hbar\delta}{2}\sigma_z+\frac{\hbar\Omega_0}{2}(\sigma_++\sigma_-) \tag{8-5}$$

式中，$\Omega_0=\vec{d}\cdot\boldsymbol{E}/h$ 表示半经典拉比频率，与偶极矩大小成正比。$(E_e-E_g)/\hbar=\omega_0$，频率调谐量 $\delta=\omega-(E_e-E_g)/\hbar=\omega_0$。耦合系统能量本征值为

$$E_{1,2}=\pm\hbar\sqrt{\delta^2+\Omega_0^2} \tag{8-6}$$

拉比频率为

$$\Omega_1=\sqrt{\delta^2+\Omega_0^2} \tag{8-7}$$

如果光场频率与物质系统的跃迁频率一致，即 $\delta=0$，则

$$|2\rangle=\frac{1}{\sqrt{2}}\big[|g\rangle+|e\rangle\big] \tag{8-8a}$$

$$|1\rangle=\frac{1}{\sqrt{2}}\big[|g\rangle-|e\rangle\big] \tag{8-8b}$$

$$E_{1,2}=\pm\frac{\hbar\Omega_0}{2} \tag{8-8c}$$

由此可见，耦合后系统的本征能量是基态和激发态的叠加。

8.1.3 全量子力学模型

要从微观上完整地描述光与物质间的相互作用，必须用全量子力学模型。二能级原子(Jaynes‑Cummings，J‑C)模型是最常用的描述量子光场与二能级

系统间的强相互作用的模型。对于一个能量间隔为 $\hbar\omega$ 的二能级系统,与角频率为 ω_0 的量子光场相互作用的哈密顿量为

$$H = \frac{1}{2}\hbar\omega_0\sigma_z + \hbar\omega\hat{a}^+\hat{a} + \hbar g(\hat{a}\sigma_+ + \hat{a}^+\sigma_-) \qquad (8-9)$$

式中,g 为耦合强度,正比于二能级系统的跃迁偶极矩;$\hat{a}^+$ 与 $\hat{a}$ 分别为产生算符与湮灭算符;σ_+ 与 σ_- 分别为升算符和降算符,$\sigma_\pm = \sigma_x \pm i\sigma_y$,$\sigma_x$、$\sigma_y$ 是二能级系统泡利(Pauli)矩阵;σ_z 也是二能级系统泡利矩阵。

$$\sigma_z = \frac{1}{2}(|e\rangle\langle e| - |g\rangle\langle g|),\ \sigma_+ = |e\rangle\langle g|,\ \sigma_- = |g\rangle\langle e| \qquad (8-10)$$

系统的本征值为

$$E_{1n} = \hbar\left(n+\frac{1}{2}\right)\omega + \frac{1}{2}\hbar\sqrt{\delta^2 + 4g^2(n+1)} \qquad (8-11a)$$

$$E_{2n} = \hbar\left(n+\frac{1}{2}\right)\omega - \frac{1}{2}\hbar\sqrt{\delta^2 + 4g^2(n+1)} \qquad (8-11b)$$

迪克(Dicke)模型预测的真空拉比劈裂幅度($2g$)由偶极矩大小(d)、腔模式场强(E_{vac})和总的偶极矩数目(N)决定,即

$$2g = 2dE_{vac}\sqrt{N} \qquad (8-12)$$

因此,拉比劈裂大小 $\Omega_\Delta = 2g\sqrt{N}$。

一般来说,对于谐振子数目可观的体系,经典谐振子模型可以简单而又快速地给出分析结果。但是,如果要深入分析光与物质的相互作用过程,物质系统需要用二能级模型来描述,而不需要再现相互作用的微观细节,半经典模型则比较合适。如果我们需要准确地给出相互作用的微观过程,必须用全量子力学模型。因此,具体选择哪种模型来描述光与物质的相互作用过程,取决于所选择的体系。

8.2 一维光腔中 THz 光子与磁振子间的强耦合效应

通过构建合适的 THz 光腔结构,可以实现 THz 光子与自旋波间的强耦合效应。

8.2.1 稀土铁氧化物法布里-珀罗腔中 THz 波与自旋波的强耦合效应

第 4 章中，我们详细地讨论了 THz 波磁场分量与稀土铁氧化物的磁共振相互作用，一般这种基于电磁波磁场分量与磁偶极子相互作用的强度比较弱，即使用强 THz 辐射脉冲，也很难观测到 THz 光子与磁振子间的强耦合效应——极化磁振子。值得注意的是，稀土铁氧化物在 THz 频段具有很高的折射率，对于表面平整度高、厚度合适的稀土铁氧化物，可以构成一个 THz 波的法布里-珀罗腔(FP 腔)，进而实现 THz 光子与自旋波的强耦合效应。这里以 $TmFeO_3$ 单晶为例，讨论 THz 波在其传播过程中诱导的极化磁振子。室温下，$TmFeO_3$ 为 Γ_4 相，其自旋重取向温度区间为 93～85 K。300 K 时，其准铁磁模式和准反铁磁模式的共振频率分别为 0.41 THz 和 0.71 THz。45 K 时，$TmFeO_3$ 转变为 Γ_2 相，其 q-FM 模式和 q-AFM 模式的共振频率分别为 0.277 THz 和 0.86 THz。随着温度降低，q-AFM 模式线宽逐渐变窄，这表明低温下 q-AFM 模式阻尼较小，有利于实现 THz 光子与 q-AFM 模式自旋波模式间的强耦合效应。下面主要以 THz 时域光谱和 THz 发射光谱为手段，讨论低温下 $TmFeO_3$ 单晶中 THz 极化磁振子的形成及其色散关系。

1. $TmFeO_3$ 单晶中 THz 极化磁振子的实验观测

本节利用 THz 时域光谱和 THz 发射光谱研究低温下 $TmFeO_3$ 单晶中的极化磁振子形成和色散关系。图 8-3(a)(b) 分别是 THz 时域光谱和 THz 发射光谱光路示意图。

图 8-4(a) 为不同温度下 1.5 mm 厚、c-切向 $TmFeO_3$ 单晶的透射时域光谱，当温度小于等于 90 K 时，晶体为 Γ_2 相。从图中可以看出，透射 THz 主脉冲后面是振荡周期为 0.86 THz 的长寿命阻尼振荡。随着温度降低，振荡频率保持在 0.86 THz，振荡幅度增强。当温度高于 90 K 时，振荡完全消失。此外，随着温度降低，振荡部分出现拍频现象，这种现象在 40 K 时最为显著。低温下 0.86 THz 处的振荡来源于 THz 辐射脉冲磁场激发了样品的 q-AFM 自旋波模式。图 8-4(b) 中位于 0.86 THz 的窄谷表明此频段 THz 能量转移到 $TmFeO_3$ 晶体中，引起 q-AFM 模式的共振激发。后面的振荡来源于 q-AFM 自由感应

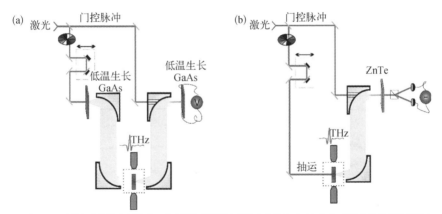

图 8-3
典型的 THz 时
域光谱和 THz
发射光谱

(a) THz 时域光谱光路示意图, THz 产生器和探测器中低温生长的 GaAs、TmFeO₃ 晶体均被置于低温罩内，温度可调范围为 40~300 K; (b) THz 发射光谱光路示意图, 飞秒激光辐照置于低温罩内的 TmFeO₃ 单晶, THz 辐射脉冲由(110)取向的 ZnTe 探测

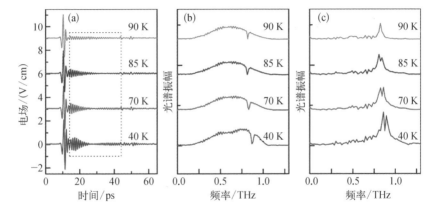

图 8-4
典型的 TmFeO₃
单晶的 THz 透
射时域光谱和
频谱

(a) 不同温度下 1.5 mm 厚、c-切向 TmFeO₃ 单晶的 THz 透射时域光谱; (b) 对应(a)中全时域(0~70 ps)光谱的傅里叶变换光谱; (c)(a)中方框区域内(14~45 ps)的傅里叶变换光谱

衰减。图 8-4(c)为自由感应衰减(FID)部分的傅里叶变换光谱，显然，随着温度降低，FID 发射峰出现劈裂现象，其对应 THz 时域光谱的拍频现象。结合后面的 THz 发射光谱，低温下的拍频现象表明低温下 THz 光子与 q-AFM 模式间发生了强耦合效应，产生了 THz 极化磁振子。

在 THz 波产生实验中，利用图 8-3(b)所示的光路，研究不同温度下，TmFeO₃ 晶体中飞秒激光诱导的 THz 发射行为。

在 THz 发射实验中，所用飞秒激光的波长为 800 nm，重复频率为 1 kHz。从图 8-5(a)可以看出，当 $T=90$ K 时，发射中心频率为 0.86 THz 的 THz 辐射脉冲，随着温度降低，THz 发射时域光谱出现拍频现象，发射 THz 时域光谱的振幅随温度降低而增加。图 8-5(b)为图 8-5(a)中光谱的傅里叶变换光谱，显然 THz 发射峰随温度降低而劈裂成两个发射峰，其中心频率分别低于 0.86 THz 和高于 0.86 THz。

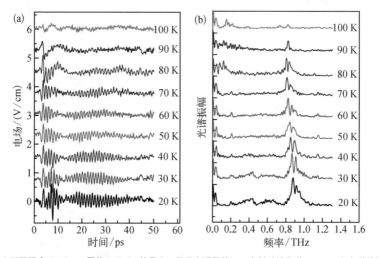

(a) 不同温度下 1.5 mm 厚的 TmFeO₃ 单晶中飞秒激光诱导的 THz 发射时域光谱；(b) (a)中光谱的傅里叶变换光谱

图 8-5
典型的 TmFeO₃ 单晶的 THz 发射光谱

2. THz 极化磁振子理论分析

下面从经典谐振子模型出发，推导 THz 波与反铁磁模式相互作用的解析表达式并给出 THz 极化磁振子的色散关系。可以看出 THz 透射光谱和 THz 发射光谱中的拍频现象来源于 THz 波与 q-AFM 模式在 FP 腔中的强相互作用。

（1）THz 透射光谱

设 c-切向 TmFeO₃ 单晶两界面严格平行，厚度为 d，在研究的 THz 频段（0.1～2.5 THz），其相对介电常数 ε 为常数，不随频率发生变化，相对磁导率 $\mu = \mu(\omega)$。假设入射的线偏振 THz 波沿 z 轴传播，电场沿 x 轴振动，如图 8-6(a)所示。其频域的波动方程可以写成（高斯单位制）

$$\frac{\partial}{\partial z}\left(\frac{1}{\mu(z,\omega)} \times \frac{\partial \boldsymbol{E}_x}{\partial z}\right) + \frac{\omega^2}{c^2}\varepsilon(z)\boldsymbol{E}_x = 0 \qquad (8-13)$$

式中，电场 $\boldsymbol{E}_x$ 表示关于时间的傅里叶变换。式(8-13)的平面波解为

$$\boldsymbol{E}_x(z) = \begin{cases} A_1 e^{-ik_0z} + B_1 e^{ik_0z}, \, z < 0 \\ A_2 e^{-ik_1z} + B_2 e^{ik_1z}, \, 0 < z < d \\ A_3 e^{-ik_0z}, \, d < z \end{cases} \tag{8-14}$$

式中，A_i 和 B_i 分别为透射电磁波的振幅和反射电磁波的振幅，$i=1$，2，3；$\boldsymbol{k}_0$ 为 THz 波在空气中的波矢；$\boldsymbol{k}_1$ 为介质中的波矢；d 为晶体厚度。对式(8-13)积分，由边界连续条件可以得到

$$z = 0: \begin{cases} A_1 + B_1 = A_2 + B_2 \\ -\boldsymbol{k}_0 A_1 + \boldsymbol{k}_0 B_1 = -\dfrac{\boldsymbol{k}_1}{\mu(\omega)} A_2 + \dfrac{\boldsymbol{k}_1}{\mu(\omega)} B_2 \end{cases} \tag{8-15}$$

$$z = d: \begin{cases} A_2 e^{-ik_1d} + B_2 e^{ik_1d} = A_3 e^{-ik_0d} \\ -\dfrac{\boldsymbol{k}_1}{\mu(\omega)} A_2 e^{-ik_1d} + \dfrac{\boldsymbol{k}_1}{\mu(\omega)} B_2 e^{ik_1d} = -\boldsymbol{k}_0 A_3 e^{-ik_0d} \end{cases}$$

THz 波透过厚度为 d 的样品后的透过率 $T(\omega)$ 为

$$T(\omega) = \frac{A_3}{A_1} I(\omega) = \frac{-4\boldsymbol{k}_0 \boldsymbol{k}_1 \mu(\omega) e^{-ik_1d}}{[\boldsymbol{k}_1 - \boldsymbol{k}_0\mu(\omega)]^2 e^{-ik_0d} - [\boldsymbol{k}_1 + \boldsymbol{k}_0\mu(\omega)]^2 e^{ik_0d}} I(\omega)$$

$$\tag{8-16}$$

式中，$I(\omega)$ 是归一化后的入射 THz 辐射脉冲的光强。

THz 波激发 $TmFeO_3$ 单晶的磁共振模式，磁导率色散可以用德鲁德-洛伦兹模型描述为

$$\mu(\omega) = \frac{\Delta\mu\omega_0^2}{\omega_0^2 - \omega^2 - i\omega\Delta\omega} \tag{8-17}$$

式中，ω_0 为系统的磁共振频率；$\Delta\omega$ 为磁共振线宽；$\Delta\mu$ 为有效振子强度。图 8-6(b) 给出了入射 THz 辐射脉冲的频谱分布和由式(8-17)所描述的 T_mFeO_3 晶体的磁导率实部的色散关系。将式(8-17)代入式(8-16)就可以得到 THz 透过样品的透射光谱。图 8-6(c)(d)对比了实验结果和理论计算结果，计算中取 $\omega_0 = 0.8$ THz、$\Delta\omega = 8.6$ GHz、$\varepsilon = 22 - 0.26i$。从图中可以看出，理论计算结果与实验结果吻合得很好。

(2) THz 发射光谱

为了进一步理解图 8-5 所示的 THz 发射时域光谱，下面从麦克斯韦方程

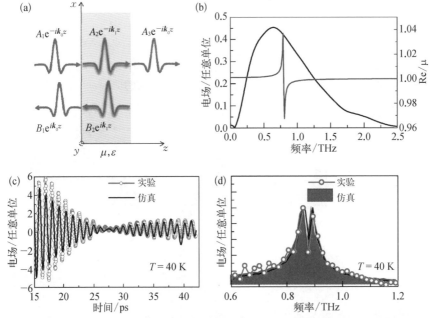

(a) THz 辐射脉冲在 c-切向 TmFeO₃ 单晶中传输的示意图；(b) THz 辐射脉冲的频谱分布(黑色曲线)和 TmFeO₃ 晶体磁导率实部的色散关系(蓝色曲线)；(c) 温度为 40 K 时 THz 辐射脉冲透射 TmFeO₃ 单晶的时域光谱，红色点位为实验结果，黑色曲线为理论计算结果；(d) 图(c)的傅里叶变换结果

图 8-6 TmFeO₃ 单晶的 THz 透射光谱的实验结果与理论计算结果的比较

出发，推导 TmFeO₃ 单晶中飞秒激光脉冲诱导 THz 波发射的详细过程。飞秒激光脉冲作用于 TmFeO₃ 单晶，可以通过激光诱导有效磁场 $\boldsymbol{H}_{\text{eff}}$ 来激发稀土铁氧化物的 q-AFM 模式。麦克斯韦方程为

$$\nabla \times \widetilde{\boldsymbol{E}} = \frac{i\omega\mu(\omega)}{c}\widetilde{\boldsymbol{H}} \tag{8-18}$$

$$\nabla \times \widetilde{\boldsymbol{H}} = -\frac{i\omega\varepsilon}{c}\widetilde{\boldsymbol{E}} - 4\pi i\omega(\nabla \times \widetilde{\boldsymbol{M}}) \tag{8-19}$$

式中，$\widetilde{\boldsymbol{M}} = \chi(\omega)\widetilde{\boldsymbol{H}}_{\text{eff}}$，$\chi(\omega)$ 为 TmFeO₃ 单晶的磁化率，由式(8-17)和式(8-18)，得

$$\nabla \times \left(\frac{1}{\mu(\omega)}\nabla \times \widetilde{\boldsymbol{E}}\right) + \frac{\omega^2\varepsilon}{c^2}\widetilde{\boldsymbol{E}} = -\frac{4\pi\omega^2}{c\mu(\omega)}(\nabla \times \widetilde{\boldsymbol{M}}) \tag{8-20}$$

上式可以简化为

$$\mu(\omega)\frac{\partial}{\partial z}\left(\frac{1}{\mu(\omega)} \times \frac{\partial \widetilde{\boldsymbol{E}}_x}{\partial z}\right) + k^2\widetilde{\boldsymbol{E}}_x = -\frac{4\pi\omega^2}{c\mu(\omega)} \times \frac{\partial(\chi(\omega)\widetilde{\boldsymbol{H}}_{\text{eff}})}{\partial z} \tag{8-21}$$

式中，$k^2(\omega) = (\omega/c)^2 \varepsilon \mu(\omega)$ 为 THz 波在晶体中的波矢。

飞秒激光脉冲作用于 $TmFeO_3$ 单晶，假设飞秒激光脉冲在晶体中的传播群速度为 v_{gr}，穿透深度为 l，产生的有效磁场 $\tilde{\boldsymbol{H}}_{eff}$ 与上述参数有关，即

$$\tilde{\boldsymbol{H}}_{eff} = f(\omega) e^{-\frac{i\omega z}{v_{gr}}} e^{-\frac{z}{l}} \qquad (8-22)$$

式中，$f(\omega)$ 为飞秒激光脉冲频谱分布函数，$f(\omega) = A_0 \dfrac{t_p}{\sqrt{2\pi}} e^{-\omega^2 t_p^2/4}$，$t_p$ 为脉冲时间宽度；A_0 为产生的有效中心频率处的光谱强度。式(8-21)的解为

$$\tilde{\boldsymbol{E}}_x(z) = \begin{cases} B_1 e^{ik_0 z}, \ z < 0 \\ A_2 e^{-ik_1 z} + B_2 e^{ik_1 z} + U(z), \ 0 < z < d \\ A_3 e^{-ik_0 z}, \ d < z \end{cases} \qquad (8-23)$$

式中，k_0 为 THz 波在空气中的波矢；k_1 为晶体中的波矢；d 为晶体厚度；$U(z)$ 取下式形式：

$$U(z) = G(\omega) e^{-\frac{i\omega z}{v_{gr}}} e^{-\frac{z}{l}} \qquad (8-24)$$

根据式(8-21)，可以得到

$$U(z) = -\frac{4\pi i \omega \alpha \chi(\omega)}{c(\alpha^2 - k^2)} \tilde{\boldsymbol{H}}_{eff}(z) \qquad (8-25)$$

式中，$\alpha = i\omega/v_{gr} + 1/l$，为有效光学吸收系数。由边界连续条件

$$\{\tilde{\boldsymbol{E}}_x\} = 0$$

$$\left\{ \frac{1}{\mu(\omega)} \cdot \frac{\partial \tilde{\boldsymbol{E}}_x}{\partial z} \right\} = \pm \frac{4\pi \omega^2 \chi(\omega)}{c\mu(\omega)} \tilde{\boldsymbol{H}}_{eff} \qquad (8-26)$$

可以得到下面的关系式：

$$z = 0: \begin{cases} B_1 = A_2 + B_2 + U(0) \\ ik_0 B_1 = \dfrac{ik_1}{\mu(\omega)} A_2 - \dfrac{ik_1}{\mu(\omega)} B_2 - \dfrac{\alpha}{\mu(\omega)} U(0) \end{cases}$$

$$z = d: \begin{cases} A_2 e^{ik_1 d} + B_2 e^{-ik_1 d} + U(d) = A_3 e^{-ik_0 d} \\ \dfrac{ik_1}{\mu(\omega)} A_2 e^{ik_1 d} - \dfrac{ik_1}{\mu(\omega)} B_2 e^{-ik_1 d} + \dfrac{\alpha}{\mu(\omega)} U(d) = -ik_0 A_3 e^{-ik_0 d} \end{cases}$$

$$(8-27)$$

求解上述方程,可得到 THz 发射光谱 A_3 为

$$A_3(\omega) = \frac{\mathrm{e}^{-ad}U(\omega)\left[\gamma(1-i\xi)(-2\mathrm{e}^{(a+ik_1)d}+\mathrm{e}^{2ik_1d}+1)+\gamma^2(-1+\mathrm{e}^{2ik_1d})-i\xi(-1+\mathrm{e}^{2ik_1d})\right]}{(\gamma+1)^2\mathrm{e}^{2ik_1d}-(\gamma-1)^2}$$

$$(8-28)$$

式中,$\gamma = \gamma(\mu, \omega) = \boldsymbol{k}_1(\mu, \omega)/\boldsymbol{k}_0(\omega)$ 和 $\boldsymbol{\xi} = -\alpha(\omega)/\boldsymbol{k}_0(\omega)$。

取 $v_{\mathrm{gr}} = c/n$,$n = 2.3$,$l = 50\ \mu\mathrm{m}$,$t_\mathrm{p} = 50\ \mathrm{fs}$,图 8-7(b)(c)中黑色实线为式 (8-27)的计算结果,可以看出理论计算结果与实验结果吻合得很好。

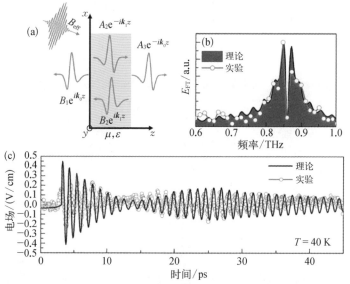

(a) 飞秒激光作用于稀土铁氧体诱导 THz 辐射脉冲示意图;(b) 40 K 下,飞秒激光诱导 TmFeO$_3$ 单晶中 THz 辐射脉冲的傅里叶频谱(实验结果与理论计算结果的比较);(c)与(b)对应的时域光谱

图 8-7 TmFeO$_3$ 单晶的 THz 发射光谱的实验结果与理论计算结果的比较

当光子能量远离磁共振区域时,光子有线性色散关系,即 $k = n\omega/c$。当光子能量与磁振子频率接近时,光子色散曲线在磁共振频率处出现所谓的免交叉现象,如图 8-8 所示。考虑到 TmFeO$_3$ 单晶存在耗散,以及磁导率的空间色散,THz 光子与磁振子模式的耦合导致了极化磁振子。每个波矢的磁共振频率附近出现两个满足色散方程的模式,也就是说,THz 辐射脉冲或者飞秒激光脉冲激发了这两个频率接近的模式,导致时域光谱上出现所观测到的拍频现象。值得一提的是,THz 极化磁振子是由 THz 光子与 TmFeO$_3$ 单晶的 q-AFM 模式

间的相互作用产生的,而且合适的厚度的 TmFeO$_3$ 单晶作为 THz 的谐振腔,加强了 THz 光子与 q-AFM 模式之间的耦合,导致实验上所观测到的拍频现象。

图 8-8
反铁磁共振模式附近的极化磁振子色散关系,直线为不存在磁共振时 THz 光子的色散关系,在磁共振频率附近,每个波矢对应两个解,分别对应两个极化磁振子

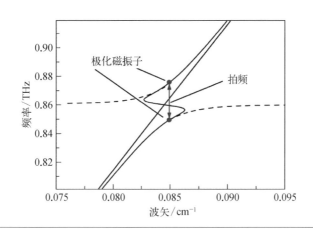

8.2.2　一维光子晶体腔中 THz 波与二维电子气朗道能级的强相互作用

为了实现光与物质间的强相互作用,一般要构建一个高品质的光学谐振腔。光腔中光与物质间相互作用的强弱主要由三个参数决定,即 g、κ 和 γ。g 为光与物质的耦合强度,$2g$ 是所谓的真空拉比劈裂后两个模式的间距,也即上、下支极化子的能级间距。κ 为光子的衰减速率或光子寿命($\tau = 1/\kappa$),共振频率 ω_0 处光腔的品质因子 $Q = \omega_0 \tau$。γ 是物质(固体)系统的退相干速率。对于强耦合系统,拉比劈裂能 $2g$ 远大于 $(\kappa + \gamma)/2$。如果耦合强度 g 可以与共振频率 ω_0 相比拟的话,则系统处于超强耦合状态。用两种标准品质因子($C = 4g^2/(\kappa\gamma)$ 和 g/ω_0,C 称为协同参数)来评价光与物质间相互作用的强度。为了实现强耦合效应或者超强耦合效应,须使 C 或 g/ω_0 最大化。因此也就要求具有较大的跃迁矩(也即具有较大的 g)、尽可能小的退相干速率 γ 和光腔具有高的品质因子 Q。另外,较低的共振频率 ω_0 也有利于实现光与物质间的强相互作用效应。

2016 年,美国莱斯大学的 Junichiro Kono 研究组采用高 Q 值的一维光子晶体腔,并结合 GaAs 量子阱材料的二维电子气(2DEG)在强磁场下的回旋共振(cyclotron resonance,CR)与光子晶体腔模式的耦合,实现了 THz 光子与 2DEG 朗道能级间的强耦合效应,实验结果与理论模拟结果表明,基于 1D 光子晶体腔

结构可以得到 g/ω_0 高达 0.1,而协同参数 C 高达 300。2017 年,该研究组基于高品质 1D-THz 光子晶体腔结构,实现了 THz 光子与二维电子气朗道能级间的超强耦合,并观测到高达 40 GHz 的布洛赫–西格特(Bloch-Siegert)频移,获得无强场作用下的强场效应。下面主要基于该报道,介绍 1D-THz 光子晶体腔中 THz 光子与二维电子气朗道能级间的强耦合效应。

图 8-9 是 J. Kono 课题组发表在 2016 年 Nature Physics 上的 1D-THz 光子晶体腔结构及其腔模式的模拟结果和实验结果。光子晶体腔由厚度为 50 μm 的高阻硅构成,其中缺陷层的 Si 片厚度为 100 μm。2DEG 由厚度为 4.5 μm 的 GaAs 量子阱构成,通过转移技术附着在中间缺陷层表面。计算结果表明,缺陷模式(腔模式)处的局域场强得到极大增强,通过调谐 2DEG 朗道能级与腔模式共振,可以获得 THz 光子与 2DEG 朗道能级间的强耦合效应。为了在实验中观测到强耦合效应,将含有 2DEG 的 1D-THz 光子晶体放在低温强磁场中,通过外加磁场 B 调谐回旋共振频率($\omega_c = eB/m^*$)与腔模式频率(ω_0)的差,即调谐 $\Delta = \omega_c - \omega_0$。实验结果如图 8-10 所示。

图 8-10 是 1D-THz 腔模式与 2DEG 回旋共振发生集体耦合的典型实验结果。从图 8-10(a)可以看出,随着磁场强度增加,2DEG 的回旋共振频率 ω_c 接近腔模式频率 ω_0,产生模式的免交叉现象:THz 光子与回旋共振强耦合产生两支极化子分支。由于入射的线偏振 THz 辐射脉冲由等值的左旋光子和右旋光子组成,其中只有左旋光子(或右旋光子)才能与回旋共振耦合而被 2DEG 吸收,剩下的右(或左)旋光子成为回旋共振非活性(CR-inactive)光子,不能被二维电子气吸收。图中中间不随外加磁场变化的透射峰即为 CR-inactive 光子,因此中间透射峰的半高全宽取决于 κ 的大小。由 $\Delta=0$,$B=1.0\,T$,下、上极化子分支的能量差 $(\kappa+\gamma)/2$,可以确定 $2g/2\pi$、$\kappa/2\pi$、$\gamma/2\pi$、$\omega_0/2\pi$ 分别为 74 GHz、2.6 GHz、5.6 GHz、403 GHz,进而得到协同参数 $C = 4g \times 2/(\kappa\gamma) = 360$,$g/\omega_0 = 0.09$。

真空拉比劈裂可以从时间光谱上直接得到。为了得出背景噪声,对于入射 x-偏振的 THz 辐射脉冲,利用 THz 磁光光谱,实验上测试正向外加磁场和反向外加磁场下的 THz 透射谱的 y-偏振分量 E_y,取差值 $\Delta E_y = E_y(+B) -$

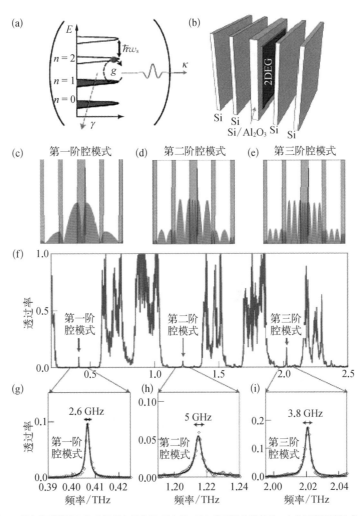

图 8 - 9
包含高迁移率的二维电子气(2DEG)的 1D - THz 光子晶体腔结构

（a）THz 波与朗道能级回旋共振耦合示意图；(b) 1D - THz 光子晶体腔结构：由 5 层高阻硅组成，中间为腔的缺陷层，通过转移方法在缺陷层表面组装一层厚度为 4.5 μm 的高迁移率的 2DEG (GaAs 量子阱)；(c)~(e) 分别为第一、二和三阶腔模式处计算的电场场强分布，2DEG 位于场强最大的位置；(f) 光子晶体腔的功率透过率的实验结果，禁带中间尖锐的透射峰分别为光子晶体的三个腔模式；(g)~(i) 第一、二、三阶腔模式的放大图，黑色实线为洛伦兹拟合曲线，第一、二和三阶腔模式的半高全宽 $\Delta\omega(Q = \omega_0/\Delta\omega)$ 分别为 2.6 GHz(150)、5 GHz(243)和 3.8 GHz(532)

$E_y(-B)$，这样可以过滤掉回旋共振的非活性模式。图 8 - 10(b)是 THz 透射时域光谱，上、下极化子分支的拍频给出 E_y 的透射光谱，这可以看作由能量在 2DEG 与光子晶体腔模式间相干转移导致的。在每个拍频的波节处（箭头所指处），能量储存在二维电子气中。相邻拍频时间间隔为 13~15 ps，这和 $2g$ 的数值相对应。拍频持续时间长达数十皮秒，这表明 2DEG 的回旋共振具有相对较

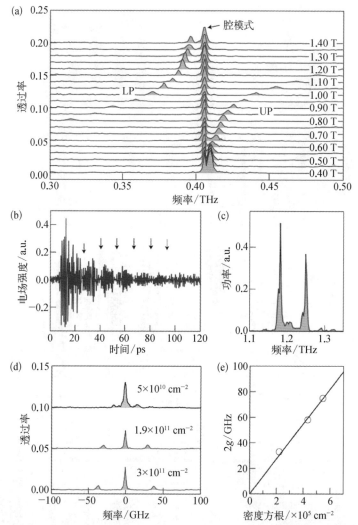

(a) 回旋共振与第一阶腔模式的免交叉实验结果,具体表现为在相交频率附近劈裂为下极化子分支和上极化子分支,中间透射峰来源于入射的线偏振 THz 辐射脉冲的非活性(CR-inactive)圆偏振透射;(b) 时域光谱上观测到的拉比振荡,图中箭头标示两个相干极化子所形成的拍频的波节位置;(c)对(b)做傅里叶变换后的频谱图;(d) 三种电子密度下的 2DEG 真空拉比劈裂,这里回旋共振频率与第一阶腔模式共振;(e) 电子气的密度方根 ($\sqrt{n}$) 与真空拉比劈裂能(2g)的关系图

图 8-10
1D-THz 光子
晶体腔中光-
物质强耦合的
实验观测

长的相干时间。为了进一步证明所观测到的实验现象是来源于二维电子气的集体相干行为,作者给出了拉比劈裂能量差与量子阱的电子密度之间的关系,图 8-10(d)(e)中的结果表明,能量差也即耦合强度 2g 与电子气的密度方根 $\sqrt{n}$ 成正比,这表明这种拉比劈裂的确来自二维电子气的集体行为。这也表明

数十亿(2DEG 的电子密度为 $10^{10} \sim 10^{11}$ cm^{-2})电子可以相干地与腔模式发生耦合作用。通过外推,可以得到二维电子气中的单个电子的真空拉比劈裂宽度约为 0.14 MHz。同样地,如果进一步提高 THz 光子与 2DEG 朗道能级的耦合强度,可以通过提升 2DEG 的密度的方法来实现。值得一提的是,该研究组通过提升 2DEG 的电子密度到 3.2×10^{12} cm^{-2},以及相似的 1D-THz 光子晶体腔结构,将 g/ω_0 提升一个数量级,其值高达 1.43。由此观测到 THz 光子与 2DEG 朗道能级回旋共振的超强耦合,布洛赫-西格特频移达到 40 GHz。

8.3　二维超结构光腔中 THz 光子与 2DEG 朗道能级间的强耦合效应

上一节主要介绍了 THz 一维光子晶体腔模式与 2DEG 朗道能级间的集体强耦合效应。另外,还可以在 2DEG 表面构造 THz 二维超材料,通过设计二维超材料平面腔结构,可以实现平面腔模式与 2DEG 朗道能级间的强耦合效应。尽管由超材料组成的二维平面腔的 Q 值一般比较低(通常小于 10),但 2DEG 跃迁偶极矩可以很大,综合来看,也足以与平面腔模式发生强耦合效应。下面以瑞士苏黎世联邦理工学院的 G. Scalari 等与法国巴黎第七大学合作发表于 2012 年的 *Science* 论文为基础,讨论二维平面腔结构与 2DEG 朗道能级间的强耦合效应。

如图 8-11(a)所示,将 THz 超材料组装在 2DEG 表面上,其中 2DEG 的结构参数如图 8-11(b)所示,外加磁场 $\boldsymbol{B}$ 的方向垂直于 2DEG 平面,磁场在 2DEG 中诱导电子回旋共振,共振频率 $\omega_c = eB/m^*$,m^* 为电子的有效质量。通过外加磁场 $\boldsymbol{B}$ 可以连续调节回旋频率,当 ω_c 与超材料腔模式频率接近时,可发生耦合效应。外加磁场下 2DEG 跃迁偶极矩 $d \approx el_0\sqrt{\nu}$,其中,$l_0 = \sqrt{h/eB}$ 为回旋轨道长度;$\nu = \rho_{2DEG} 2\pi l_0^2$ 为 2DEG 填充因子,ρ_{2DEG} 为 2DEG 的面密度。理论计算表明对于整数的填充因子和最优化的腔结构,耦合比 $\Omega/\omega_c \approx \sqrt{\alpha n_{QW}\nu}$,其中,$\alpha$ 为精细结构常数,n_{QW} 为 2DEG 量子阱数目。对于高的填充因子,Ω/ω_c 甚至可能大于 1。这里主要利用 THz 磁光时域光谱研究 THz 超表面与 2DEG 朗道能级间的强耦合效应。所用的 THz 辐射脉冲由飞秒激光辐照光电导天线产生，其有效频谱宽度为 0.1～3 THz。透射的 THz 波由(110)取向 ZnTe 电光取样获得。

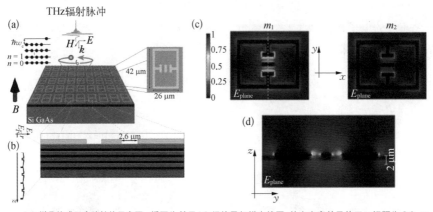

(a) 样品构成及实验结构示意图：插图为单元 LC 超粒子扫描电镜图，其中电容单元的开口间距为 2.6 μm。(b) 多层 2DEG 的能带结构和量子阱位置示意图；(c) m_1 和 m_2 共振模式下，基于有限元方法计算的 x-y 平面内的电场强度（$E_{\text{plane}} = \sqrt{|E_x|^2 + |E_y|^2}$）的分布；(d) m_1 共振模式下 y-z 平面内电场强度 E_{plane} 的分布

图 8-11
多层量子阱的二维电子气与二维超结构光腔的强耦合效应实验

在无外加磁场时，图 8-11(a)中的插图所示的超表面结构有两个共振吸收峰：低频模式 f_1 和高频模式 f_2。对于图 8-11(a)所示的结构，$f_1 = 0.9$ THz 来源于 LC 振荡，单元结构在开口处的电场增强最为显著，$f_2 = 2.3$ THz 来源于金属线的偶极共振。THz 超表面腔的 Q 值与衬底的绝缘性有关，腔损耗随衬底的电导率增大而增大。衬底的绝缘性对低频模式 f_1 的 Q 值的影响尤为显著。高绝缘性衬底具有相对高的 Q 值，反之 Q 值相对较小。对于绝缘衬底，f_1 模式的 Q 值为 $Q^{\text{ins}}_{0.9\,\text{THz}} = 4.3$，而对于 2DEG 上相同的腔结构，其 Q 值为 $Q^{\text{2DEG}}_{0.9\,\text{THz}} = 3.1$。对于高频模式 f_2，衬底的绝缘性对其 Q 值影响较小：$Q^{\text{ins}}_{2.3\,\text{THz}} = 5.3$ 和 $Q^{\text{2DEG}}_{2.3\,\text{THz}} = 5.3$。二维电子气朗道能级与 THz 平面腔模式的耦合常数 $\Omega \approx \sqrt{n_{\text{QW}}\rho_{\text{2DEG}}}$。图 8-11 (c)(d)为利用有限元方法计算的共振模式下 x-y 平面和 y-z 平面内的电场强度分布。可以看出，电场强度极大增强。由于 2DEG 朗道能级间巨大的跃迁矩，以及亚波长平面腔电场共振增强效应，即使平面腔的 Q 值较小，也可以观测到类似于原子气体中的光与物质间的强耦合效应。

对于单层量子阱（$n_{\text{QW}} = 1$）样品，THz 透过率 $|t|$ 随外加磁场的变化如

图 8 - 12(a)所示。这里 $|t| = \left| \dfrac{E_{\text{meta}}(B)}{E_{2\text{DEG}}(0)} \right|$，其中，分子 $E_{\text{meta}}(B)$ 为磁场强度是 B 时 THz 透过组合结构(超材料 + 2DEG)的透射谱,分母 $E_{2\text{DEG}}(0)$ 为仅有量子阱材料且外加磁场为零时的 THz 透射谱。对于 $n_{\text{QW}} = 1$，其 2DEG 的面密度 $\rho_{2\text{DEG}} = 3.2 \times 10^{11}\ \text{cm}^{-2}$，外加磁场诱导 2DEG 的电子回旋共振频率与外加磁场强度成正比,当电子回旋共振频率与超结构平面腔模式共振时,两者发生强耦合效应,从而改变 THz 光谱透射特性,最为显著的特点是分别在 THz 超材料两个模式频率 f_1(0.9 THz)和 f_2(2.3 THz)附近出现免交叉现象。通过提取图 8 - 12(a)中不同磁场下的 THz 透过率最小值处的频率,图 8 - 12(b)给出了极化子本征频率与外加磁场的依赖关系。

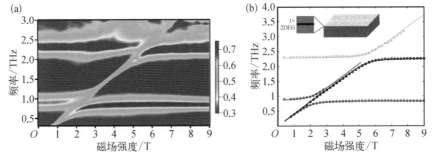

图 8 - 12
单层量子阱中的二维电子气与二维超结构光腔的强耦合效应实验

(a) 单层量子阱($n_{\text{QW}} = 1$)样品的 THz 透过率 $|t|$ 随外加磁场的变化关系,以 2DEG 且外加磁场为零的 THz 透过率为参考信号,测量温度 $T = 2.2$ K;(b) 通过提取图(a)中不同磁场下的 THz 透过率最小值处的频率,得到极化子本征频率与外加磁场的依赖关系,实线为理论拟合结果,拟合参数为 Ω/ω

为了提高耦合强度,一种方式是增加 2DEG 的面密度,进而增加跃迁偶极矩。为此,作者将相同结构的 THz 超材料组装在 $n_{\text{QW}} = 4$($\rho_{2\text{DEG}} = 4.45 \times 10^{11}\ \text{cm}^{-2}$)的量子阱上。图 8 - 13(a)是四层量子阱($n_{\text{QW}} = 4$)样品的 THz 透过率与外加磁场的依赖关系。图 8 - 13(a)表明系统(2EDEG + 平面腔)进入超强耦合区。图 8 - 13(b)表明当低品质因子的腔模式和回旋共振发生耦合时,极化子的线宽发生窄化。模拟结果显示耦合比 $\Omega/\omega = 0.36$,显然远高于单层量子阱($n_{\text{QW}} = 1$)下的 0.17。图 8 - 13(c)给出极化本征频率随外加磁场的依赖关系。实线为理论拟合曲线,拟合参数为 Ω/w。实际上,当 $\Omega/\omega > 0.1$ 时,光与物质间的相互作用的哈密顿量的反共振项的效应开始产生。实际上,当光与物质间的相互作用的耦合强度不是十分高时,系统可以满足旋波近似条件,哈密顿量的反共振项可以忽略。当耦合较强,即 $\Omega/\omega > 0.1$ 时,系统不再满足旋波近似条件,反共振项不再可以忽略。

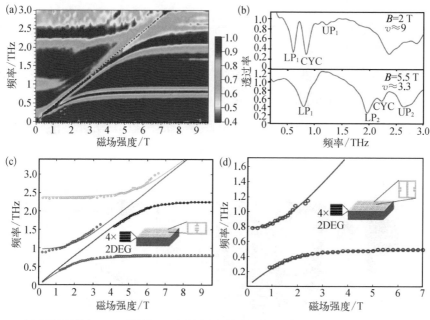

(a) 四层量子阱 ($n_{QW} = 4$) 样品的 THz 透过率 $|t|$ 随外加磁场的变化情况,以 2DEG 且外加磁场为零的 THz 透过率为参考信号,测量温度 $T = 10\,K$,黑色虚线为未发生耦合的回旋共振模式透射信号;(b) 两个不同外加磁场下的 THz 透射谱;(c) 通过提取(a)中不同磁场下的 THz 透过率最小值处的频率,得到极化子本征频率与外加磁场的依赖关系,实线为理论拟合结果,拟合参数为 Ω/ω;(d) 模式频率 $f = 0.5\,THz$ 的超材料与 $n_{QW} = 4$ 的量子阱组合结的极化子本征频率与外加磁场的依赖关系,实线为理论拟合结果,拟合参数为 Ω/ω,测量温度 $T = 10\,K$,插图为0.5 THz共振腔结构

图 8 - 13
多层量子阱/超结构复合结构中的 THz 透过率与外加磁场的依赖关系

另外,通过改变 THz 超材料的形状和尺寸,可以将其腔模式共振频率下移至 $f = 0.5\,THz$ 附近,如图 8 - 13(d) 中的插图所示,将该结构组装在 $n_{QW} = 4$ 的量子阱上,此时,THz 光子与量子阱的朗道能级间的强相互作用导致极化子上、下支的劈裂带宽 $2\hbar\Omega$ 大于腔模式共振光子能量,即 $2\hbar\Omega > f$。图 8 - 13(d) 是根据 THz 透射光谱实验数据提取的最小透过率与外加磁场依赖关系。拟合结果表明,在1.2 T的外加磁场下填充因子 v 接近15.2,耦合比 Ω/ω 高达0.58,$2\hbar\Omega = 1.2\omega_c$。

值得一提的是,通过提高 2DEG 的电子密度,可进一步提高超结构腔模式与 2DEG 朗道能级间的耦合强度,甚至可以获得 $\Omega/\omega > 1$ 的超耦合。德国雷根斯堡大学的 A. Bayer 等通过设计量子阱结构,提升量子阱中的二维电子气的电子密度,从而实现了 $\Omega/\omega=1.43$ 的超强耦合。这为探索包括量子真空相变、量子真空辐射的新奇量子现象提供了实验方案和技术手段。

8.4 稀土铁氧化物中稀土离子能级与磁振子间的强耦合效应

前面讨论的均是腔模式中 THz 光子与偶极子腔的相互作用,其最明显的特征是当光子频率与物质共振频率接近腔模式时,出现真空拉比劈裂,光子与物质系统的耦合强弱由劈裂能 $2g$ 决定(g 为耦合强度)。这种光子与物质系统的集体耦合可用迪克模型描述,即作用强度 $2g$ 与电子气的密度方根成正比。另外,根据迪克模型,物质与物质间也存在强耦合效应,其耦合强度与物质系统的跃迁矩方根成正比。这一节,以美国莱斯大学与上海大学合作发表在 2018 年 Science 上的工作为基础,介绍稀土铁氧化物中稀土离子能级与自旋波间的强耦合效应。实验上,利用 THz 磁光光谱探究强磁场下稀土离子能级与反铁磁模式间的强耦合效应。结果表明,类似于典型的光与物质间的相互作用效应,固体中存在物质-物质相互作用形式的协同强耦合效应。具体来说,N 个顺磁性 Er^{3+} 自旋与 Fe^{3+} 的磁振子场的交换相互作用表现出真空拉比劈裂,其大小正比于 $\sqrt{N}$。研究结果表明,利用量子光学的概念和工具,可研究物质与物质间的强相互作用,从而为控制和预言凝聚态物质的新物相提供了新方法和新途径。

当 N 个二能级原子系统与单个长波长的光场相互作用时,通过光子交换作用在光子和原子的体系中产生相干系统,这一相互作用称为"协同"效应。这一物理现象称为迪克超辐射模型,其在腔量子电动力学(QED)研究中具有深远的意义。在一个光学腔中,N 个电偶极子和一个定量化的真空光场的耦合强度 g 是随 $\sqrt{N}$ 协同地增强,当 g -因子达到临界值时,发生迪克超辐射相变(SRPT)。

在迪克模型中,光场被认为是一种元激发,其可以被玻色化和量子化成光子,此类的激发包括固体中的声子和磁振子,分别对应于晶格的集体振动和自旋的集体振荡。"没有光子的迪克模型"概念,对理解强关联材料体系中的相变十分关键。最相关的例子是姜-泰勒(Jahn-Teller)效应,它描述了在同一材料中具有简并电子能级的赝自旋的集体与晶格声子模式的耦合动力学。这种协同耦合所导致的相变将扭曲晶格,并且同时打破赝自旋能级的简并。理论上,这一相变过程与 SRPT 类似,位移型的晶格扭曲类似于光子 SRPT 中出现一个静态的电磁场。

然而,目前仍缺乏清晰的证据证明在一种材料中两个子系统间的协同耦合。特别是 $g \propto \sqrt{N}$ 这一比例法则,从来没有在任何固态体系中得到实验验证。对于存在耦合的体系,激发其具有特征性的免交叉光谱也很少能被清晰地观察到,原因在于这类实验中需要一个样品具有两种子系统且表现出不同的元激发,要求一个激发模式可以通过外场连续调节,而且元激发的模式寿命足够长,其线宽足够窄以便分辨出杂化模式。

在一个固态体系中,为了得到自旋与真空磁振子的协同交换耦合的证据,X. Li 等用的样品是 Y^{3+} 掺杂的 $ErFeO_3$ 单晶样品——$Er_x Y_{1-x} FeO_3$。通过系统地改变 Y^{3+} 的掺杂比例,从而改变迪克模型中的 $\sqrt{N}$。通过 THz 时域光谱,系统地研究了掺杂浓度、温度、磁场等对稀土离子与自旋波间耦合效应的影响。实验上首次观测到符合迪克模型所预言的物质与物质间的强相互作用。

如图 8 - 14(a)所示,外加磁场下 Er^{3+} 自旋的电子顺磁共振与样品的磁有序 Fe^{3+} 的自旋真空磁振子模式超强耦合。这与腔 QED 实验类似,在一个光学腔中,二能级原子系统与真空光场耦合。Fe^{3+} - Er^{3+} 的耦合强度 g 与被激发的 Er^{3+} 的自旋密度的平方根成比例,这是协同耦合的一个重要标志。通过实验分析,并结合理论模型,X. Li 等定量地给出了 Fe^{3+} - Er^{3+} 对称和反对称的交换耦合常数,这些常数对理解 3d - 4f 的磁耦合十分重要,这也是许多化合物中奇异现象的成因,如新的磁相变、磁电效应、电磁振子、非线性自旋激发和重费米子等。

如图 8 - 14(b)所示,$ErFeO_3$ 为正交的钙钛矿结构,用空间群 D_{2h}^{16} - pbnm 表示。在奈尔温度($T_N = 650$ K)以下,Fe^{3+} 的自旋为反铁磁有序。反对称的 DM 相互作用和磁各向异性使 Fe^{3+} 亚晶格产生了很小的倾斜,偏离完美的反平行构置,从而导致一个宏观磁化强度 $\boldsymbol{M}_{Fe}$。图 8 - 14(c)表示温度为 4.5~85 K 时,晶

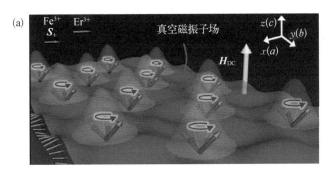

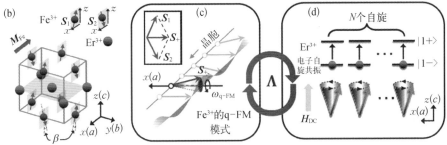

图 8-14
协同的自旋-
磁振子耦合
系统

（a）在外加磁场（H_{DC}）下，Er^{3+}自旋的电子顺磁共振（EPR）与 Fe^{3+} 的真空磁振子场的协同耦合示意图；
（b）$ErFeO_3$晶体在 Γ_2 相时的晶格和磁结构；（c）Fe^{3+} 的 q-FM 模式下的自旋进动，THz 波沿着晶体的 c 轴方向
传播；（d）Er^{3+} 电子自旋共振描述的是最低的克拉默斯（Kramers）双重态间的跃迁

体处于 Γ_2 相，两个 Fe^{3+} 的自旋子晶格 S_1 和 S_2 沿 c 轴反平行，但朝 a 轴有一个
小角度 β 的倾斜。两个自旋子晶格之和为 $S_+ = S_1 + S_2$，产生平行于 a 轴的弱宏
观磁化强度。

如第 4 章所述，通过 THz 时域光谱，可以获得 Fe^{3+} 子系统中的两类磁共振
模式，即准铁磁模式和准反铁磁模式。用线偏振的 THz 波可以选择性地激发这
两种模式。特别是当 THz 波的磁场分量 H 垂直于 M_{Fe} 时可以激发 q-FM 模
式，当 THz 波的磁场分量 H 平行于 M_{Fe} 时则可以激发 q-AFM 模式。图 8-14
（c）描述的是 Fe^{3+} 自旋的 q-FM 模式是如何振动的，S_1 和 S_2 同相位振动，然而
它们之间的夹角保持不变。因此，这个模型可以简化为 S_+ 绕着 a 轴进动（或者，
也可以从宏观的角度理解为 M_{Fe}）。

另外，$Er^{3+}(4f^{11})$ 占据了晶体中低对称性的位置，晶体场形成了克拉默斯双
重态，每一个双重态由一对时间反演态组成。如图 8-14（d）所示，当在低温下施
加一个静态磁场 H_{DC} 时，最低的两个时间反演态之间的跃迁可以理解为 Er^{3+} 的

EPR。在经典图像中，EPR 代表自旋绕 $\boldsymbol{H}_{DC}$ 的拉莫进动。在特征体积中 N 个 Er^{3+} 自旋与 Fe^{3+} 的 q-FM 模式以耦合强度 g 发生协同作用。通过 THz 光谱所绘制出的免交叉光谱线可以定量地给出耦合强度 g 的大小。

图 8-15 为一系列实验结果。图 8-15(a)是存在多重能量修正项时 Er^{3+} 的能级图。首先，在自由空间中的 Er^{3+} 的能级上标记它们各自的光谱符号为 $^{2S+1}L_J$，其中，S 和 L 分别是自旋量子数和轨道量子数，$J=L+S$ 为总角动量量子数。其次，晶体场效应即 Er^{3+} 和它周围的点电荷的静电相互作用，微扰地提升磁量子数 m 的能量简并。由于晶体结构具有低对称性，除了 Er^{3+} 的克拉默斯简并，晶体场效应打开了所有能级。这里用指数 i 标记每个晶体场劈裂能级。晶体场劈裂能级，比如 $|i=1\rangle$、$|i=2\rangle$ 和 $|i=3\rangle$，都由一对时间反演态组成。由于晶体中的 Fe^{3+} 和 Er^{3+} 的磁交换相互作用（交换劈裂）的时间反演对称性被

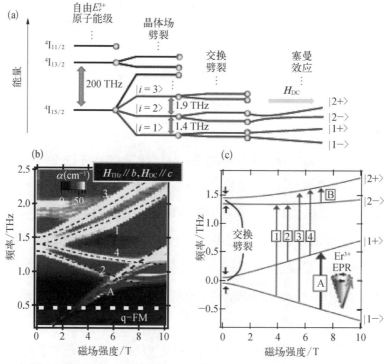

（a）Er^{3+} 的能级劈裂，红色线所示的能级是实验所观察到的跃迁；（b）不同磁场（0～10 T）下 $ErFeO_3$ 的吸收光谱，实验条件为 $\boldsymbol{H}_{THz}$ // b 轴、$\boldsymbol{H}_{DC}$ // c 轴，T = 30 K，蓝色虚线和紫色虚线是（c）中的计算结果，白色虚线是 Fe^{3+} 的 q-FM 真空磁振子；（c）理论计算得到的以磁场为函数的 $|i=1\rangle$ 和 $|i=2\rangle$ 晶体场能级双重态

图 8-15
$ErFeO_3$ 的能级图和吸收光谱

破坏,时间反演态将再度退简并。沿不同的晶轴施加 H_{DC},可以形成不同形状的塞曼劈裂图样。

图 8-15(b)给出了不同磁场(0～10 T)下 $ErFeO_3$ 的 THz 吸收光谱,实验温度为 30 K,H_{DC} 和 THz 波的传播方向都平行于 c 轴(法拉第构置)。THz 辐射脉冲的磁场 H_{THz} 偏振方向沿晶体的 b 轴。

所观察到的 Er^{3+} 的吸收谱线可以分成两类。标记为"A"的谱线在低磁场下处于 THz 系统的带宽之下,然而它们随着 H_{DC} 的增加而发生"蓝移",在高磁场下变得更清晰。这条谱线是 Er^{3+} 的 EPR,也就是 $|1-\rangle \rightarrow |1+\rangle$ 的跃迁。值得注意的是在吸收光谱上没有观察到 $|2-\rangle \rightarrow |2+\rangle$ 的跃迁[图 8-15(c)中的 B 谱线],这是由于在该实验温度下,$|i=2\rangle$ 能级上没有足够的布居数。接着,标记为 1、2、3、4 的一组谱线描述的是零磁场下 1.4 THz 处的强吸收带在磁场 H_{DC} 作用下明显分裂成多个峰。这一组谱线代表的是两个克拉默斯双重态之间的晶体场跃迁(CFT),即 $|1-\rangle \rightarrow |2-\rangle$ 的跃迁(线 1)、$|1+\rangle \rightarrow |2-\rangle$ 的跃迁(线 2)、$|1-\rangle \rightarrow |2+\rangle$ 的跃迁(线 3)和 $|1+\rangle \rightarrow |2+\rangle$ 的跃迁(线 4)。此外,当 $H_{DC}=0$ 时,中心频率为 1.9 THz 的 CFT 谱线可以被认为是 $|i=2\rangle \rightarrow |i=3\rangle$ 的跃迁,这里不做详细描述。值得注意的是,由于晶体场的低对称性,每一个单线能级是一系列具有不同量子数本征态的混合态。因此,任意两个能级之间的跃迁通过光学选择定则都是允许的,只是它们的振荡强度有所不同。最后,0.45 THz 处的吸收谱线(以图 8-15(b)中白色虚线标记)是 Fe^{3+} 的 q-FM 真空磁振子,由于强的磁各向异性,它在 H_{DC} 的作用下并不发生移动。

对吸收谱线的指认和解释是基于所有可能的实验构置进行的完整研究。具体地,有三个切向的晶体(a-切向、b-切向、c-切向)、两个温度依赖的相(Γ_4 和 Γ_2)、两种正交的面内 H_{THz} 的偏振方向,一共研究了 12 种可能的实验构置。

此外,可以根据文献中的理论模型来拟合所得到的实验数据,并可以计算 Er^{3+} 能级的塞曼劈裂大小。图 8-15(c)为理论计算得到的以磁场为函数的 $|i=1\rangle$ 和 $|i=2\rangle$ 晶体场能级双重态。当 $H_{DC}=0$ 时,$|i=1\rangle$ 和 $|i=2\rangle$ 的双重态都有初始的劈裂,这是图 8-15(a)所示的交换劈裂,来自 Er^{3+} 自旋和 Fe^{3+} 自旋的平均场的相互作用。此外,还可以看到,$|1-\rangle$ 能级和 $|1+\rangle$ 能级间的跃迁谱

线 A 来源于 EPR,在低温下变得更加显著,其原因是当温度降低时,Er^{3+} 在 $|i=1\rangle$ 能级上的布居可以忽略不计。EPR 频率随着 H_{DC} 的变化而移动,随着磁场的改变,EPR 频率与 Fe^{3+} 的 q-FM 真空磁振子频率相交,从而为研究 $Fe^{3+}-Er^{3+}$ 的交换耦合物理机制提供了很好的材料。

图 8-16 (a)~(e)为与图 8-15(b)中相同构置下不同温度时的 THz 吸收光谱(光谱测试构置:$H_{THz} /\!/ b$ 轴,$H_{DC} /\!/ c$ 轴)。从图中可以明显观察到温度依赖的磁振子-EPR 耦合的免交叉特性。当未耦合的磁振子和 EPR 模式的频率相等时,H_{DC} 的大小为零调谐磁场 H_0,此时的频率称为零调谐跃迁频率 ω_0。当磁场为 H_0 时,光谱发生杂化和劈裂,杂化分支之间的频率分裂被称为拉比劈裂 $\Omega(H_0)$,其值是磁振子-EPR 耦合强度 g 的两倍。在更低的温度下,g 随着温度的降低而增大,g/ω_0 达到 0.176 表明 $Fe^{3+}-Er^{3+}$ 耦合变得更强,具体原因将在下面进行定量分析。在免交叉区域中间出现一些精细结构,这是由于 H_{DC} 诱导的晶体场能级的混合。

此外,为了清晰地体现 $g \propto \sqrt{N}$ 的比例行为,需要改变晶体中 Er^{3+} 自旋的密度。不同 Y^{3+} 浓度掺杂的 $ErFeO_3$ 单晶($Er_xY_{1-x}FeO_3$)可以用来改变晶体中磁振子的密度。先前的文献已经报道了非磁性 Y^{3+} 掺杂能简单地减少磁性 Er^{3+} 自旋的密度,其方法是通过改变比例系数 x,而不改变样品的晶体或磁结构。图 8-16(f)~(h)给出了 $x=0.75$ 时样品温度依赖的免交叉光谱线。从图中可以再一次观察到,在更低的温度下 $\Omega(H_0)$ 是增加的。此外,通过比较图 8-16(c)(f)(i)可知,在 20 K 时,具有更大的 Er^{3+} 比例(x)的样品的 g-因子更大。在 10 K [图 8-16(d)(g)(j)]和 5 K[图 8-16(e)(h)(k)]时都能观察到掺杂浓度依赖的数据有相同的变化趋势。值得注意的是,由于随着 x 的减少 ω_0 降低,样品体系在 $x=0.5$、$T=5$ K 时 g/ω_0 具有最大值($g/\omega_0=0.18$),对应于图 8-16(k)所示的色彩图,用腔 QED 的语言来说,此时系统进入超强耦合区域。

如图 8-16(l)插图所示,耦合强度 g 的数值正比于 $\sqrt{\eta_{spin} \cdot \omega_{q-FM}}$,$\eta_{spin}$ 由两种机制决定。首先,低温下的 Er^{3+} 可以近似认为是二能级系统,遵循玻耳兹曼分布。温度为 T 时,自旋向上($|1+\rangle$)和自旋向下($|1-\rangle$)态的热力学分布遵循

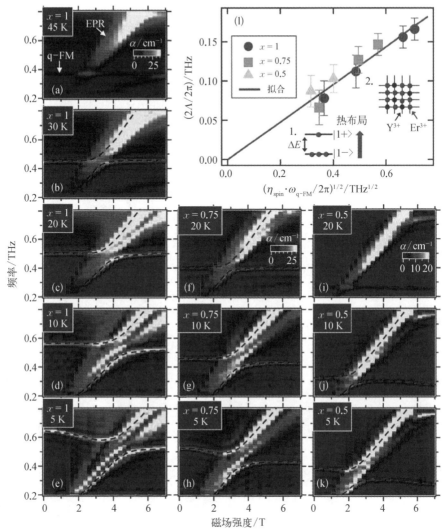

图 8 - 16
顺磁 Er^{3+} 自旋和 Fe^{3+} 的 q - FM 真空磁振子间的协同耦合的实验观测

(a)～(k)不同温度和 Y^{3+} 掺杂水平下的 THz 吸收光谱,实验构置为 $\boldsymbol{H}_{THz} /\!/ b$ 轴、$\boldsymbol{H}_{DC} /\!/ c$ 轴,x 为 Er^{3+} 在晶体 $Er_xY_{1-x}FeO_3$ 中所占的比例,虚线用来帮助识别杂化模式;(l) 耦合速率 Λ 与 $\sqrt{\eta_{spin}\omega_{q\text{-}FM}}$ 的关系

居里定律,$\dfrac{\langle \mu_{Er} \rangle}{\mu_{sat}} = \tanh\left(\dfrac{-\Delta E(T,\ \boldsymbol{H}_0)}{2k_B T} \right)$,其中,$\langle \mu_{Er} \rangle$ 为每个 Er^{3+} 自旋的平均

磁矩;μ_{sat} 为每个 Er^{3+} 自旋的饱和磁矩,相应于 $T=0$ 时的情形,此时所有的

Er^{3+} 占据 $|1-\rangle$ 态;$\Delta E(T,\ \boldsymbol{H}_0)$ 为 $|1+\rangle$ 态和 $|1-\rangle$ 态之间 T 依赖和 $\boldsymbol{H}_0$ 依赖的

能级间隔;k_B 为玻耳兹曼常数。因此,$\langle \mu_{Er} \rangle$ 随温度的下降而单调增加。此外,

通过稀释效应(调节比例因子 x)、非磁性的 Y^{3+} 掺杂将降低 Er^{3+} 的自旋密度。结合这两种机制,所得的净 Er^{3+} 自旋密度与温度、磁场、掺杂浓度的关系为

$$\eta_{\text{spin}}(x, H_0, T) = \eta_{\text{spin}} \cdot n_{\text{spin}}^0 \qquad (8-29)$$

式中,$\eta_{\text{spin}} = x \cdot \dfrac{\langle \mu_{\text{Er}} \rangle}{\mu_{\text{sat}}} = x \cdot \tanh\left(-\dfrac{\Delta E}{2k_{\text{B}}T}\right)$ 为贡献 EPR 自旋的比例系数;$\eta_{\text{spin}}^0 = \dfrac{2}{V_0}$ 是体积为 V_0 的单胞中总的 Er^{3+} 自旋密度。

对图 8-16(a)～(k)所示的光谱曲线,提取出所有免交叉谱线中可分辨的 g 值,在图 8-16(l)中,给出了 g 与计算得到的 $\sqrt{\eta_{\text{spin}}\omega_{\text{q-FM}}}$ 的一一对应关系。如图 8-16(l)所示,所有的数据点落在一条穿过原点的直线上。这一比例行为证实了 Er^{3+} 自旋关联地与 Fe^{3+} 的真空磁振子场耦合。

为了从实验数据中获得更多的微观信息,X. Li 等发展了一种微观理论模型。对于 Fe^{3+} 子系统,遵循 Hermann 的处理方法。哈密顿量 $\hat{H}_{\text{Fe}}$ 考虑两个子晶格自旋 $\boldsymbol{S}_{2l-1}$ 和 $\boldsymbol{S}_{2l}$ 的对称交换相互作用、反对称交换相互作用和磁各向异性,其中晶胞指数 $l = 1, 2, \ldots, N_{\text{uc}}$($N_{\text{uc}}$ 是晶胞的总数)。对于 Er^{3+} 子系统,可以以第 l 个晶胞内 Er^{3+} 自旋 $\boldsymbol{R}_l$ 的拉莫进动来模拟 EPR 的 $|1-\rangle \rightarrow |1+\rangle$ 跃迁。EPR 的哈密顿量 $\hat{H}_{\text{Er}} = \sum_{l=1}^{N_{\text{uc}}} -\hat{\mu}_l \cdot \mu_0 H_{\text{DC}}$,其中磁矩表示为各向异性朗德因子 g 和 R_l 的点积,$\hat{\mu}_l = g \cdot R_l$,$\mu_0$ 是真空磁导率。Fe^{3+}-Er^{3+} 的耦合哈密顿量为

$$\hat{H}_{\text{Fe}^{3+}\text{-Er}^{3+}} = \sum_{l=1}^{N_{\text{uc}}} \left[J_1 \hat{\boldsymbol{R}}_l \cdot \hat{\boldsymbol{S}}_{2l-1} + J_2 \hat{\boldsymbol{R}}_l \cdot \hat{\boldsymbol{S}}_{2l} \right.$$
$$\left. + D_1 \cdot (\hat{\boldsymbol{R}}_l \times \hat{\boldsymbol{S}}_{2l-1}) + D_2 \cdot (\hat{\boldsymbol{R}}_l \times \hat{\boldsymbol{S}}_{2l}) \right] \qquad (8-30)$$

式中,J_1 和 J_2 是对称交换常数;D_1 和 D_2 为反对称交换常数。由总的哈密顿量 $\hat{H} = \hat{H}_{\text{Fe}} + \hat{H}_{\text{Er}} + \hat{H}_{\text{Fe-Er}}$,得到

$$g = \frac{J}{\hbar} \sqrt{\frac{n_{\text{spin}} V_0 \omega_{\text{q-FM}}}{4\gamma J_{\text{Fe}}}} = \frac{J}{\hbar \sqrt{2\gamma J_{\text{Fe}}}} \sqrt{\eta_{\text{spin}} \omega_{\text{q-FM}}}, \qquad (8-31)$$

式中,$J = J_1 = J_2$;γ 是旋磁比;J_{Fe} 是 Fe^{3+} 的自旋之间各向同性的交换常数;$\hbar$ 为普朗克常数除以 2π。通过式(8-31)拟合 g 的斜率得到交换常数 $J =$

2.95 meV。

从迪克物理角度来看,这里所证实的 Fe^{3+} - Er^{3+} 协同耦合行为具有深远的意义。在 $ErFeO_3$ 中,由于两个 Fe^{3+} 的自旋重取向过程,即 $\Gamma_4 \rightarrow \Gamma_2$ (100~85 K) 和 $\Gamma_2 \rightarrow \Gamma_{12}$ (4.5 K) 都伴随 Er^{3+} 克拉默斯双重态劈裂的增加,两个相变都被推测是由于类似于磁的耦合姜-泰勒效应所引起的。这里关于协同型物质-物质耦合的研究开启了理解凝聚态物质中类 SRPT 机制和条件的大门。深入地研究迪克物理概念,为量子光学提供了一条途径去控制和设计强关联材料中新的纠缠相。

8.5 本章小结

与光腔中光与原子系统的相互作用不同,THz 光子与磁振子(自旋波)间的相互作用一般是 THz 光子与物质系统的集体相互作用。这种光子与磁振子间的强耦合效应在微波腔中已经开展了大量的研究。基于 THz 光谱技术而开展的 THz 光子与磁振子间的强耦合作用的研究才刚刚开始。基于这种强耦合效应,可以在实验中观测理论预测的许多奇异量子现象,如量子真空相变、量子真空辐射等。同时,THz 光子与物质的强相互作用,也为制备单 THz 光子态和 THz 光子纠缠态提供了实现途径。

参考文献

[1] Tonouchi M. Cutting-edge terahertz technology[J]. Nature Photonics, 2007, 1(2): 97 - 105.

[2] Ferguson B, Zhang X C. Materials for terahertz science and technology[J]. Nature Materials, 2002, 1(1): 26 - 33.

[3] Zhang X C. Terahertz wave imaging: horizons and hurdles[J]. Physics in Medicine and Biology, 2002, 47(21): 3667 - 3677.

[4] Liu H B, Zhang X C. Terahertz spectroscopy for explosive, pharmaceutical, and biological sensing applications[M]. Berlin: Springer Netherlands, 2007.

[5] Federici J, Moeller L. Review of terahertz and subterahertz wireless communications[J]. Journal of Applied Physics, 2010, 107(11): 111101.

[6] Jepsen P U, Cooke D G, Koch M. Terahertz spectroscopy and imaging-Modern techniques and applications [J]. Laser & Photonics Reviews, 2011, 5 (1): 124 - 166.

[7] Ulbricht R, Hendry E, Shan J, et al. Carrier dynamics in semiconductors studied with time-resolved terahertz spectroscopy[J]. Reviews of Modern Physics, 2011, 83(2): 543 - 586.

[8] Schmuttenmaer C A. Exploring dynamics in the far-infrared with terahertz spectroscopy[J]. Chemical Reviews, 2004, 104(4): 1759 - 1779.

[9] Lewis R A. A review of terahertz sources[J]. Journal of Physics D: Applied Physics, 2014, 47(37): 374001.

[10] Zhang X C, Xu J Z. Introduction to THz wave photonics[M]. New York: Springer, 2010.

[11] Dexheimer S L. Terahertz spectroscopy: principles and applications [M]. Cambridge: Cambridge University Press, 2007.

[12] Dmitriev V G, Gurzadyan G G, Nikogosyan D N. Handbook of nonlinear optical crystals[M]. Berlin: Springer, 2013.

[13] 曹俊诚.半导体太赫兹源、探测器与应用[M].北京: 科学出版社, 2012.

[14] Hofmann T, Schade U, Herzinger C M, et al. Terahertz magneto-optic generalized ellipsometry using synchrotron and blackbody radiation[J]. Review of Scientific Instruments, 2006, 77(6): 063902.

[15] Guidoni L, Beaurepaire E, Bigot J Y. Magneto-optics in the ultrafast regime: Thermalization of spin populations in ferromagnetic films[J]. Physical Review Letters, 2002, 89(1): 017401.

[16] Koopmans B, van Kampen M, Kohlhepp J T, et al. Ultrafast magneto-optics in

nickel: magnetism or optics? [J]. Physical Review Letters, 2000, 85 (4): 844 - 847.

[17] Elezzabi A Y, Freeman M R. Ultrafast magneto-optic sampling of picosecond current pulses[J]. Applied Physics Letters, 1996, 68(25): 3546 - 3548.

[18] Fan F, Chen S, Wang X H, et al. Tunable nonreciprocal terahertz transmission and enhancement based on metal/magneto-optic plasmonic lens[J]. Optics Express, 2013, 21(7): 8614 - 8621.

[19] Chen S, Fan F, Chang S J, et al. Tunable optical and magneto-optical properties of ferrofluid in the terahertz regime[J]. Optics Express, 2014, 22(6): 6313 - 6321.

[20] Zanotto S, Lange C, Maag T, et al. Magneto-optic transmittance modulation observed in a hybrid graphene-split ring resonator terahertz metasurface [J]. Applied Physics Letters, 2015, 107(12): 121104.

[21] Freeman M R, Brady M J, Smyth J. Extremely high frequency pulse magnetic resonance by picosecond magneto-optic sampling [J]. Applied Physics Letters, 1992, 60(20): 2555 - 2557.

[22] Temnov V V. Ultrafast acousto-magneto-plasmonics[J]. Nature Photonics, 2012, 6(11): 728 - 736.

[23] Yamazaki E, Wakana S, Park H, et al. High-frequency magneto-optic probe based on Birig rotation magnetization[J]. IEICE Transactions on Electronics, 2003, E86C (7): 1338 - 1344.

[24] Kampfrath T, Sell A, Klatt G, et al. Coherent terahertz control of antiferromagnetic spin waves[J]. Nature Photonics, 2011, 5(1): 31 - 34.

[25] Sławiński W, Przeniosło R, Sosnowska I, et al. Spin reorientation and structural changes in NdFeO$_3$ [J]. Journal of Physics: Condensed Matter, 2005, 17 (29): 4605 - 4614.

[26] White R L. Review of recent work on the magnetic and spectroscopic properties of the rare-earth orthoferrites[J]. Journal of Applied Physics, 1969, 40(3): 1061 - 1069.

[27] Kono J. Spintronics: Coherent terahertz control[J]. Nature Photonics, 2011, 5(1): 5 - 6.

[28] Nakajima M, Namai A, Ohkoshi S, et al. Ultrafast time domain demonstration of bulk magnetization precession at zero magnetic field ferromagnetic resonance induced by terahertz magnetic field[J]. Optics Express, 2010, 18(17): 18260 - 18268.

[29] Němec H, Kadlec F, Kužel P, et al. Independent determination of the complex refractive index and wave impedance by time-domain terahertz spectroscopy[J]. Optics Communications, 2006, 260(1): 175 - 183.

[30] Jiang J J, Jin Z M, Song G B, et al. Dynamical spin reorientation transition in NdFeO$_3$ single crystal observed with polarized terahertz time domain spectroscopy [J]. Applied Physics Letters, 2013, 103(6): 62403.

[31] Jiang J J, Song G B, Wang D Y, et al. Magnetic-field dependence of strongly anisotropic spin reorientation transition in NdFeO₃: a terahertz study[J]. Journal of Physics: Condensed Matter, 2016, 28(11): 116002.

[32] Zhang K L, Xu K, Liu X M, et al. Resolving the spin reorientation and crystal-field transitions in TmFeO₃ with terahertz transient[J]. Scientific Reports, 2016, 6: 23648.

[33] Constable E, Cortie D L, Horvat J, et al. Complementary terahertz absorption and inelastic neutron study of the dynamic anisotropy contribution to zone-center spin waves in a canted antiferromagnet NdFeO₃[J]. Physical Review B, 2014, 90 (5): 054413.

[34] Lin X, Jiang J J, Jin Z M, et al. Terahertz probes of magnetic field induced spin reorientation in YFeO₃ single crystal[J]. Applied Physics Letters, 2015, 106 (9): 092403.

[35] Liu X M, Jin Z M, Zhang S N, et al. The role of doping in spin reorientation and terahertz spin waves in SmDyFeO₃ single crystals[J]. Journal of Physics D: Applied Physics, 2017, 51(2): 024001.

[36] Song G B, Jiang J J, Kang B J, et al. Spin reorientation transition process in single crystal NdFeO₃[J]. Solid State Communications, 2015, 211: 47 - 51.

[37] Yamaguchi K, Kurihara T, Minami Y, et al. Terahertz time-domain Observation of spin reorientation in orthoferrite ErFeO₃ through magnetic free induction decay [J]. Physical Review Letters, 2013, 110(13): 137204.

[38] Zhao W Y, Cao S X, Huang R X, et al. Spin reorientation transition in dysprosium-samarium orthoferrite single crystals [J]. Physical Review B, 2015, 91 (10): 104425.

[39] Zhao X Y, Zhang K L, Liu X M, et al. Spin reorientation transition in Sm₀.₅Tb₀.₅FeO₃ orthoferrite single crystal[J]. AIP Advances, 2016, 6(1): 015201.

[40] Zhao X Y, Zhang K L, Xu K, et al. Crystal growth and spin reorientation transition in Sm₀.₄Er₀.₆FeO₃ orthoferrite[J]. Solid State Communications, 2016, 231: 43 - 47.

[41] Kimel A V, Kirilyuk A, Rasing T. Femtosecond opto-magnetism: ultrafast laser manipulation of magnetic materials[J]. Laser & Photonics Reviews, 2007, 1(3): 275 - 287.

[42] Nishitani J, Nagashima T, Hangyo M. Coherent control of terahertz radiation from antiferromagnetic magnons in NiO excited by optical laser pulses[J]. Physical Review B, 2012, 85(17): 174439.

[43] 金钻明, 马红, 马国宏. 光磁相互作用及自旋极化的光学调控[J]. 物理学进展, 2015, 35(5): 212 - 239.

[44] Li D, Ma G, Ge J, et al. Terahertz pulse shaping via birefringence in lithium niobate crystal[J]. Applied Physics B, 2009, 94(4): 623 - 628.

[45] Jin Z M, Mics Z, Ma G H, et al. Single-pulse terahertz coherent control of spin

resonance in the canted antiferromagnet $YFeO_3$, mediated by dielectric anisotropy [J]. Physical Review B, 2013, 87(9): 094422.

[46] Liu X M, Xie T, Guo J J, et al. Terahertz magnon and crystal-field transition manipulated by $R^{3+} - Fe^{3+}$ interaction in $Sm_{0.5} Pr_{0.5} FeO_3$ [J]. Applied Physics Letters, 2018, 113(2): 022401.

[47] Baron C A, Egilmez M, Straatsma C J E, et al. The effect of a semiconductor-metal interface on localized terahertz plasmons[J]. Applied Physics Letters, 2011, 98(11): 111106.

[48] Baron C A, Elezzabi A Y. A magnetically active terahertz plasmonic artificial material[J]. Applied Physics Letters, 2009, 94(7): 071115.

[49] Chau K J, Elezzabi A Y. Photonic anisotropic magnetoresistance in dense Co particle ensembles[J]. Physical Review Letters, 2006, 96(3): 033903.

[50] Chau K J, Johnson M, Elezzabi A Y. Electron-spin-dependent terahertz light transport in spintronic-plasmonic media[J]. Physical Review Letters, 2007, 98 (13): 133901.

[51] Huisman T J, Mikhaylovskiy R V, Rasing T, et al. Sub-100 - ps dynamics of the anomalous Hall effect at terahertz frequencies[J]. Physical Review B, 2017, 95 (9): 094418.

[52] Ikebe Y, Shimano R. Characterization of doped silicon in low carrier density region by terahertz frequency Faraday effect[J]. Applied Physics Letters, 2008, 92 (1): 012111.

[53] Jin Z M, Tkach A, Casper F, et al. Accessing the fundamentals of magnetotransport in metals with terahertz probes[J]. Nature Physics, 2015, 11 (9): 761 - 766.

[54] Liu X, Xiong L Y, Yu X, et al. Magnetically controlled terahertz modulator based on $Fe_3 O_4$ nanoparticle ferrofluids[J]. Journal of Physics D: Applied Physics, 2018, 51(10): 105003.

[55] Shalaby M, Peccianti M, Ozturk Y, et al. Terahertz magnetic modulator based on magnetically clustered nanoparticles [J]. Applied Physics Letters, 2014, 105 (15): 151108.

[56] Shalaby M, Peccianti M, Ozturk Y, et al. Terahertz Faraday rotation in a magnetic liquid: High magneto-optical figure of merit and broadband operation in a ferrofluid [J]. Applied Physics Letters, 2012, 100(24): 241107.

[57] Shuvaev A M, Astakhov G V, Brüne C, et al. Terahertz magneto-optical spectroscopy in HgTe thin films[J]. Semiconductor Science and Technology, 2012, 27(12): 124004.

[58] Straatsma C J E, Johnson M, Elezzabi A Y. Terahertz spinplasmonics in random ensembles of Ni and Co microparticles[J]. Journal of Applied Physics, 2012, 112 (10): 103904 - 103911.

[59] Subkhangulov R R, Mikhaylovskiy R V, Zvezdin A K, et al. Terahertz modulation

of the Faraday rotation by laser pulses via the optical Kerr effect[J]. Nature Photonics, 2016, 10(2): 111 - 114.

[60] Turgut E, La-O-Vorakiat C, Shaw J M, et al. Controlling the competition between optically induced ultrafast spin-flip scattering and spin transport in magnetic multilayers[J]. Physical Review Letters, 2013, 110(19): 197201.

[61] Walowski J, Münzenberg M. Perspective: Ultrafast magnetism and THz spintronics[J]. Journal of Applied Physics, 2016, 120(14): 140901.

[62] Siegel P H. Terahertz technology[J]. IEEE transactions on microwave theory and techniques, 2002, 50(3): 910 - 928.

[63] Löffler T, Hahn T, Thomson M, et al. Large-area electro-optic ZnTe terahertz emitters[J]. Optics Express, 2005, 13(14): 5353 - 5362.

[64] Tani M, Matsuura S, Sakai K, et al. Emission characteristics of photoconductive antennas based on low-temperature-grown GaAs and semi-insulating GaAs[J]. Applied Optics, 1997, 36(30): 7853 - 7859.

[65] Hu B B, Nuss M C. Imaging with terahertz waves[J]. Optics Letters, 1995, 20 (16): 1716.

[66] Beaurepaire E, Turner G M, Harrel S M, et al. Coherent terahertz emission from ferromagnetic films excited by femtosecond laser pulses [J]. Applied Physics Letters, 2004, 84(18): 3465 - 3467.

[67] Kampfrath T, Battiato M, Maldonado P, et al. Terahertz spin current pulses controlled by magnetic heterostructures[J]. Nature Nanotechnology, 2013, 8(4): 256 - 260.

[68] Seifert T, Jaiswal S, Martens U, et al. Efficient metallic spintronic emitters of ultrabroadband terahertz radiation[J]. Nature Photonics, 2016, 10(7): 483 - 488.

[69] Beaurepaire E, Merle J C, Daunois A, et al. Ultrafast spin dynamics in ferromagnetic nickel[J]. Physical Review Letters, 1996, 76(22): 4250 - 4253.

[70] Awari N, Kovalev S, Fowley C, et al. Narrow-band tunable terahertz emission from ferrimagnetic $Mn_{3-x}Ga$ thin films[J]. Applied Physics Letters, 2016, 109 (3): 032403.

[71] Huisman T J, Mikhaylovskiy R V, Tsukamoto A, et al. Simultaneous measurements of terahertz emission and magneto-optical Kerr effect for resolving ultrafast laser-induced demagnetization dynamics[J]. Physical Review B, 2015, 92 (10): 104419.

[72] Venkatesh M, Ramakanth S, Chaudhary A K, et al. Study of terahertz emission from nickel (Ni) films of different thicknesses using ultrafast laser pulses[J]. Optical Materials Express, 2016, 6(7): 2342 - 2350.

[73] Kinoshita Y, Kida N, Sotome M, et al. Terahertz radiation by subpicosecond magnetization modulation in the ferrimagnet $LiFe_5O_8$[J]. ACS Photonics, 2016, 3 (7): 1170 - 1175.

[74] Hilton D J, Averitt R D, Meserole C A, et al. Terahertz emission via ultrashort-

pulse excitation of magnetic metal films[J]. Optics Letters, 2004, 29(15): 1805 – 1807.

[75] Shen J, Zhang H W, Li Y X. Terahertz emission of ferromagnetic Ni-Fe thin films excited by ultrafast laser pulses[J]. Chinese Physics Letters, 2012, 29(6): 067502.

[76] Kumar N, Hendrikx R W A, Adam A J L, et al. Thickness dependent terahertz emission from cobalt thin films[J]. Optics Express, 2015, 23(11): 14252 – 14262.

[77] Seifert T, Martens U, Günther S, et al. Terahertz spin currents and inverse spin Hall effect in thin-film heterostructures containing complex magnetic compounds [J]. Spin, 2017, 7(3): 1740010.

[78] Kämmerer S, Thomas A, Hütten A, et al. Co_2MnSi Heusler alloy as magnetic electrodes in magnetic tunnel junctions[J]. Applied Physics Letters, 2004, 85(1): 79 – 81.

[79] Zhang S N, Jin Z M, Liu X M, et al. Photoinduced terahertz radiation and negative conductivity dynamics in Heusler alloy Co_2MnSn film[J]. Optics Letters, 2017, 42 (16): 3080 – 3083.

[80] Battiato M, Carva K, Oppeneer P M. Superdiffusive spin transport as a mechanism of ultrafast demagnetization[J]. Physical Review Letters, 2010, 105(2): 027203.

[81] Eschenlohr A, Battiato M, Maldonado P, et al. Ultrafast spin transport as key to femtosecond demagnetization[J]. Nature Materials, 2013, 12(4): 332 – 336.

[82] Zhang S N, Jin Z M, Zhu Z D, et al. Bursts of efficient terahertz radiation with saturation effect from metal-based ferromagnetic heterostructures[J]. Journal of Physics D: Applied Physics, 2017, 51(3): 034001.

[83] Huisman T J, Rasing T. THz emission spectroscopy for THz spintronics[J]. Journal of the Physical Society of Japan, 2017, 86(1): 011009.

[84] Torosyan G, Keller S, Scheuer L, et al. Optimized spintronic terahertz emitters based on epitaxial grown Fe/Pt layer structures[J]. Scientific Reports, 2018, 8 (1): 1311.

[85] Reimann K. Table-top sources of ultrashort THz pulses[J]. Reports on Progress in Physics, 2007, 70(10): 1597 – 1632.

[86] Leitenstorfer A, Hunsche S, Shah J, et al. Detectors and sources for ultrabroadband electro-optic sampling: Experiment and theory[J]. Applied Physics Letters, 1999, 74(11): 1516 – 1518.

[87] D'Angelo F, Mics Z, Bonn M, et al. Ultra-broadband THz time-domain spectroscopy of common polymers using THz air photonics[J]. Optics Express, 2014, 22(10): 12475 – 12485.

[88] Seifert T, Jaiswal S, Sajadi M, et al. Ultrabroadband single-cycle terahertz pulses with peak fields of 300 kV · cm^{-1} from a metallic spintronic emitter[J]. Applied Physics Letters, 2017, 110(25): 252402.

[89] Sajadi M, Wolf M, Kampfrath T. Terahertz-field-induced optical birefringence in common window and substrate materials[J]. Optics Express, 2015, 23(22): 28985 –

28992.

[90] Schneider A. Beam-size effects in electro-optic sampling of terahertz pulses[J]. Optics Letters, 2009, 34(7): 1054–1056.

[91] Wu Y, Elyasi M, Qiu X P, et al. High-performance THz emitters based on ferromagnetic/nonmagnetic heterostructures[J]. Advanced Materials, 2017, 29 (4): 1603031.

[92] Sasaki Y, Suzuki K Z, Mizukami S. Annealing effect on laser pulse-induced THz wave emission in Ta/CoFeB/MgO films[J]. Applied Physics Letters, 2017, 111 (10): 102401.

[93] Papaioannou E T, Torosyan G, Keller S, et al. Efficient terahertz generation using Fe/Pt spintronic emitters pumped at different wavelengths[J]. IEEE Transactions on Magnetics, 2018, 54(11): 9100205.

[94] Chen M J, Mishra R, Wu Y, et al. Terahertz emission from compensated magnetic heterostructures[J]. Advanced Optical Materials, 2018, 6(17): 1800430.

[95] Schneider R, Fix M, Heming R, et al. Magnetic-field-dependent THz emission of spintronic TbFe/Pt layers[J]. ACS Photonics, 2018, 5(10): 3936–3942.

[96] Seifert T S, Tran N M, Gueckstock O, et al. Terahertz spectroscopy for all-optical spintronic characterization of the spin-Hall-effect metals Pt, W and $Cu_{80}Ir_{20}$ [J]. Journal of Physics D: Applied Physics, 2018, 51(36): 364003.

[97] Feng Z, Yu R, Zhou Y, et al. Highly efficient spintronic terahertz emitter enabled by metal-dielectric photonic crystal [J]. Advanced Optical Materials, 2018, 6 (23): 1800965.

[98] Yang D W, Liang J H, Zhou C, et al. Powerful and tunable THz emitters based on the Fe/Pt magnetic heterostructure[J]. Advanced Optical Materials, 2016, 4(12): 1944–1949.

[99] Luo L, Chatzakis I, Wang J G, et al. Broadband terahertz generation from metamaterials[J]. Nature Communications, 2014, 5(1): 3055.

[100] Edelstein V M. Spin polarization of conduction electrons induced by electric current in two-dimensional asymmetric electron systems[J]. Solid State Communications, 1990, 73(3): 233–235.

[101] Culcer D, Winkler R. Generation of spin currents and spin densities in systems with reduced symmetry[J]. Physical Review Letters, 2007, 99(22): 226601.

[102] Sánchez J C R, Vila L, Desfonds G, et al. Spin-to-charge conversion using Rashba coupling at the interface between non-magnetic materials[J]. Nature Communications, 2013, 4(1): 2944.

[103] Jungfleisch M B, Zhang Q, Zhang W, et al. Control of terahertz emission by ultrafast spin-charge current conversion at Rashba interfaces[J]. Physical Review Letters, 2018, 120(20): 207207.

[104] Zhou C L, Liu Y P, Wang Z, et al. Broadband terahertz generation via the interface inverse Rashba-Edelstein effect [J]. Physical Review Letters, 2018,

121(8)：086801.

[105] Nishitani J, Kozuki K, Nagashima T, et al. Terahertz radiation from coherent antiferromagnetic magnons excited by femtosecond laser pulses[J]. Applied Physics Letters, 2010, 96(22)：221906.

[106] Mikhaylovskiy R V, Hendry E, Secchi A, et al. Ultrafast optical modification of exchange interactions in iron oxides[J]. Nature Communications, 2015, 6：8190.

[107] Gorelov S D, Mashkovich E A, Tsarev M, et al. Terahertz Cherenkov radiation from ultrafast magnetization in terbium gallium garnet[J]. Physical Review B, 2013, 88(22)：220411.

[108] Koopmans B, Ruigrok J, Longa F D, et al. Unifying ultrafast magnetization dynamics[J]. Physical Review Letters, 2006, 95(26)：267207.

[109] Mukai Y, Hirori H, Yamamoto T, et al. Nonlinear magnetization dynamics of antiferromagnetic spin resonance induced by intense terahertz magnetic field[J]. New Journal of Physics, 2016, 18(1)：013045.

[110] Kurihara T, Watanabe H, Nakajima M, et al. Macroscopic magnetization control by symmetry breaking of photoinduced spin reorientation with intense terahertz magnetic near field[J]. Physical Review Letters, 2018, 120(10)：107202.

[111] Miron I M, Garello K, Gaudin G, et al. Perpendicular switching of a single ferromagnetic layer induced by in-plane current injection[J]. Nature, 2011, 476 (7359)：189-193.

[112] Garello K, Miron I M, Avci C O, et al. Symmetry and magnitude of spin-orbit torques in ferromagnetic heterostructures[J]. Nature Nanotechnology, 2013, 8 (8)：587-593.

[113] Manchon A, Koo H C, Nitta J, et al. New perspectives for Rashba spin-orbit coupling[J]. Nature Materials, 2015, 14(9)：871-882.

[114] Jungwirth T, Marti X, Wadley P, et al. Antiferromagnetic spintronics[J]. Nature Nanotechnology, 2016, 11(3)：231-241.

[115] Železný J, Gao H, Výborný K, et al. Relativistic Néel-order fields induced by electrical current in antiferromagnets[J]. Physical Review Letters, 2014, 113 (15)：157201.

[116] Železný J, Gao H, Manchon A, et al. Spin-orbit torques in locally and globally noncentrosymmetric crystals：Antiferromagnets and ferromagnets[J]. Physical Review B, 2017, 95(1)：014403.

[117] Olejník K, Seifert T, Kašpar Z, et al. Terahertz electrical writing speed in an antiferromagnetic memory[J]. Science Advances, 2018, 4(3)：eaar3566.

[118] Bhattacharjee N, Sapozhnik A A, Bodnar S Yu, et al. Néel spin-orbit torque driven antiferromagnetic resonance in Mn_2Au probed by time-domain THz spectroscopy[J]. Physical Review Letters, 2018, 120(23)：237201.

[119] Bodnar S Yu, Šmejkal L, Turek I, et al. Writing and reading antiferromagnetic Mn_2Au by Néel spin-orbit torques and large anisotropic magnetoresistance[J].

Nature Communications, 2018, 9(1): 348.

[120] Wadley P, Edmonds K W. Spin switching in antiferromagnets using Néel-order spin-orbit torques[J]. Chinese Physics B, 2018, 27(10): 107201.

[121] Vicario C, Ruchert C, Ardana-Lamas F, et al. Off-resonant magnetization dynamics phase-locked to an intense phase-stable terahertz transient[J]. Nature Photonics, 2013, 7(9): 720 - 723.

[122] Bonetti S, Hoffmann M C, Sher M J, et al. THz-driven ultrafast spin-lattice scattering in amorphous metallic ferromagnets[J]. Physical Review Letters, 2016, 117(8): 087205.

[123] Baierl S, Hohenleutner M, Kampfrath T, et al. Nonlinear spin control by terahertz-driven anisotropy fields[J]. Nature Photonics, 2016, 10(11): 715 - 718.

[124] Nova T F, Cartella A, Cantaluppi A, et al. An effective magnetic field from optically driven phonons[J]. Nature Physics, 2017, 13(2): 132 - 136.

[125] Baierl S, Mentink J H, Hohenleutner M, et al. Terahertz-driven nonlinear spin response of antiferromagnetic nickel oxide[J]. Physical Review Letters, 2016, 117(19): 197201.

[126] Törmä P, Barnes W L. Strong coupling between surface plasmon polaritons and emitters: a review[J]. Reports on Progress in Physics, 2015, 78(1): 013901.

[127] Kockum A F, Miranowicz A, Liberato S D, et al. Ultrastrong coupling between light and matter[J]. Nature Reviews Physics, 2019, 1: 19 - 40.

[128] Soykal Ö O, Flatté M E. Strong field interactions between a nanomagnet and a photonic cavity[J]. Physical Review Letters, 2010, 104(7): 077202.

[129] Bai L H, Harder M, Chen Y P, et al. Spin pumping in electrodynamically coupled magnon-photon systems[J]. Physical Review Letters, 2015, 114(22): 227201.

[130] Huebl H, Zollitsch C W, Lotze J, et al. High cooperativity in coupled microwave resonator ferrimagnetic insulator hybrids[J]. Physical Review Letters, 2013, 111(12): 127003.

[131] Zhang X F, Zou C L, Jiang L, et al. Strongly coupled magnons and cavity microwave photons[J]. Physical Review Letters, 2014, 113(15): 156401.

[132] Macêdo R, Camley R E. Engineering terahertz surface magnon-polaritons in hyperbolic antiferromagnets[J]. Physical Review B, 2019, 99(1): 014437.

[133] Yuan H Y, Wang X R. Magnon-photon coupling in antiferromagnets[J]. Applied Physics Letters, 2017, 110(8): 082403.

[134] Tabuchi Y, Ishino S, Noguchi A, et al. Coherent coupling between a ferromagnetic magnon and a superconducting qubit [J]. Science, 2015, 349(6246): 405 - 408.

[135] Yu X T, Yuan Y F, Xu J H, et al. Strong coupling in microcavity structures: Principle, design, and practical application[J]. Laser & Photonics Reviews, 2019, 13(1): 1800219.

[136] Grishunin K, Huisman T, Li Gq, et al. Terahertz magnon-polaritons in TmFeO₃

[J]. ACS Photonics, 2018, 5(4): 1375 - 1380.

[137] Zhang Q, Lou M H, Li X W, et al. Collective non-perturbative coupling of 2D electrons with high-quality-factor terahertz cavity photons[J]. Nature Physics, 2016, 12(11): 1005 - 1011.

[138] Li X W, Bamba M, Zhang Q, et al. Vacuum Bloch-Siegert shift in Landau polaritons with ultra-high cooperativity[J]. Nature Photonics, 2018, 12 (6): 324 - 329.

[139] Paravicini-Bagliani G L, Appugliese F, Richter E, et al. Magneto-transport controlled by Landau polariton states [J]. Nature Physics, 2019, 15 (2): 186 - 190.

[140] Benz A, Campione S, Liu S, et al. Strong coupling in the sub-wavelength limit using metamaterial nanocavities[J]. Nature Communications, 2013, 4(1): 2882.

[141] Scalari G, Maissen C, Turčinková D, et al. Ultrastrong coupling of the cyclotron transition of a 2D electron gas to a THz metamaterial[J]. Science, 2012, 335 (6074): 1323 - 1326.

[142] Bayer A, Pozimski M, Schambeck S, et al. Terahertz light-matter interaction beyond unity coupling strength[J]. Nano Letters, 2017, 17(10): 6340 - 6344.

[143] Askenazi B, Vasanelli A, Todorov Y, et al. Midinfrared ultrastrong light-matter coupling for THz thermal emission[J]. ACS Photonics, 2017, 4 (10): 2550 - 2555.

[144] Keller J, Scalari G, Appugliese F, et al. High Tc superconducting THz metamaterial for ultrastrong coupling in a magnetic field[J]. ACS Photonics, 2018, 5(10): 3977 - 3983.

[145] Li X W, Bamba M, Yuan N, et al. Observation of Dicke cooperativity in magnetic interactions[J]. Science, 2018, 361(6404): 794 - 797.

[146] Dicke R H. Coherence in spontaneous radiation processes[J]. Physical Review, 1954, 93(1): 99 - 110.

索引

S

塞曼转矩　77, 81, 185 – 187, 195, 205, 213, 214, 218

时间分辨光谱　57, 73

T

THz 超表面　237, 238

太赫兹辐射源　13

X

稀土铁氧化物　73 – 78, 83 – 85, 101, 103, 106, 109, 117, 125, 126, 186, 190, 222, 226, 230, 241

相干控制　6, 7, 71, 73, 74, 78, 79, 110 – 117, 126, 156

相位匹配　20, 27, 29, 30, 33, 36, 37, 212

Z

准反铁磁模式　178, 179, 186, 187, 206, 208, 226, 243

准铁磁模式　177, 178, 186, 187, 206, 208, 226, 243

自旋波　6 – 8, 71, 73, 74, 78, 79, 88, 108 – 117, 126, 187 – 189, 198, 205, 209, 212, 221, 225, 226, 241, 242, 249

自旋-电荷转换　181

自旋-轨道矩　193 – 195

自旋霍尔效应　145, 146, 159, 171, 173, 193, 196

自旋-晶格散射　201, 204, 205, 218

自旋流　145, 146, 155, 156, 159, 160, 163, 164, 168, 172 – 174, 193, 197, 201, 204, 205

自由感应衰减　77, 79, 187, 226, 227